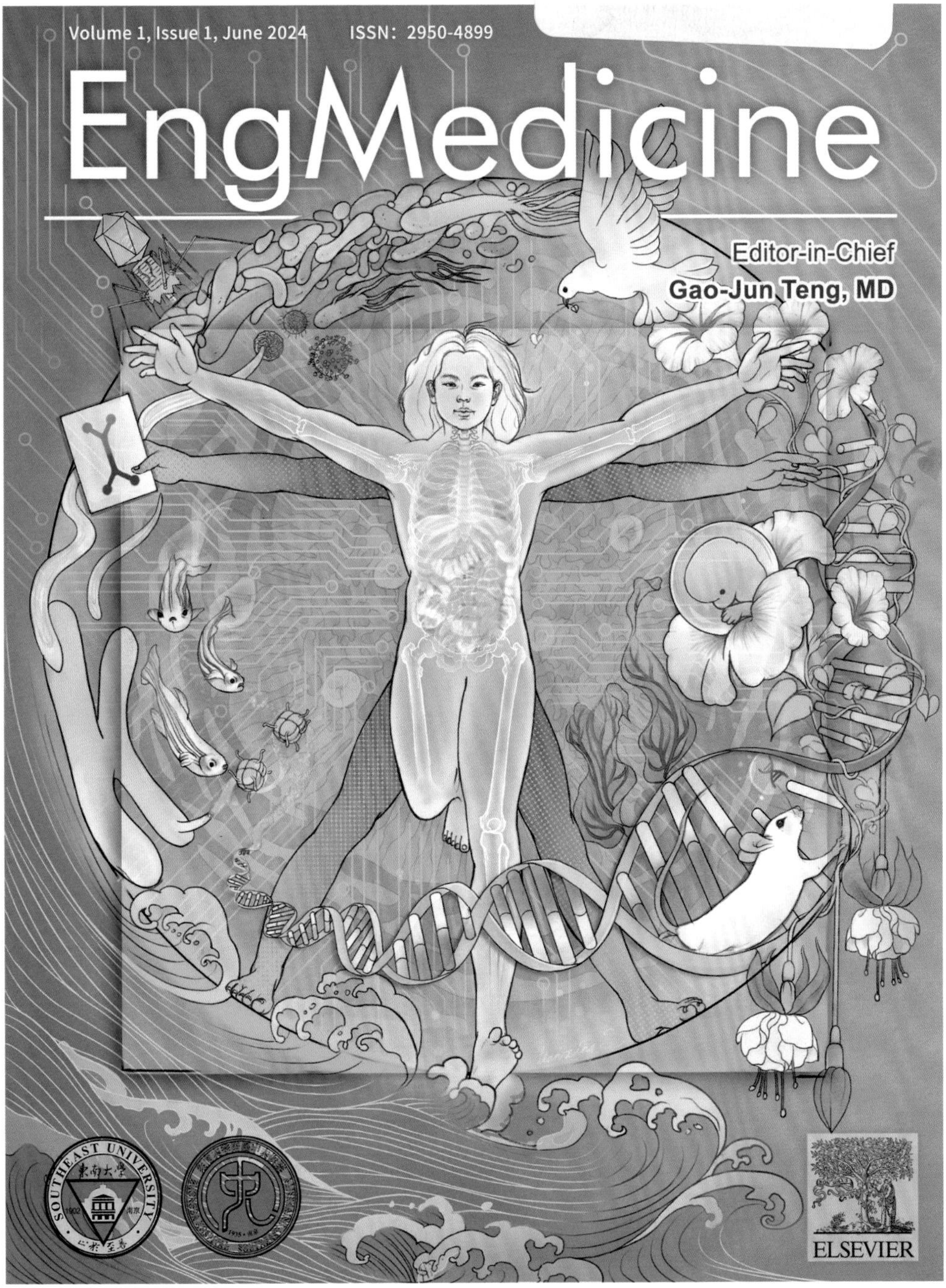

插画师：天天、杨蕙宁、Lee

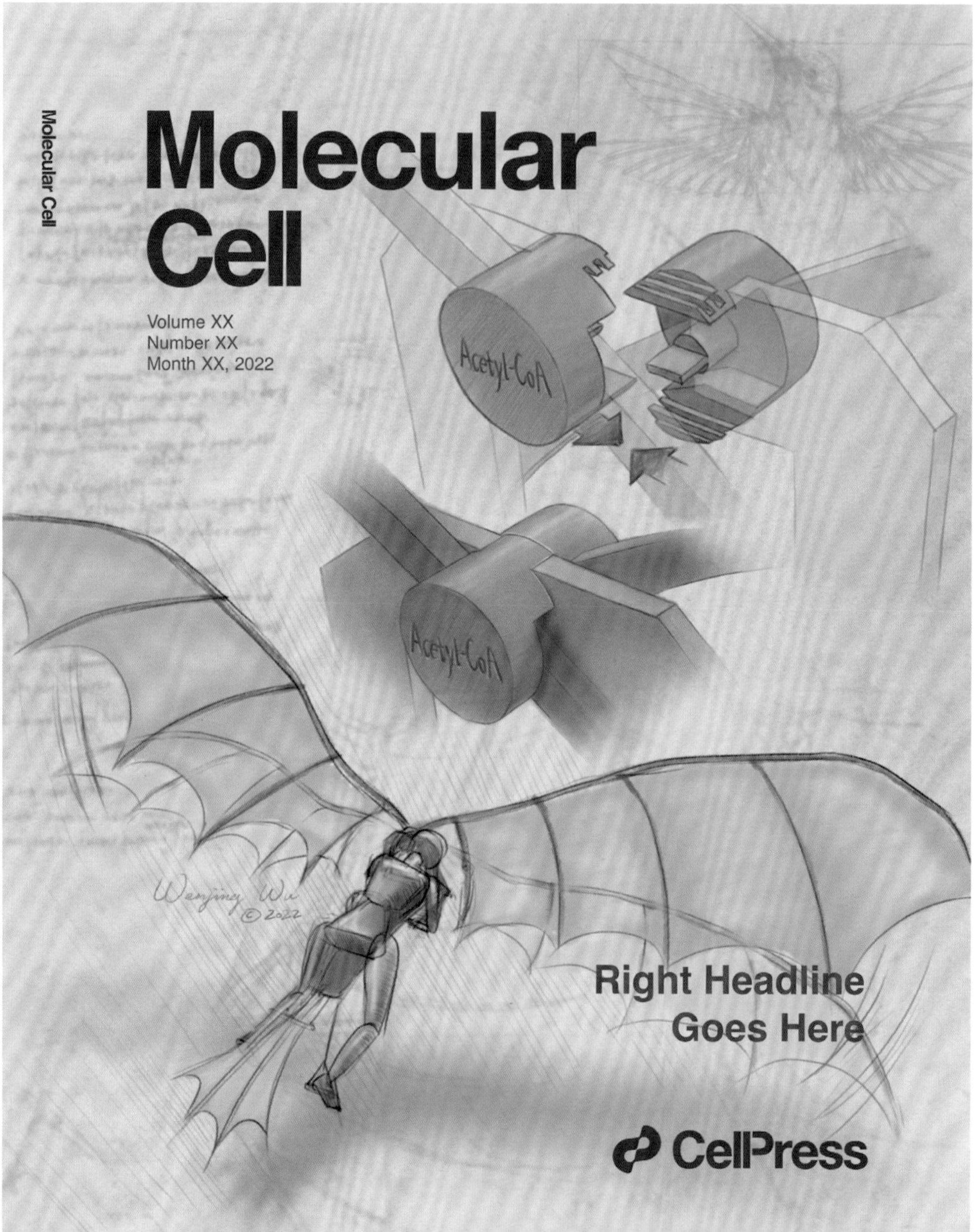
Molecular Cell
Molecular
Cell
Volume XX
Number XX
Month XX, 2022
Acetyl-CoA
Acetyl-CoA
Wanjing Wu
© 2022
Right Headline
Goes Here
CellPress

插画师：邬文静

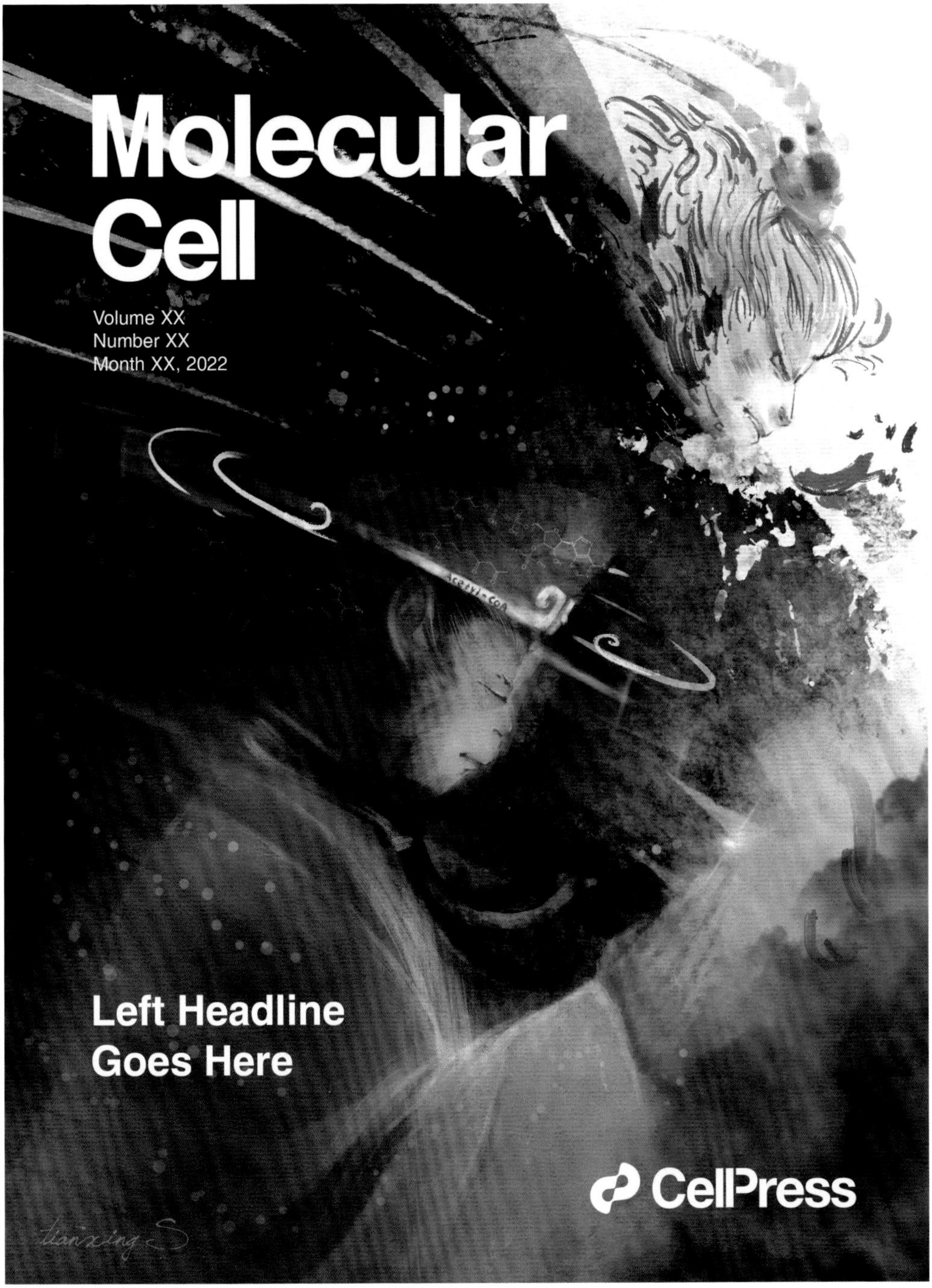
Molecular
Cell
Volume XX
Number XX
Month XX, 2022
Left Headline
Goes Here
CellPress

插画师：天天

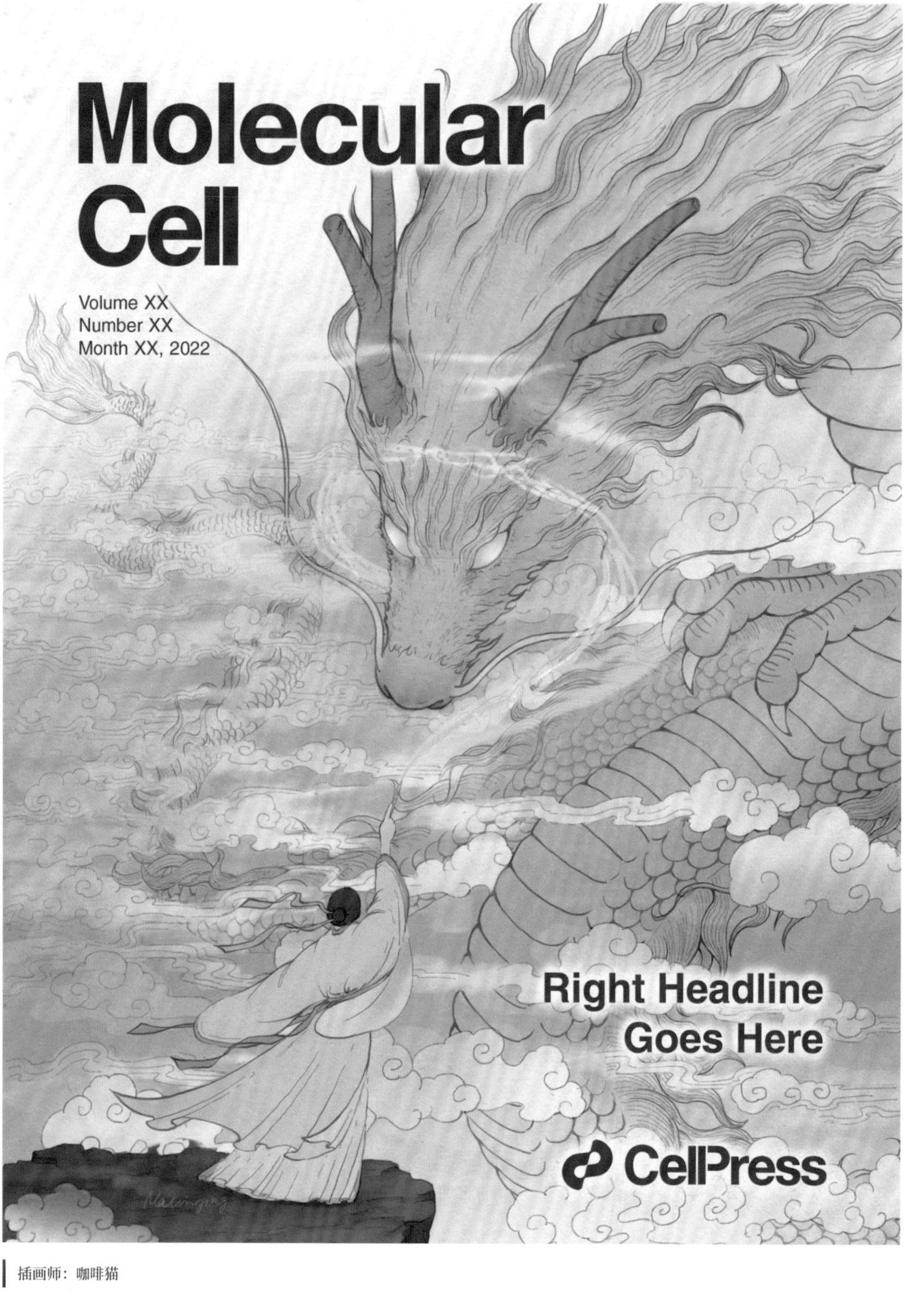
Molecular
Cell
Volume XX
Number XX
Month XX, 2022
Right Headline
Goes Here
CellPress

插画师：咖啡猫

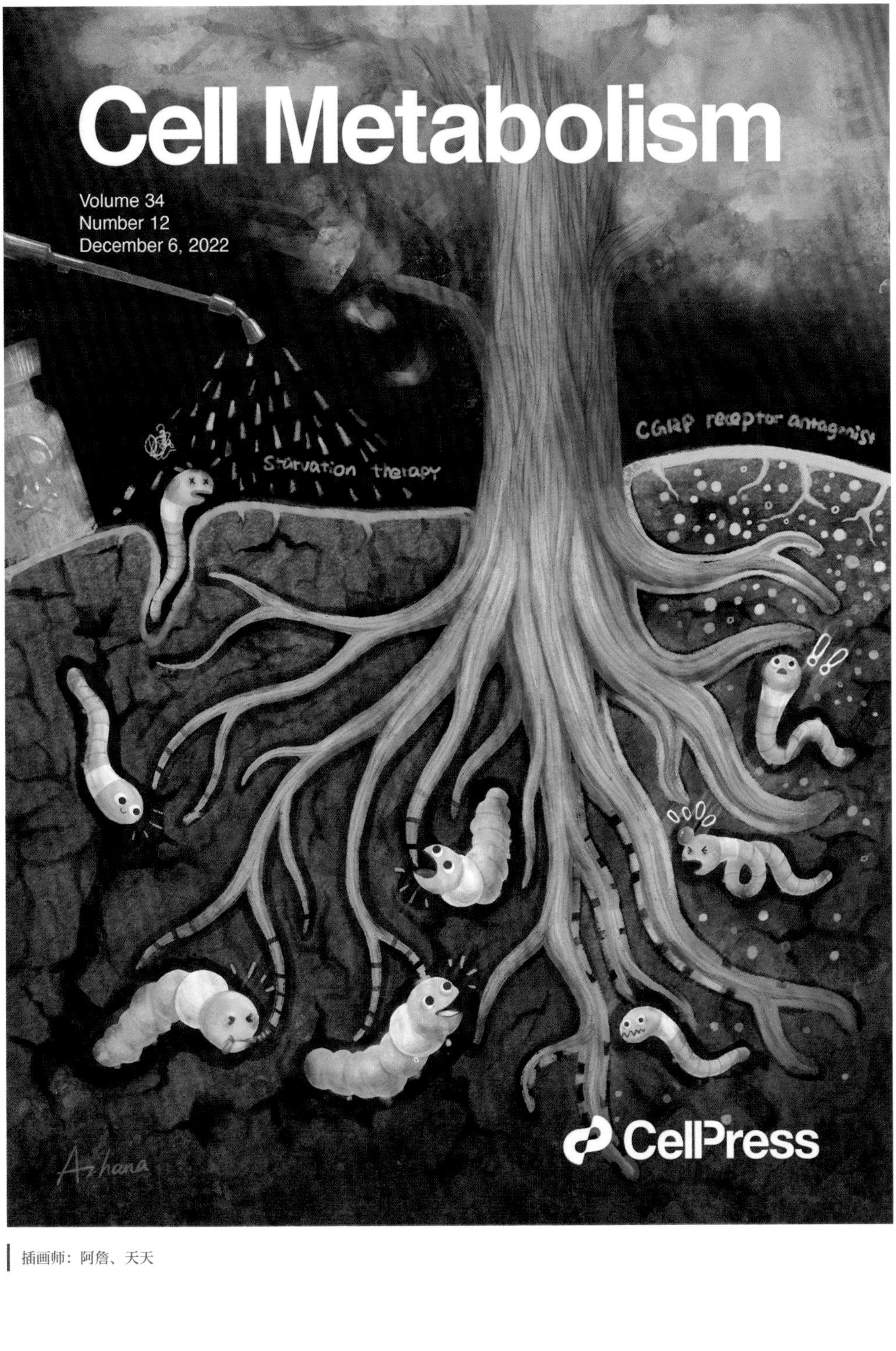
Cell Metabolism
Volume 34
Number 12
December 6, 2022
Starvation therapy
CGRP receptor antagonist
CellPress

插画师：阿詹、天天

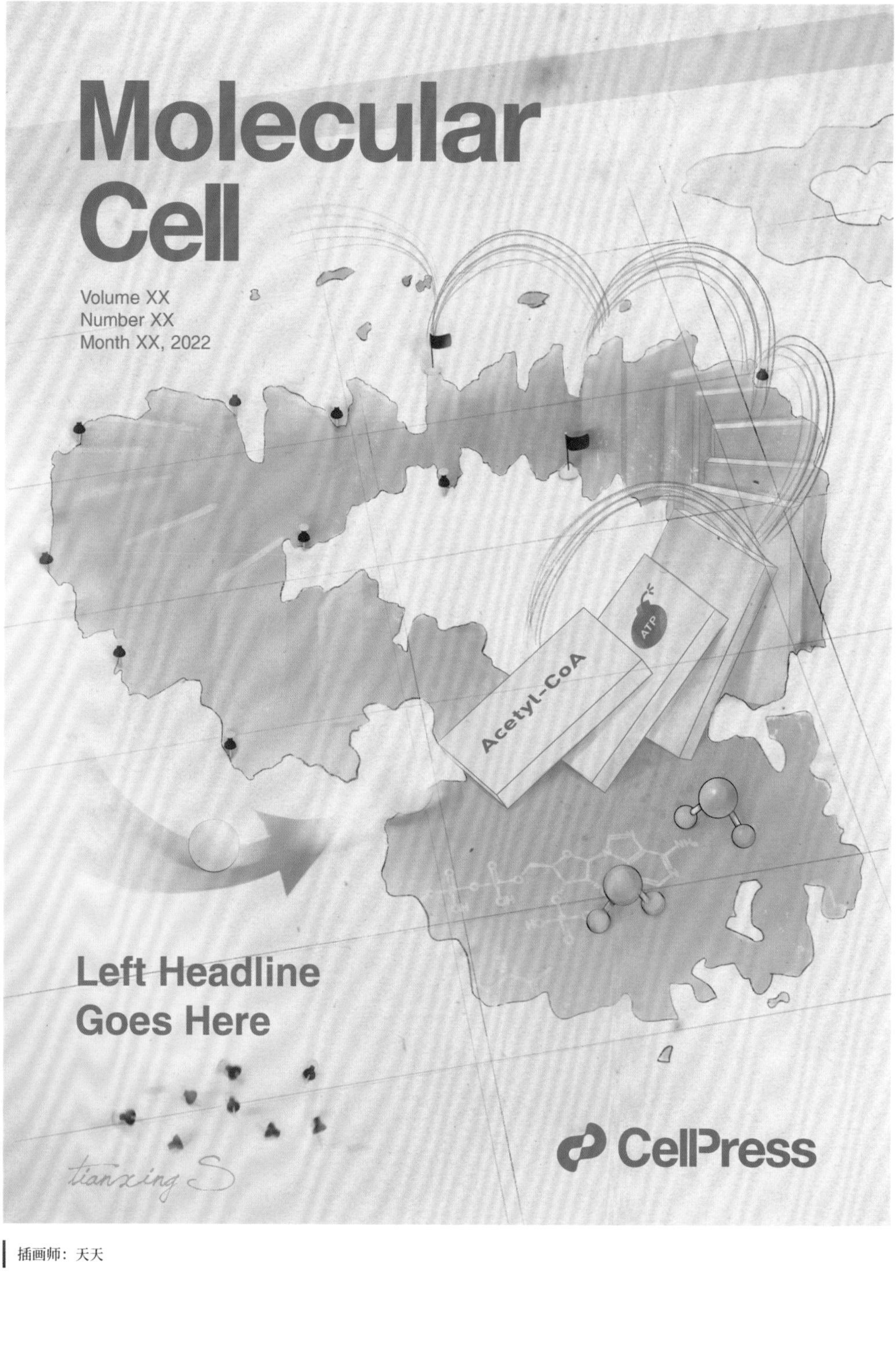
Molecular
Cell
Volume XX
Number XX
Month XX, 2022
Acetyl-CoA
ATP
Left Headline
Goes Here
CellPress
tianxing S

插画师：天天

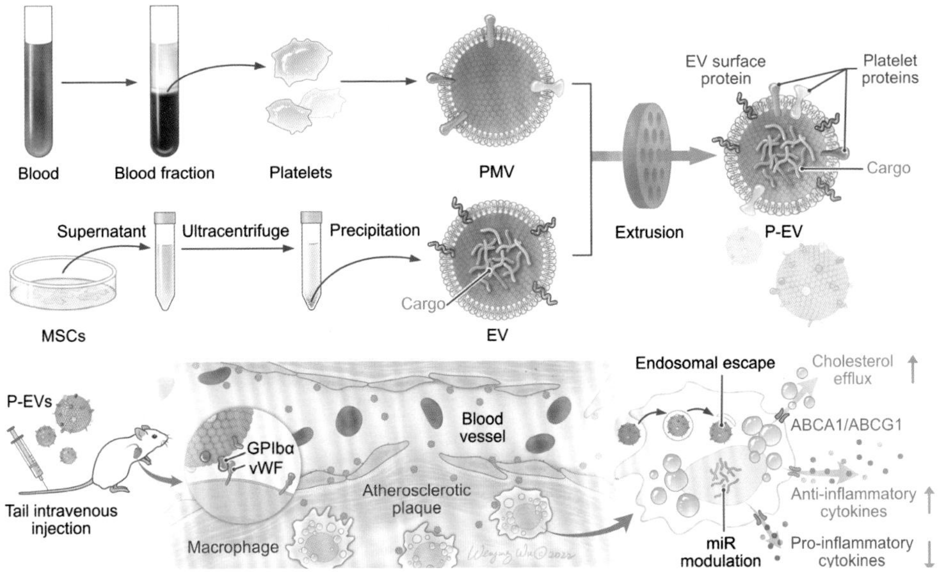

（材料插图）插画师：邬文静

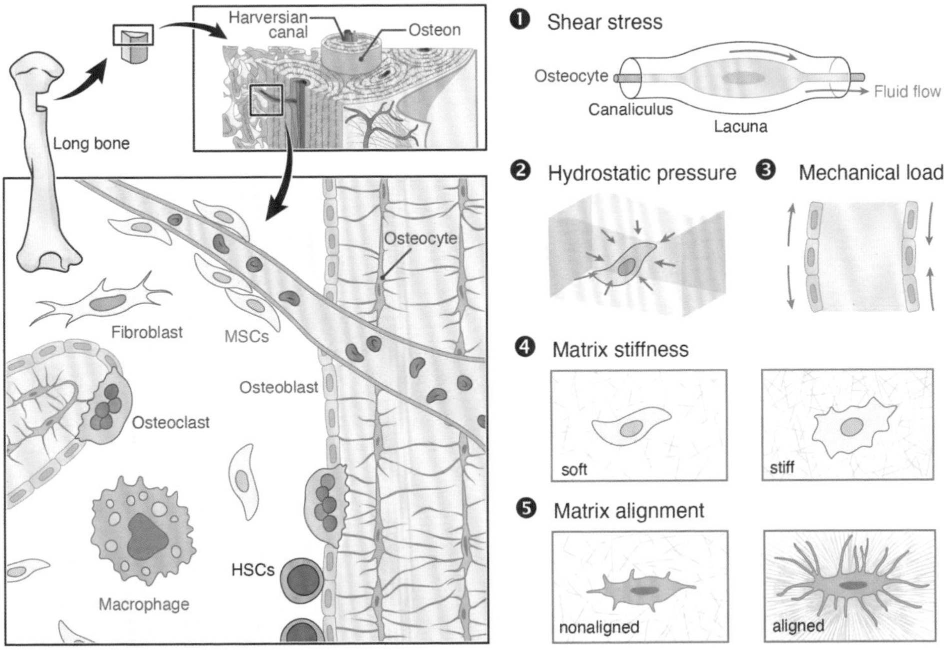

插画师：邬文静

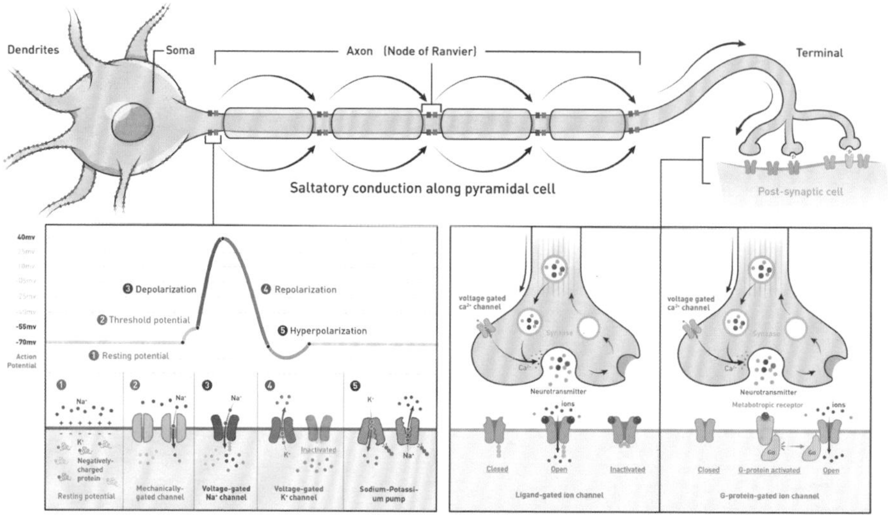
Dendrites
Soma
Axon (Node of Ranvier)
Terminal
Post-synaptic cell
Saltatory conduction along pyramidal cell
40mv
-55mv
-70mv
Action Potential
❸ Depolarization
❹ Repolarization
❷ Threshold potential
❺ Hyperpolarization
❶ Resting potential
Negatively-charged protein
Inactivated
Resting potential
Mechanically-gated channel
Voltage-gated Na⁺ channel
Voltage-gated K⁺ channel
Sodium-Potassium pump
voltage gated ca²⁺ channel
Neurotransmitter
ions
Closed
Open
Inactivated
Ligand-gated ion channel
Metabotropic receptor
G-protein activated
G-protein-gated ion channel

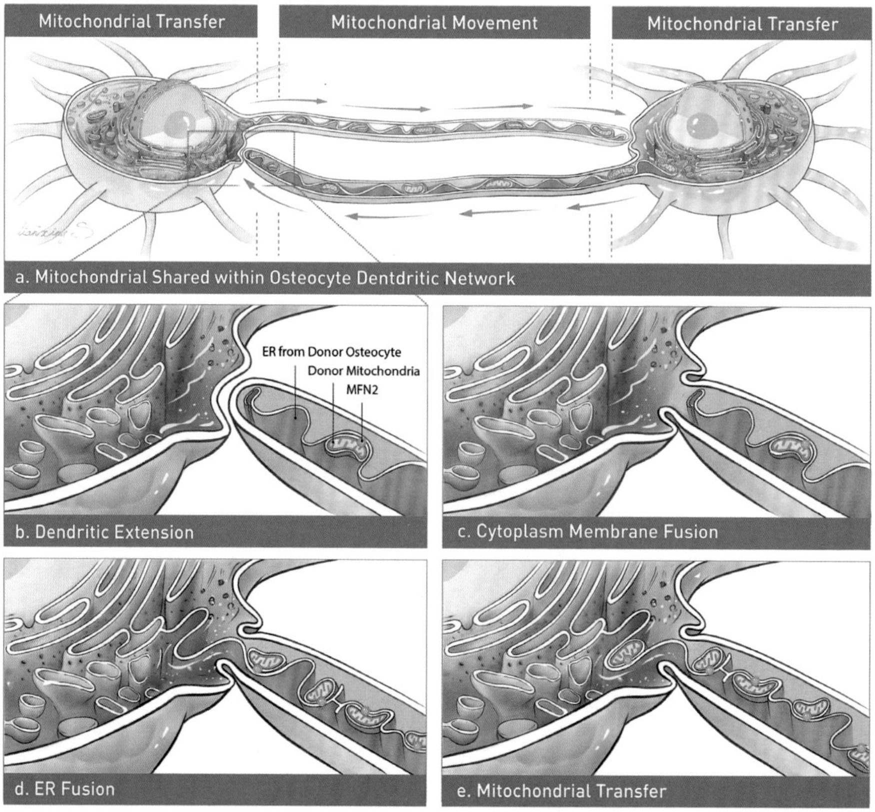
Mitochondrial Transfer
Mitochondrial Movement
Mitochondrial Transfer
a. Mitochondrial Shared within Osteocyte Dentdritic Network
ER from Donor Osteocyte
Donor Mitochondria
MFN2
b. Dendritic Extension
c. Cytoplasm Membrane Fusion
d. ER Fusion
e. Mitochondrial Transfer

插画师：天天

生物科研插图设计思维与Illustrator实例精讲

史天星　邬文静（@ CYANTIFICA）　著 / 绘

人 民 邮 电 出 版 社
北 京

图书在版编目（CIP）数据

生物科研插图设计思维与Illustrator实例精讲 / 史天星，邬文静著、绘. -- 北京 : 人民邮电出版社，2024.7

ISBN 978-7-115-63448-1

Ⅰ. ①生… Ⅱ. ①史… ②邬… Ⅲ. ①生物学－科学研究－插图(绘画)－计算机辅助设计 Ⅳ. ①Q ②TP391.412

中国国家版本馆CIP数据核字(2024)第004518号

内容提要

生物科研插图能够将复杂的生物知识，通过艺术视觉的形式，让更多人欣赏并理解。严谨，是生物科研的灵魂；而艺术，则更注重画面的美感。当生物与艺术相碰撞，相信会给观者带来一种特殊的理解方式。

作为一本简洁实用的生物科研插图绘画技法的入门与提高教程，本书可以为读者提供一套易上手且能提升技能的插图绘画实用技巧。全书共5章，第1章主要介绍了生物科研插图的类型及创作流程；第2章分别从养成设计思维和塑造故事力表达两个方面入手，讲解了我们应该如何着手设计一幅生物科研插图；第3章带领大家初步了解一下Illustrator绘图的基本原理和使用技巧；第4章通过技术流程图、信号通路图、免疫机制图、基因遗传学插图和病毒生活史插图5个案例分析了各自的设计思路，以及详细介绍了每个案例的绘画过程；第5章举例说明了3种不同类型的生物科研插图的创意构思过程，希望读者能从中获得新的绘画经验和心得体会。

本书结构清晰、图例精美，具有实用性和针对性强的特点，不仅适合在读的研究生、即将进入研究生学习的大学生及高校、研究院所等科研单位的工作者，也适合需要进一步学习科研绘图设计思路和高级技巧的群体阅读。

◆ 著 / 绘 史天星 邬文静（@CYANTIFICA）
责任编辑 王 铁
责任印制 周昇亮

◆ 人民邮电出版社出版发行 北京市丰台区成寿寺路11号
邮编 100164 电子邮件 315@ptpress.com.cn
网址 https://www.ptpress.com.cn
北京九天鸿程印刷有限责任公司印刷

◆ 开本：690×970 1/16 彩插：4
印张：14.5 2024年7月第1版
字数：371千字 2024年7月北京第1次印刷

定价：118.00元

读者服务热线：(010)81055296 印装质量热线：(010)81055316

反盗版热线：(010)81055315

广告经营许可证：京东市监广登字20170147号

自序

在创作中学习，在学习中创作

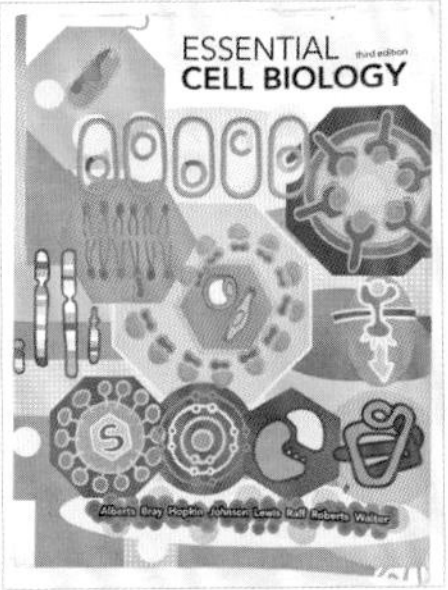

我与科研插图的“第一次邂逅”要追溯到大四时选修的高等细胞生物学课程，这是一门研究型课程，每个小组要根据一篇经典免疫学文章做一份案例研究汇报。当时我因为会一点 Photoshop，PowerPoint 用得也还算利索，就成了小组的“临时插画师”。我当时对文章的理解还很“朦胧”，更谈不上有多少想法，只想着图要尽可能整齐、美观，而手边最厉害的参考书当数由 Garland Science 出版的 *Essential Cell Biology* 了。于是我翻着书，“照猫画虎”地绘制了一系列细胞表面受体。看着满满当当的一页图，我骄傲了好几天。本就喜欢涂涂画画的我，更加热衷于在笔记中配上各种示意小图，在方便记忆的同时也让学习过程变得更有乐趣。

毕业之后，生物系的学生不是留在实验室继续深造，就是彻底转专业，学生物统计或商科，而我因为画得起劲儿，偶然间获得了同学和教授的提点，“你知不知道 Biological Illustration（生物插图）这个专业？好像很适合你。”没承想这随口的一句话，让我的人生轨迹来了个大转弯。

从实验室到画室，我放下吸管拿起画笔，从中国的香港到北京再到美国，经历了“九九八十一难”，终于从约翰霍普金斯医学院的生物医学可视化专业毕业回国，也终于把我的爱好变成了事业。我离开了自己的专业实验，却又置身于更多有趣的实验中。在创作中不断学习，在学习中不断创作，我深感热爱可抵岁月漫长。

“插图越来越重要了，组会 PPT、学术报告、文章、基金申请……全都需要配图，我们能不能跟你学一些方法，自己画一些简单的图？”在收获更多客户信任的同时，我也更加深入地了解到学术领域当下的需求和科研人员的痛点。于是，我开始思考如何把设计过程中的“思维活动”和“灵光一现”整理成一套适合学习的方法，实实在在地帮助大家。

整理思路是一个“纠结”的过程，我时不时地陷入思维定式中止步不前，也时常怀疑自己的方法究竟是“好”还是“笨”。正值此时，我得到了学姐邬文静的倾力相助，在她 10 年插画师 / 动画师经验的“加持”下，我们结合国内学者的实际疑难，将我在约翰霍普金斯医学院学习的内容录制成了一套可利用碎片时间学习的生物科研插图设计视频，叫作“**SciViz**”。不论是刚接触科研的在校学生，还是忙于实验的科研人员，抑或是需要兼顾临床和基础研究的医生们，都可以通过这套视频掌握设计思维。在过去的两年实践中，大家给予了我们各种鼓励和支持，及时给我们各种反馈，促使我们进一步完善内容的设计，也促成了本书的诞生。

我对“SciViz”的数十节课程内容进行了提炼，整编成了本书。本书将创作分类和流程、设计思维的养成和科研插图的设计要点、软件操作技巧等内容分成 5 章，对科研插图创作进行系统的讲解和实例剖析。

第 1 章：认识科研插图，告别创作焦虑！

随着“可视化”在学术交流中显得愈发重要，科研插图如今已是研究人员们日常绕不开的话题。然而却鲜有人真正了解科研插图的不同类别及区别，在设计时一概而论，不能最大化发挥插图的作用。因此在本书的开篇，我们分类讲解，带大家从头审视这个“看似熟悉”的领域。

还有一个容易忽略的问题则是“创作流程”。很多读者在“急需一张图”时感到无从下手，或一下子进入到细节中，失去全局观，最后难免变成亡羊补牢式的东拼西凑。所以本章我们还将详细阐述创作流程中的四个主要步骤和两个辅助环节，帮助大家走出误区，并通过有序训练，养成规范的创作习惯，告别“创作焦虑”。

第 2 章：为什么设计思维的养成至关重要？

刚接触插图设计的读者往往有一个误区：高质量的插图源自熟练的软件操作，故而他们总是十分积极地学习各式各样的操作技巧，这就导致了他们面对一个空白画板时，容易被自己会的那些操作技巧牵着鼻子走。“为什么要这样画呢？”“因为我学了这个操作，我看别人这样做的……”于是我们在学术交流中便总能看到一张张效果堆叠、五光十色的图片，它们往往缺乏条理性和美感，既不能辅助理解，又不够赏心悦目。当插图不能充当有效交流的桥梁时，创作便成了被动的任务，“发文章又得配图文摘要，好烦啊！”长此以往，不论是作者还是读者，都疲惫不堪。

要想扭转这样的局面，其实只需牢记 4 个字——重道轻术。当我们把重心从“操作技巧”转向“设计思维”的时候，便脱离了软件的限制，转而探索自己的逻辑是否严谨，图形符号语言是否明确，读者是否在跟着我们的思绪来观看我们用插图所讲的故事。如此一来，这个过程就变得亲切起来。

第 3 章：如何选择合适的工具，让思绪中的图形跃然纸上？

我们所讲的这个“术”仿佛特别能激起大家的学习热情，有些读者甚至自学了 Adobe“全家桶”和各种 3D 建模软件。但学得越多，似乎越不清楚自己该用什么软件、如何运用。根据期刊要求和最常见的插图需求，这里推荐大家使用最适合用于表达图形语言，也比较好上手的 Adobe Illustrator（AI）。另外，我们也从 AI 庞大的功能体系中归纳出了一套只需要鼠标就能操作的绘制方法，不需要数位板等高阶数码绘画工具，这大大降低了学习的成本和门槛。

第 4 章：手学会了，脑子似乎也懂了，那么就到了融会贯通的时候了！

在过往的教学中我们发现，融会贯通往往没有想象中那么顺利，理解和自由发挥之间总是有那么一层“窗户纸”，令大家频频受挫。“我应该是理解了的呀，为什么还是设计不出来？”其实只是因为大家看得少，实践少，创作时难免顾此失彼。所以在本章，我们对设计思维和叙事表达进一步细化，分门别类地列举了技术流程图、信号通路图、免疫机制图、遗传学插图，以及病毒生活史插图中最实用的设计要点，并搭配以具体案例。另外，我们也对图文摘要这一越发重要的插图类别进行了详解，带大家“捅破窗户纸，打通任督二脉”。

第 5 章：那些我们亲身经历的创作故事！

或许有一部分读者会从科研插图的设计与创作中获得很大的成就感，从而想更加深入地了解这个行业。作为职业插画师，我们的日常创作和以上所讲又有哪些异同之处呢？本章将附上多篇过往作品的创作历程介绍，从草图到配色，以及不同风格的演绎……希望能带给大家些许启发。

最后，我想真诚地感谢所有为本书提供反馈意见的学者、编辑及插画师伙伴们，感谢大家一如既往的认可和支持。在学术交流和可视化创作这条路上，我们还有很长的路要走。期待本书的到来能拉近我们之间的距离，让我们深度交流，协同进步。

生物医学插画师　天天

2024 年 5 月 1 日

目录 Contents

第 1 章 · 认识生物科研插图

生物科研插图用图解的形式将复杂、抽象的生物学及基础医学等信息呈现给读者。它广泛应用于学术期刊和教材等出版物，发挥其辅助学术交流、成果展示，以及教学等重要作用。作为生物医学可视化跨学科领域中最主要的展现方式之一，生物科研插图将生命科学与绘画和设计思维有机地结合在一起。高完成度的插图在体现其功能性之外，还应兼具美学价值。

1.1 生物科研插图类型

科研插图中的两大类型分别为主题类插图和信息类插图。我们常见的图书及期刊封面插图属于**主题类插图**，即以象征的插画表现手法或三维微观场景的建模渲染技术，对课题关键词进行偏艺术性和装饰性的视觉展示，意在引起观者的阅读兴趣或激发观者思考。

不同于主题类插图注重吸引眼球的视觉效果，**信息类插图**侧重于信息内在逻辑的可视化传达，即使用图形、符号、文字标注等设计元素，清晰、准确、高效地对文字信息中的逻辑关系进行解释说明，并对其中涉及的元素结构进行简洁、美观的表达。

我们可根据内容将信息类插图分为技术流程图、信号通路图、免疫机制图等类别；又可根据使用场合，将其分为**内页插图、图文摘要、教学图解**等类别。了解了插图的类型，我们在设计创作时，目的会更明确，思路会更清晰。

> 在设计时，切不可将二者混为一谈，也不要试图兼而有之，造成不伦不类的结果。

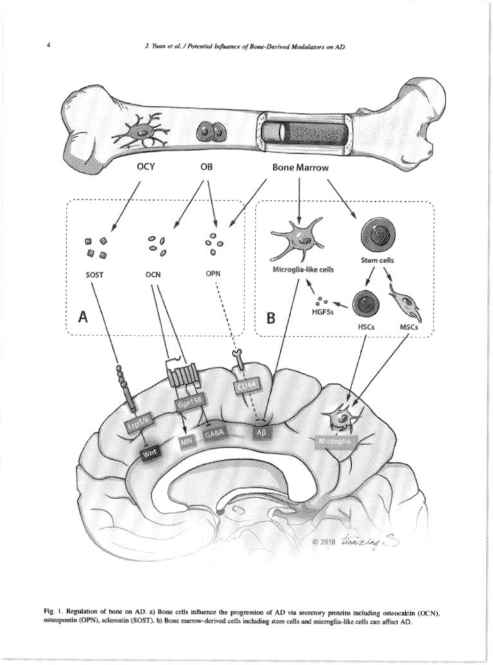

主题类插图（左）与信息类插图（右）

1.1.1 内页插图

内页插图即文章正文中的插图，用于解释说明文中特定段落所对应的文字和数据信息，比如绪论部分的假说示意图、方法部分的实验流程、论述部分的机制推演等。内页插图可以说是科研插图中最常见的一种类型。

一篇文章可以根据内容需求包含多张插图（通常不多于 4 张）。一张内页插图可以包含多个部分，且其中不可以出现小标题，所以应该用 a、b、c、d 等字母对各部分加以区分，还应该在插图下方添加图注。

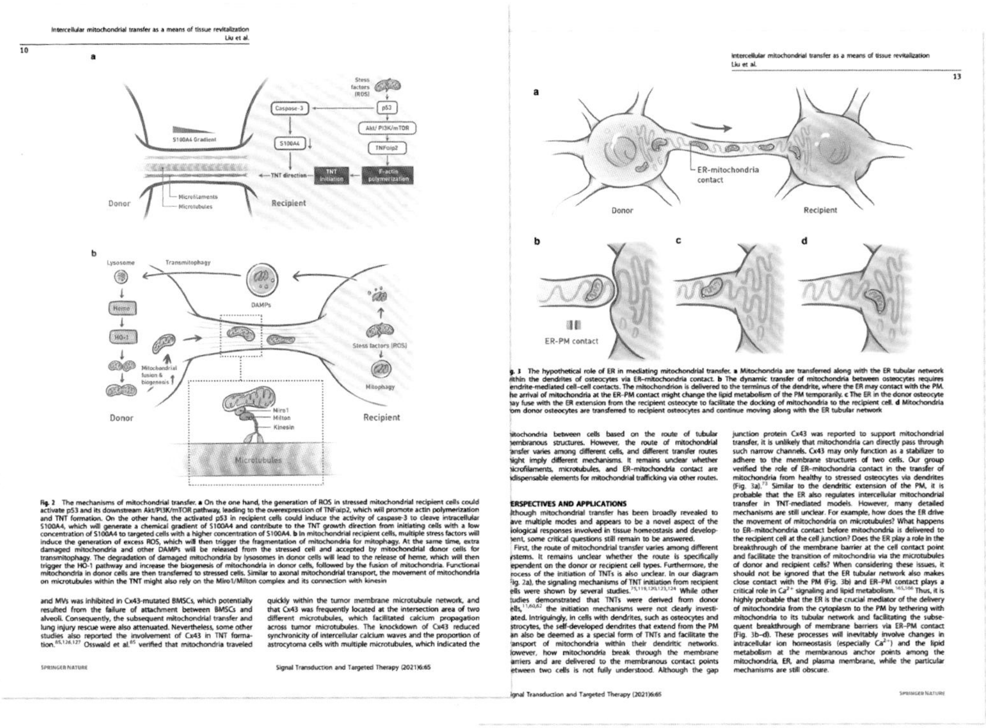

文章内页插图见刊实例

内页插图在版式设计上较为灵活。根据信息本身逻辑，插图可以采用横向版式（宽 > 高）或纵向版式（宽 < 高）。在分栏的页面中，内页插图可以占据一到两栏，也可以通栏摆放。通常学术期刊会对插图宽度做具体要求，开始绘制之前应做好调研。在学术期刊中，内页插图可以占据整页，但不会像科普或休闲读物一样出现跨页插图。

内页插图的灵活版式举例

1.1.2 图文摘要

图文摘要（Graphical Abstract，GA），又被称为目录图（Table of Content figure）、可视化目录（Visual Table of Content）、视觉摘要（Visual Abstract）等。在近些年的权威期刊中，GA 逐渐与传统的文本摘要一起出现，甚至将其取代。GA 以其直观的图形和简化的文字描述统领全文，能够让读者在极短的时间内获取文章最重点的内容，并决定是否继续阅读文章。

GA 通常放置于文章摘要之后，或取代文章摘要独立存在。部分期刊也会将 GA 缩略图放置在期刊目录及网站的新闻栏中，既能让期刊内容更加一目了然，也能起到不错的宣传作用。

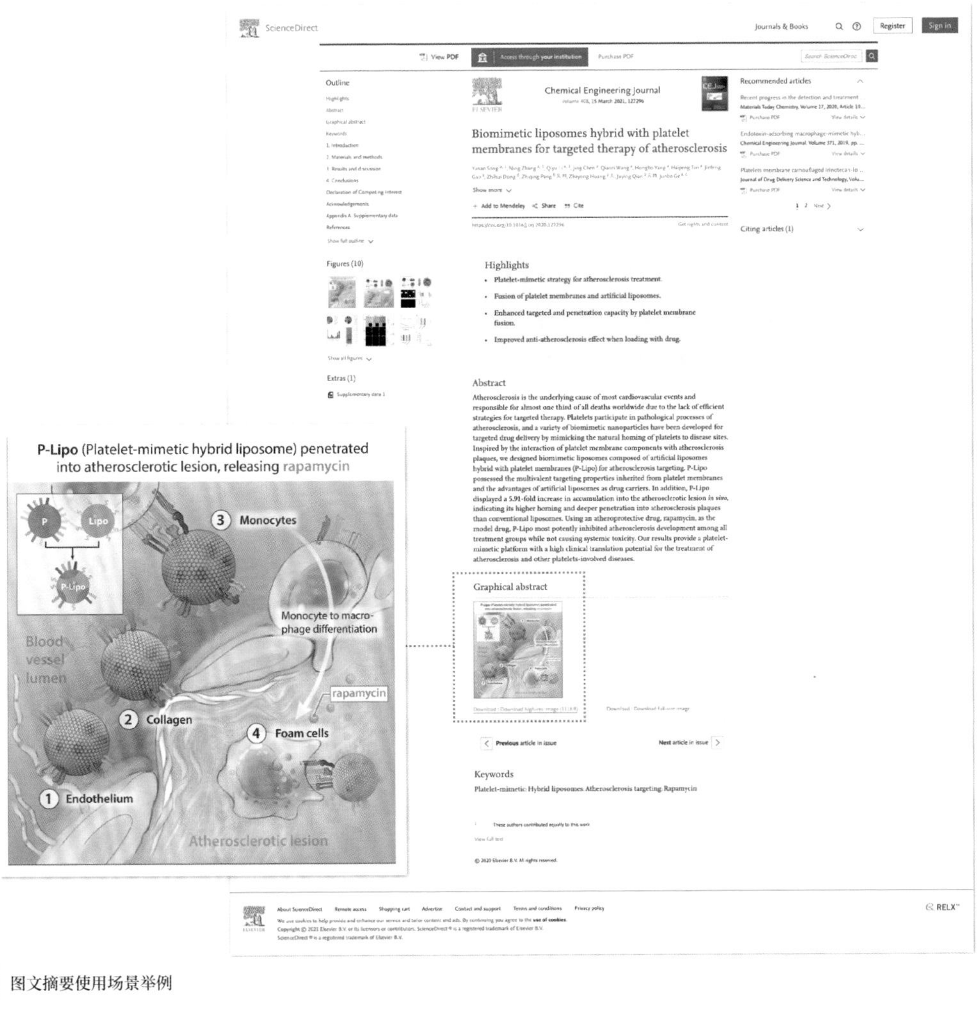

图文摘要使用场景举例

“A Graphical Abstract should allow readers to quickly gain an understanding of the main take-home message of the paper and is intended to encourage browsing, promote interdisciplinary scholarship, and help readers identify more quickly which papers are most relevant to their research interests.”

从这段 Elsevier 官方给出的描述中，我们也能了解到，GA 应该提炼展示研究中最精华的部分，比如创新点或新发现，而不是对全部内容的概括总结。所以，GA 并非文本摘要的图形化形式，这是很容易被人误解的一点。除此之外，在传递信息之余，一篇好的 GA 还要起到激起读者阅读兴趣的作用，这比对内页插图的要求更高，十分考验创作者对功能和美感的兼顾与平衡能力。

1.1.3 学术交流 / 教学图解

教学和交流中使用的插图通常用于学术演讲的幻灯片中，它和文章插图相似，起到辅助解释说明的作用。唯一的区别在于，在进行版面设计时，需要考虑到几点。①幻灯片的尺寸和比例。幻灯片通常是横向较宽或偏方形的形式，以便于观者阅读，要避免使用纵向长图。②标注简化。用短语代替文字段落，去掉非必要的标识细节，比如密集的数据。③字号适当加大。幻灯片的文字需要比常规内页插图中的文字大，以保证观者在离屏幕有一定距离时也能看得清楚，但又不能太大以至于影响画面精致度，需要找到平衡。

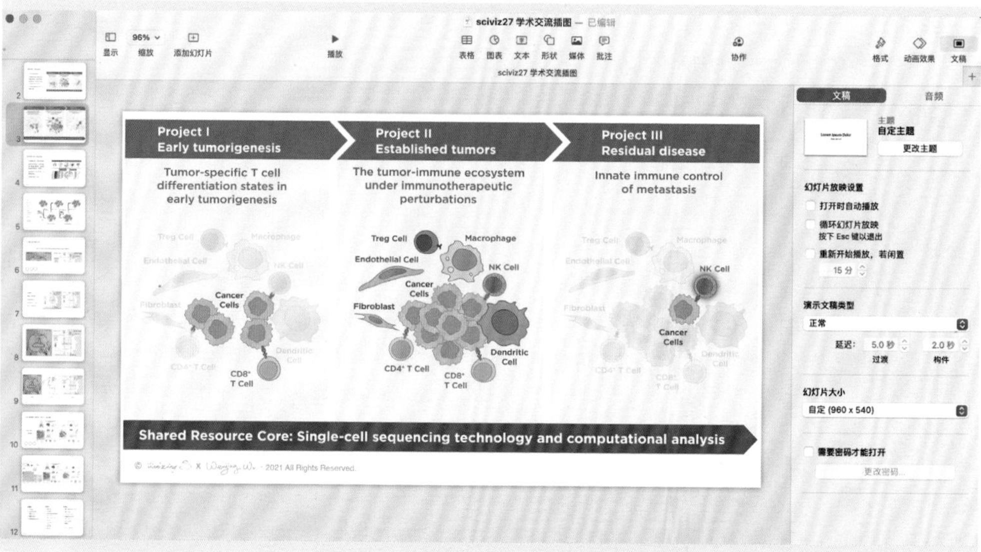

教学幻灯片配图实例

1.2 生物科研插图创作流程

“机制图或通路图的制作十分简单，把元素拼拼凑凑即可。” 这是在日常交流中经常听到的见解。实则不然。要实现信息条理清晰、视觉语言易懂且赏心悦目，创作中的每个环节都不可忽视。而初学者往往急于进入绘制阶段，却低估了前期调研及起草工作的重要性。这会导致绘制时出现思路不清、逻辑不连贯、难以突出重点、形态设计不准确或缺乏美感、色彩搭配杂乱无章等一系列问题，并且很难自查自纠。

为了帮助初学者快速建立规范的工作流程，我们将**创作过程分为 4 个主要步骤及 3 个辅助环节**。清晰的流程可以帮助创作者高效厘清思路，明确每一步要达到的目标，也便于统筹管理文件及调整后续内容。

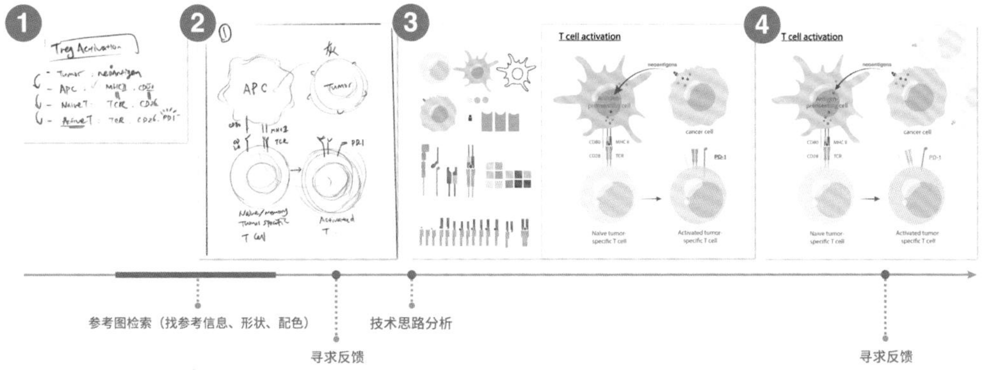

科研插图创作的主要步骤和辅助环节

1.2.1 主要步骤

> 信息层级关系：如解剖－微环境－细胞－分子，就是 4 个层级。

步骤 1：明确信息流向

这一步我们需要问自己几个问题。①**画面要表达什么信息？**即画面的核心主题，它可以作为插图的标题。②**信息可以分成几个层次？**也就是我们常说的信息层级关系。③**包含哪些元素？**④**元素间的逻辑关系是什么？**我们可以用自己熟悉的符号语言对元素间的关联（包括特异性结合、从属、列举、对比、因果、时间先后等）进行提炼和标记。梳理过后，我们便可得到整张图的逻辑框架。在此过程中，有任何不确定的信息，都要进行有针对性的调研，以避免逻辑上的错误、歧义和模棱两可。

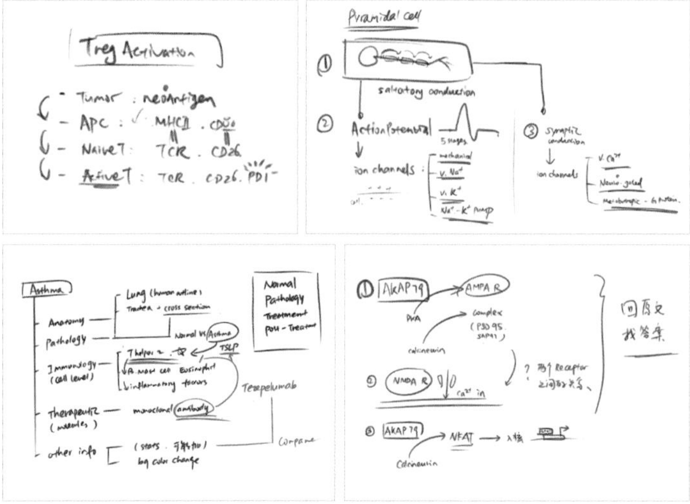

我的习惯是手写，便捷快速。当然也可以使用思维导图等数字工具！

信息流向梳理举例。无需十分干净整齐，自己能看懂即可，重点在于快速厘清逻辑关系

步骤 2：草图设计

第二步的目标是用图形语言替代前面归纳的逻辑框架。需要依次进行 3 个操作。①元素单体设计，如细胞、蛋白质分子等。②整体画面构图设计。在此过程中要思考：单体之间的相对比例及位置关系是怎么样的？如何串联和摆放内容能更有效地突出重点？如何流畅地引导观者视线？③色稿设计。如果使用数字绘图软件起草，那么强烈建议在此阶段进行配色方案的尝试，为后续的绘制提供更完善的蓝图。如果是在纸上进行草图设计，则配色可以留到绘制阶段再进行。

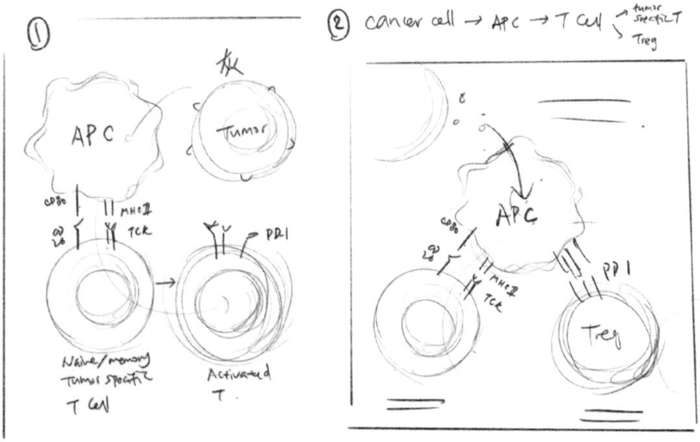

画草图时不需要纠结于工具的选择，使用自己认为最顺手的即可。重道轻术才是硬道理！

草图设计包括元素形态设计及整体的版面构图设计。对版面构图设计建议多尝试不同的可能性，在探索中拓宽设计思路

步骤 3：绘制阶段

准备工作就绪后，我们可以将草图导入软件中，开始绘制。常使用的软件有 Illustrator、Photoshop、Procreate 等。

在此过程中，建议先专注于图形的绘制和摆放，之后再统一填色。每一个阶段只让大脑思考一件事情，可以有效避免出现头脑混乱、画面散乱等问题。另外还有两点建议：①**将绘制好的图形整理在一起，形成自己的素材库，**日后绘制时可以直接使用；②**养成管理图层的习惯，**把图形、箭头、文字等内容放置于独立的图层中，以便后续调整画面细节。

> 根据插图特点及期刊要求，以下内容均使用 Illustrator 进行举例说明。
>
> 本章重在说明流程，具体的绘制方法见第 3、4 章。

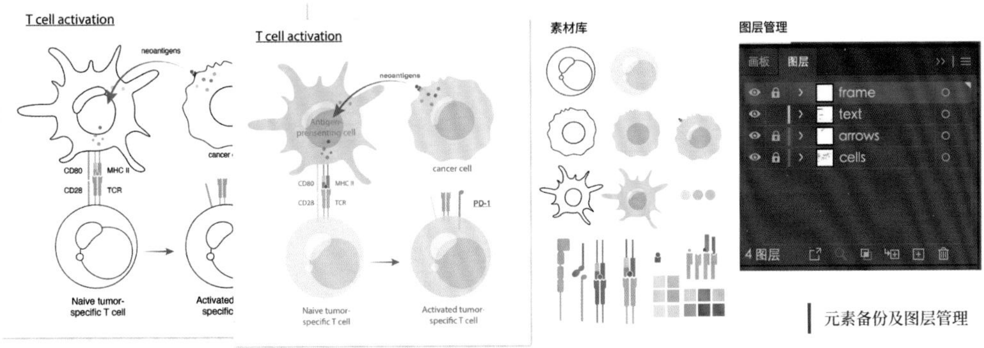

元素备份及图层管理

步骤 4：调整润色

由于绘制好的图形和文字标注比草图规整许多，正式绘制后可能会发现在画面比例、留白空间、箭头连贯程度、元素位置、配色细节等方面出现偏差。如同一场演出，正式带妆彩排时才会发现平时排练看不出来的问题。此时应当纵观全局，调整细节，并检查重点信息是否足够突出，以达到最佳画面完成度。

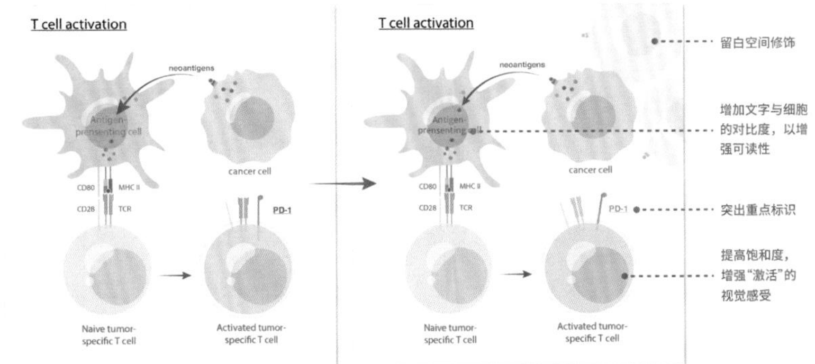

细节微调润色举例

1.2.2 辅助环节

参考图检索

在明确信息流向和草图设计这两个阶段中，需要充分地进行参考图的检索工作，包括①信息逻辑、元素结构、影像及显微资料等；②约定俗成的元素设计；③优秀的插图，从中学习构图及配色思路，但注意不要过度借鉴，以免引发版权争议。

> 辅助工作往往不会在画面上得到具象的体现，但也是创作中至关重要的环节。

技术思路分析

在画好草图之后，在正式绘制之前，可以稍做停顿，在脑海中回忆一遍常用的绘制思路和要点，选定一个可行方案。数字绘图软件有繁多的操作方法和技巧，边做边想可能会让自己陷入混乱。在这里强烈建议初学者把技术思路列在草图旁边，帮助自己在绘制过程中保持清醒，坚定地执行方案。这也是一个复习的过程。

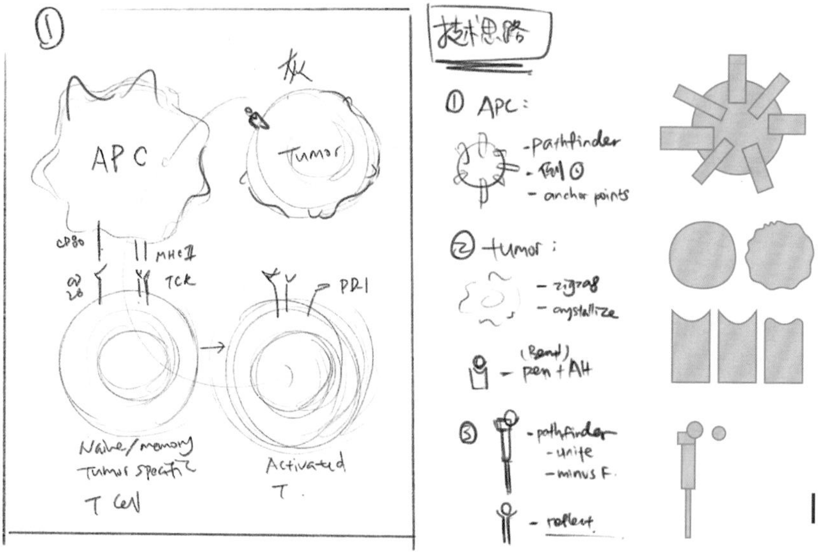

技术思路分析举例

寻求反馈

在整个创作过程中建议寻求两次反馈。**①草图设计阶段，**把画好的草图给插图委托人或实验室同事、导师审阅，让他们检查信息的准确性及流程的流畅度。根据反馈意见对草图进行修改和完善。**②绘制完成后，**或完成约 95% 时，应再次寻求反馈，确认画面效果是否如预期般清晰、美观。当然，即使是大家都满意的画面，也有可能收到期刊编辑的修改意见，这是十分正常的情况，不必感到沮丧。来自多方的反馈意见能督促我们更严谨地思考，这也会成为我们创作路上非常宝贵的经验。

第 2 章 · 如何着手设计

第 1 章提到创作的前一半工作都是在进行信息梳理和草图设计，这是重中之重，会很大程度地决定插图的成功与否。那么如何才能做好这部分工作呢？

2.1 养成设计思维

设计思维并非视觉传达创作者所特有的专业技能或罕见的天赋，而是每个人与生俱来的、以人为本（更确切地说是以观者为导向）的解决问题的方法，是人类思维和行为中自然的一部分。只是在这个“数据统治”的时代下，我们逐渐忽略了这种本能，常常使交流变得枯燥而冷漠。本节将着重介绍 4 个最基本的设计思维要点，以此帮助读者敲开插图设计的大门。

2.1.1 共情：了解观者需求

设计思维的核心是观者。一开始我们往往会纠结为什么自己的图不能突出重点，其中的信息不能被人快速理解，还需要进行一番语言上的解释，才能勉强完成一次信息的传递。这可能就是因为我们从未把自己放在观者的角度来思考和审视自己的画面。

所以，我们要把自己培养成一名主动的观者，当看到一些或美或丑的图片时，不再是被动地浏览或一扫而过，而是有意识地思考：画面信息从哪里开始，到哪里结束？我能很轻松地追随画面中的视觉指引，还是看着看着就“迷路”了？我能否轻松地捕捉信息重点？画面配色带给我什么样的感受？是舒适还是晃眼、活泼还是内敛？元素的排列是整齐明确还是零散杂乱？

有了这些美妙或糟糕的视觉体验，我们便能体会观者实实在在的感受，更深入地理解观者的视觉需求和认知。培养设计思维要从这样的体会开始，在潜意识中与观者的核心诉求共情。

共情：站在观者的角度思考

2.1.2 取舍：信息的“断舍离”

“取舍”是在明确信息流向时所要进行的思维活动。此时我们需要确定信息的优先级，分辨哪些内容是我们应该花更多时间去投入的，而哪些内容是可以被舍弃的。这是一个看似容易的事情，但也需要有意识地“做减法”，如果你很容易陷入“面面俱到”的陷阱中而不自知，那么构建信息流向导图是个非常不错的训练方式。在构建导图的过程中，核心元素和信息主线逐渐变得明朗，其和支线之间的关系也愈发清晰。此时游离在架构之外的元素都有可能对故事的表达不是十分重要，可以考虑进行“断舍离”。

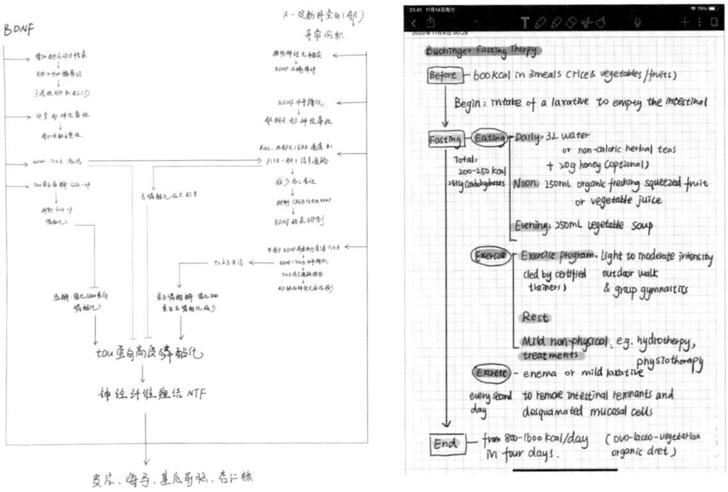

可以手写，也可以借助思维导图工具。这是一个看似花费时间的过程，但如果没有捋清思路就立刻开始，后面可能面临多次修改的痛苦。

【信息流向训练】学生作业

2.1.3 连接：探索视线轨迹

在草图设计中，构图的首要思考重点是连接，即元素与元素、形与形、字与字的组合和相互作用。这些连接引导观者的视线有序移动，从而形成视线轨迹。要注意，并非所有的连接都通过箭头来实现，有些是通过图形的亲疏关系和方向性来体现的。我们要做的是了解各种视线轨迹的特点，并在设计时有意识地埋下一条让观者观看最省力，并且具有视觉美感的隐线。

视线轨迹有如下几种类型。①直线形视线轨迹：用直线作为引导线，引导观者根据直线的走向进行阅读。直线可以带给观者坚定、平稳、直观的心理感受。观者不用过多思考，就能迅速接收信息。②弧线形视线轨迹：用一条连贯的弧线引导视线，给观者带来天然的平滑感和清晰的方向感。弧线兼具柔和和灵动的特点，非常适合表达有关“运动”“传播”等的信息。③**几何形视线轨迹**：用直线组合构成的几何形引导轨迹。其中三角形具有天然的稳定性，会让观者感到稳定、均衡的同时又不失活泼感；“T”字形、“V”字形、“十”字形、射线形等视线轨迹具有较强的视觉贯穿力，即便是小的缩略图也能快速抓住观者眼球。

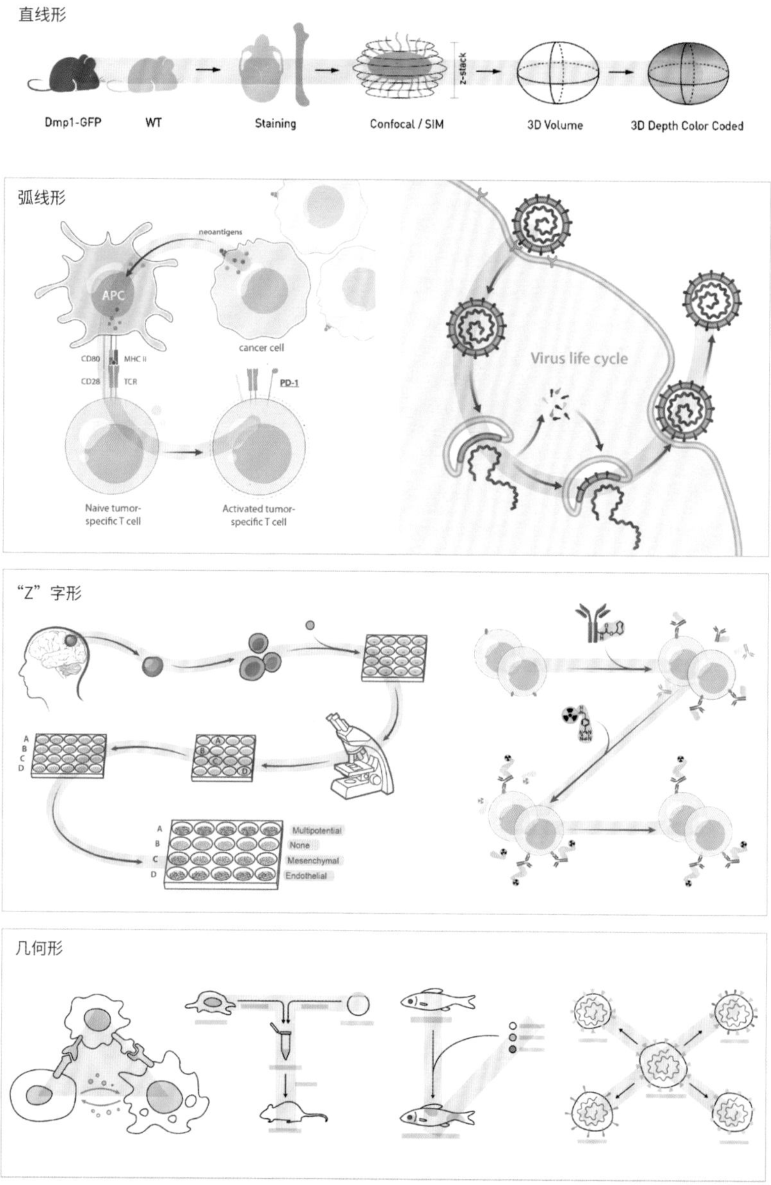

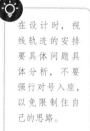

在设计时，视线轨迹的安排要具体问题具体分析，不要强行对号入座，以免限制住自己的思路。

各类型视线轨迹举例

案例研究：视线轨迹探索

在实际创作中，不是所有的信息链都能通过以上所列举的经典视线轨迹来呈现的，我们需要根据实际情况，本着从上到下、从左到右的阅读规律，探索视线轨迹的可能性，并在探索中择优。

比如下面这个案例，虽然在草图版本 1 中箭头能够连接成线，但视线轨迹有迂回，不够直接。在纵向阅读顺序不变的情况下，尝试将水平方向上的图形元素与文字标识进行换位，并将小窗口移到右侧。这样一来，信息能够呈“十”字形排布，并且让最重点的信息在偏中心的位置聚集。对比下来，草图版本 2 的视线轨迹更为合理，且更能突出重点。

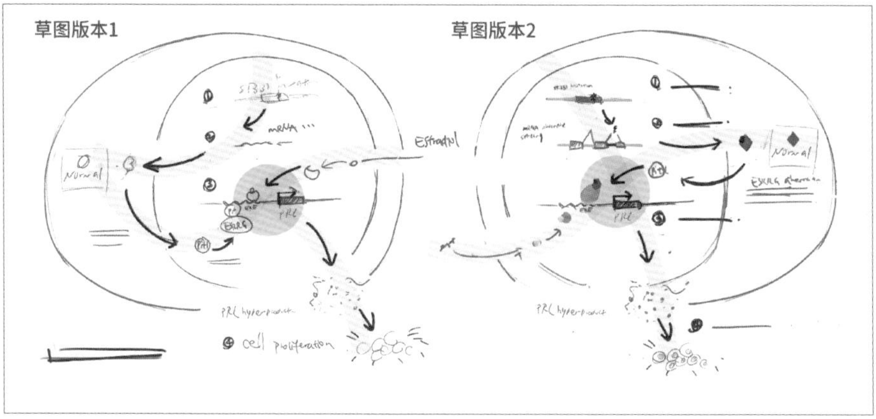

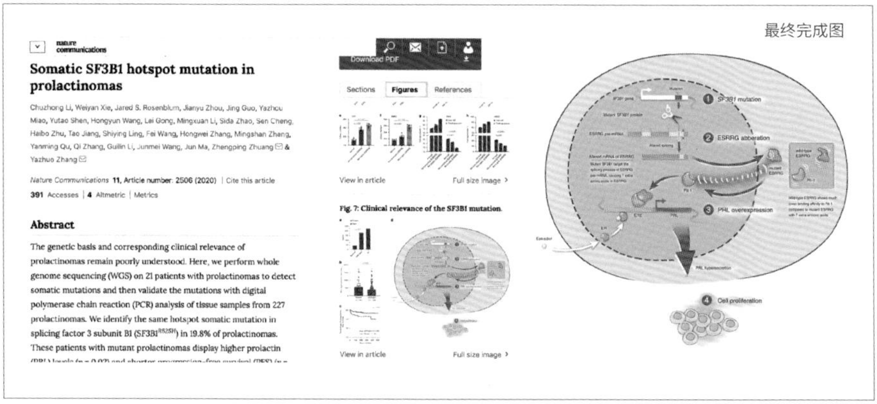

视线轨迹在实际创作中的探索与应用

2.1.4 模型：约定俗成的图形符号语言

图形设计或许是最令大家“望而却步”的一个环节。“没有绘画和设计基础能学会吗？怎么才能画得清楚、明白？” 这是我们常收到的问题。从文字到图形的转化并非一蹴而就，确实需要一定的学习和积累。但是科研插图中的图形设计具有非常强的规律可循，有很多被广泛应用的**模型化图形符号**可以借鉴，如细胞形态模型、表面受体模型、免疫机制模型等。这些模型由高辨识度的形状构成，具有直观、简明、易懂、易记的特征。

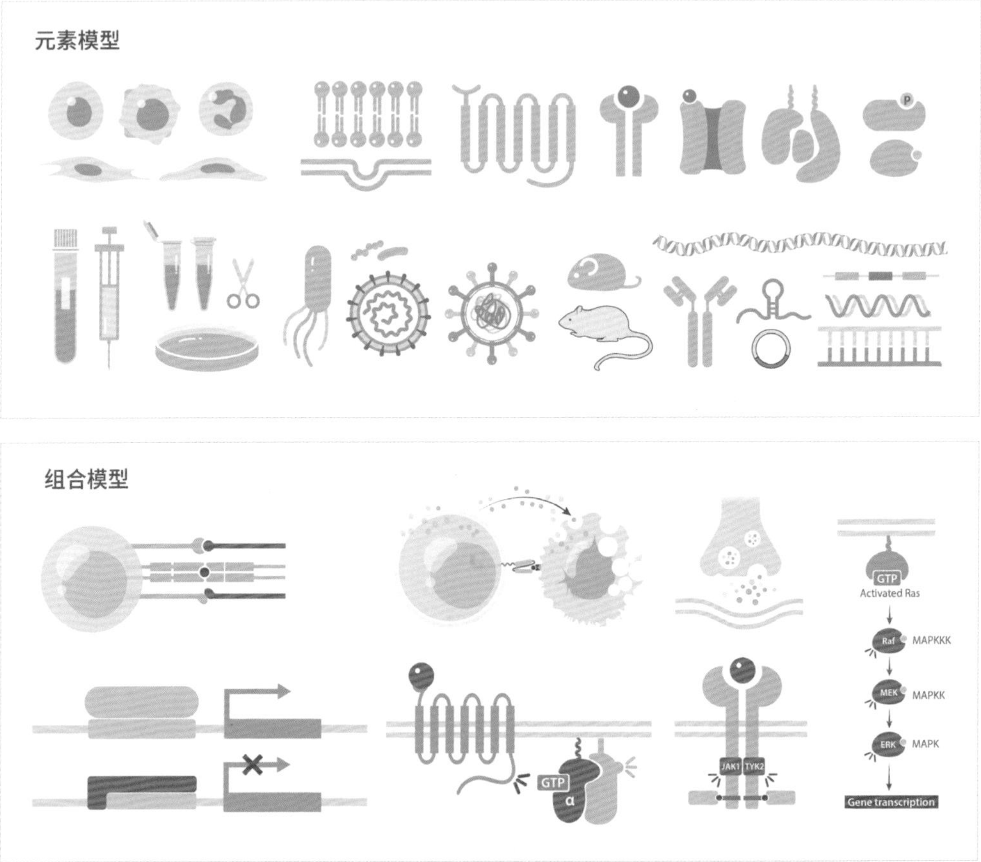

科研插图中常见的模型举例

模型的形成源于思维的“省力”原则，这种原则意味着人们不希望每次都从新的视角去认识事物，而是希望把它们划在已知的范畴内，先识别大的类别特征，再去认识此类别下的细节。将模型的概念应用于视觉设计之中，能加快观者接收信息的速度。试想一下，对每天要审阅无数文章的审稿人来说，看到一张能让其快速识别内容的图，是一件多么美妙的事情；反之，则可能会有些头痛。而对创作者而言，养成图形设计思维也可“省力、取巧”：先从观察这些约定俗成的图形符号语言开始，了解其形成规律，掌握模型特征；然后对之逐渐加以变形，灵活应用；最后，各种机制中的图形表达问题便都可迎刃而解。

图形符号的设计可以基于实际物体，比如烧瓶、试管、老鼠、人体的外观形态；也可以基于特定的文化和意识认知，比如用叉号来表示老鼠眼睛并且老鼠整体翻转的时候，可以含蓄地表示其死亡状态，而用短线加上“zzz”的符号时则可表示其睡觉的状态。前者的设计需要找到合适的参考图，并使用基础图形对物体的实际形态进行归纳与简化，是一个观察、“做减法”和“搭积木”的过程。后者的设计则需要我们观察现有的符号语言，调动观看动画片、漫画、广告海报时的记忆，逐渐把约定俗成的元素加入科研插图的创作中。

纪实型与符号型的老鼠图形设计

不过基于特定认知所设计的图形符号，往往会因为时代、地域、文化的差异，不能被广泛辨识出来，这是我们在设计时要尽量避免的。我自己就曾因热衷于“颜文字”，而险些给细胞配上“(｡･∀･)”并画上“小草”，好在外国教授的“满头问号”及时地“扼杀”了我的想法。当然，并不是说科研插图中就不能含有卡通形象，而是特属于某个文化群体的卡通形象或许无法与大众共鸣。

有一种符号不受地域、文化、意识的约束，能被全人类所理解和广泛运用，那就是箭头符号。箭头符号堪称人类图形发展史上“最伟大的符号”，它造型简单却承载着丰富的含义。箭头的原型是弓箭的头部，标记着人类追逐猎物的历史。在随后的时间里，这个符号又经历各种变形，衍生出更多箭头图案，以表示更多含义。作为科研插图中的“绝对常客”，箭头可以交代运动轨迹、作用对象、衍生关系，也可以表示时间轴、步骤引导、量变趋势等。与此同时，箭头的样式和虚实也能在不同背景下表示不同的含义。例如在分子生物学中，“丁”字形箭头往往表示“抑制”或“阻断”；而在基因表达图示中，常用右转直角箭头来标注转录位点或者启动子的位置；虚线的箭头通常用来表示弱化或在假想阶段的通路。

当我们看到一张好图的时候，一定不要忘了看看它的图形和箭头等元素是如何组合的。多看、多分析、多感受，设计思维便这样潜移默化地形成了。

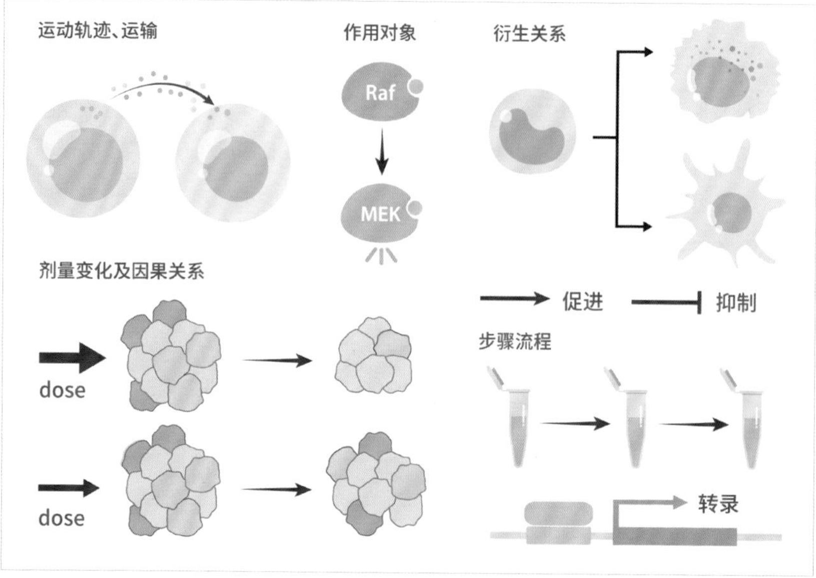

科研插图中的箭头

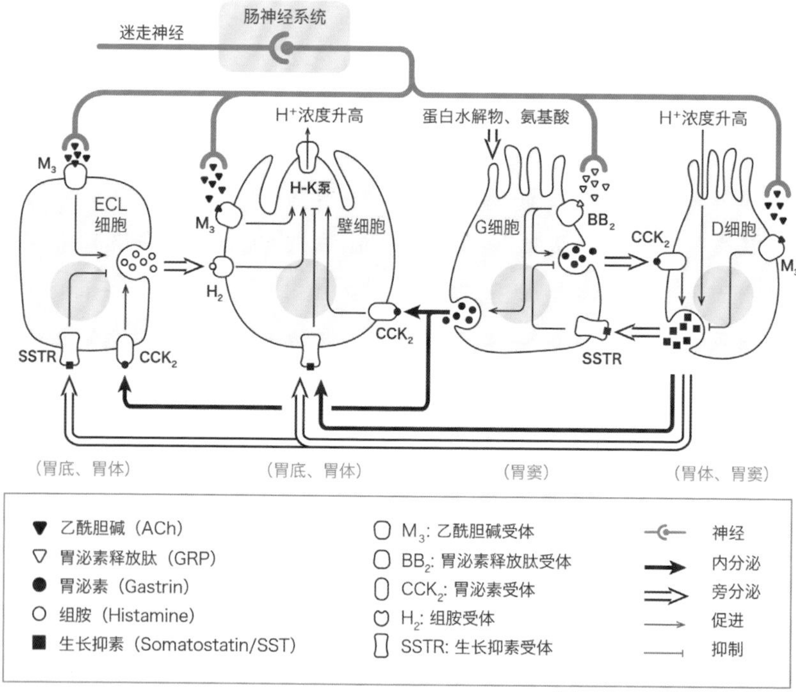

机制图中箭头的综合使用

2.2 塑造故事力表达

说到设计思维，就不得不提到故事力表达这个概念，它们经常被同时提起。如果说设计思维是以观者为导向的解决问题的总方法论，帮助我们实现首要目标（即信息的清晰输出），那么故事力表达则更像是锦囊妙计，以讲故事的方式，通过轻重缓急的节奏和恰到好处的细节，抓住观者的眼球。前者更多的是站在观者的角度思考和输出，后者更像是吸引观者来跟随创作者走入故事。这样一来一回，让观者、画面和创作者成为一个有机共同体，共同完成一次高效而有趣的交流。

接下来我们将基于**格式塔心理学**中的视觉感知原理，以及设计基本原则，说说如何通过空间和形态的视觉引导来塑造和提升故事力表达。有些方法虽需要留到绘制阶段才能得到具体的体现，但也需要创作者提前斟酌规划。

2.2.1 秩序和冲突的平衡

为什么有些画面看起来杂乱无章，不是拥挤，就是空洞呢？如何避免这些问题？如何突出重点？要解决这些问题，我们要先了解构图过程中的两大主要考量：**秩序和冲突**。 秩序保证画面条理清晰，冲突则能够吸引注意力。两者在叙事表达中相辅相成。下面我们从 4 个角度来分析画面中的秩序和冲突是如何构建的。

对齐和对称：带给观者坚固和平衡的感觉，人眼倾向于去感知这种秩序。绘制时应有意识地检查横、纵方向上的元素是否对齐，思考分支信息是否能够水平或垂直对称排布。这样的平衡感会让观者感到舒适、放松，也因此愿意静下心来在画面上寻找有效信息。这便是成功的第一步。

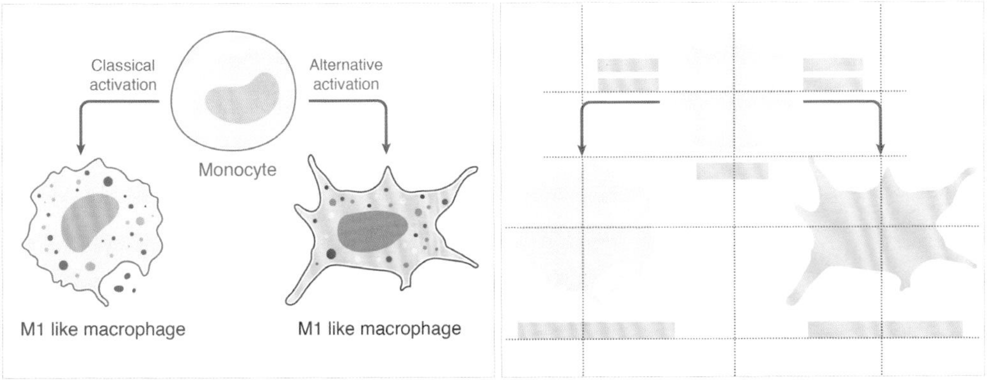

对齐和对称举例

重复和相似：重复是设计中最基本的视觉形式，可以使元素的构成进一步秩序化，形成和谐且富有规律的效果。重复有利于加强人们对某一元素形象的快速记忆和识别，并且不会占用太多大脑容量。重复可分为绝对重复和有机重复。 绝对重复往往用于装饰性设计，例如传统纹饰中的千鸟格，通过机械化的复制能产生有节奏的视觉冲击力。有机重复则更适合表现生命体中的复数元素，比如在细胞微环境中，所有的细胞都高度相似但又不完全一样。为避免复制带来的机械感，我们可以对图形进行旋转、镜像翻转、缩放及调整不透明度等操作，以此来实现有机的重复排布，建立自然、不呆板的秩序感。

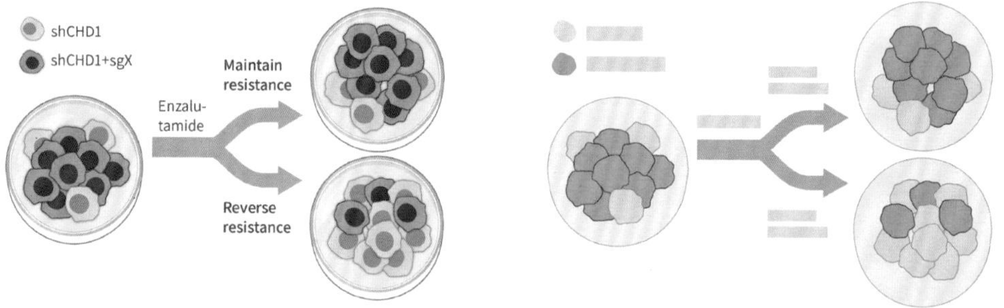

重复和相似举例

对比：制造冲突的最直接手法。在秩序化的基础上，对比可以最大限度地推动故事进入“白热化”阶段。产生对比的方式有很多，比如改变颜色、尺寸、形状、方向、亲疏关系，以及加入图形修饰等变量。创作时需要根据具体内容来选择合适的变量。比如在对比 mRNA 降解状态和正常状态时，我们可以在形状轮廓不变的基础上，将曲线改成虚线，将完整的圆形变为一组小点，并使整齐的 poly（A）尾变得错落分散且不透明度逐渐降低。变量的选择合理即可，没有固定答案，发挥一下创造力吧！

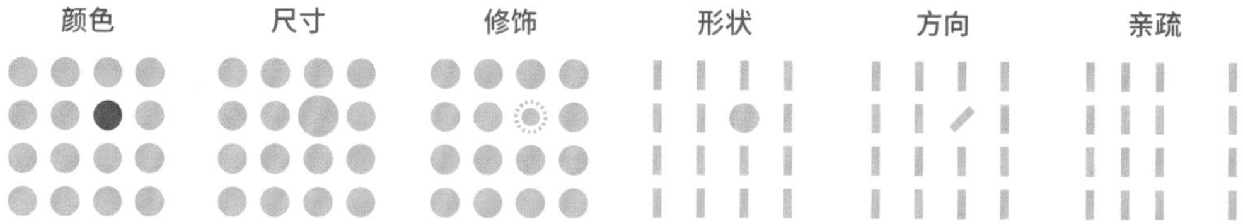

对比的变量举例

对比原则举例

图形与背景：也是对比的一种形式。通常位置居中、轮廓明确、色彩较为鲜明的元素容易在诸多元素中凸显出来，成为视觉焦点中的“图形”。所以我们应该让重点元素具有明确的轮廓、明暗度和统一性。背景既指奠定画面基调的背景色，也指起衬托或装饰作用的环境元素。元素可能会根据信息重点的变化，而在“图形”和“背景”角色之间转换。可以通过降低图形不透明度的方式来实现这样的转换，使图形“退”到背景中。

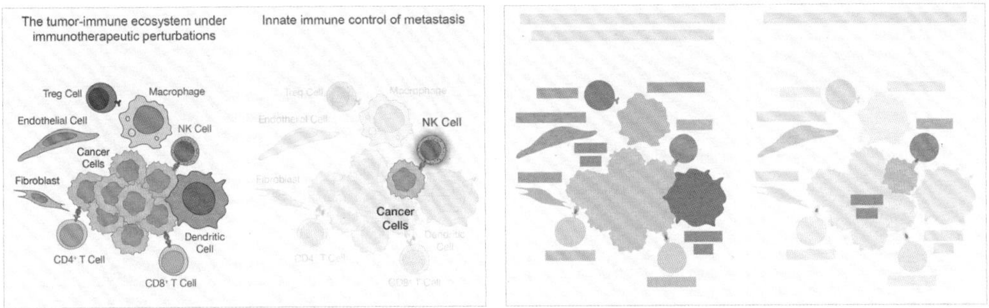

图形与背景举例

2.2.2 知觉倾向的善用

大脑认知是一个复杂且奇妙的过程，不仅限于对眼前事物的直接接收，还存在自主推理。我们可以利用这一特性进行一些别致的设计。

完整闭合倾向：观者的一种推论心理倾向，即对不连贯的、有缺口的图形在心理上找到一个匹配，使之变得完整、闭合。例如我们可以在设计表面蛋白相互结合时应用这一原则，在吻合的图形之间特意保留一小段间隙，让观者自行脑补它们之间的结合倾向。另外，完整闭合倾向也可用于边界的处理，使元素在各个边缘对齐，就如同画了一条隐形的边界线，突出画面整体感。而在一些边框的设计上，留一小段空隙能够在增加画面透气性或版面趣味性的同时，不影响读者对整体性的感知。

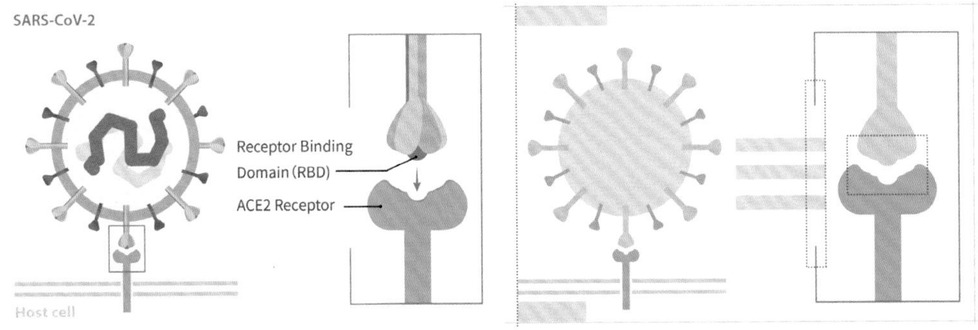

完整闭合倾向举例

连续性：观者对线条的一种知觉倾向，哪怕一条线被阻断或隔开，观者依然会认为它是连续的。如果很多元素处于这条连贯的线条上，那么观者的目光便会很自然地被吸引，去循着轨迹方向进行阅读。比如在表现病毒生活史时，我们应尽可能地让箭头和图形处于一条连贯的线条上，最大化地满足观者“线条连续性”的心理倾向，以让观者产生视觉上的愉悦感。

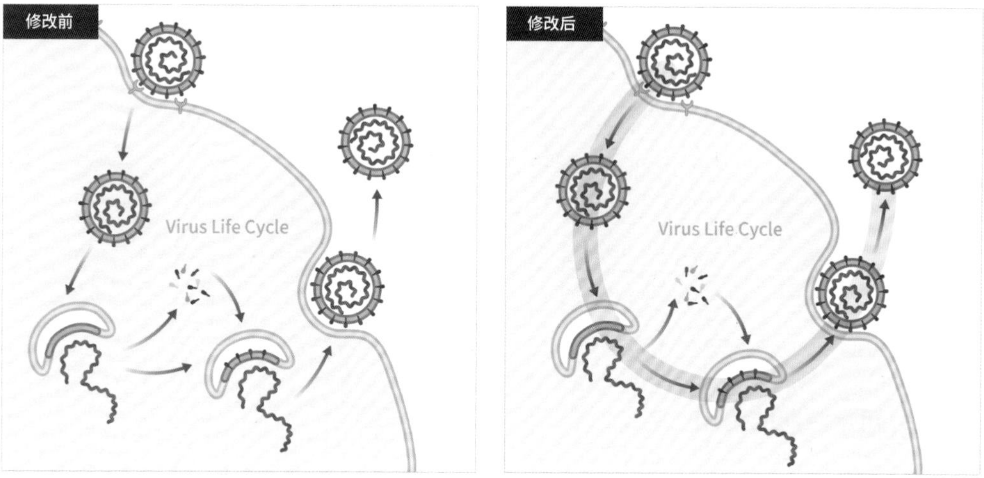

连续性——改图前后对比

亲密性原则：将相关的元素通过物理位置靠近而组织在一起，它们被视作一体，而不是独立的元素。反之，如果元素之间无关联，那么这些元素不应存在亲密性。亲密性的体现能为读者提供直观的提示，使读者更快了解画面内容的组织架构。比如在通路蛋白众多的信号通路图中，我们会将蛋白质络合物（Protein Complex）的成员亲密地排布在一起，并通过亲密关系的变化来体现信号传导状态的变化。另外，文字标注应遵循接近性原则，即标注和对应的形状元素应在距离及颜色上尽可能地接近（除非期刊要求统一使用黑色文字），避免让读者误读或产生理解上的偏差。当图形轮廓不复杂时，我们也常常将文字直接放置在图形之上，这是最为直观的标注方式，也是亲密性最大化的体现。

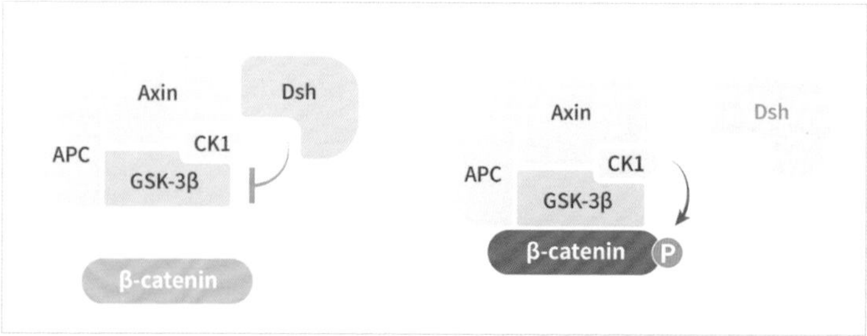

亲密性原则举例

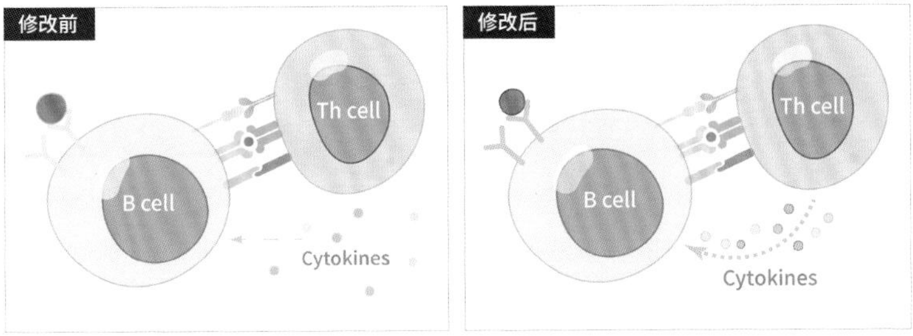

亲密性——修改前后对比
（学生作业改图）

亲密性原则的应用体现在各种画面细节上，但也是初学者们比较容易忽略的一点。例如在绘制细胞因子时，如果我们没有下意识地应用亲密性原则，只是随意地点上一些小圆点，哪怕绘制了箭头，也很难强有力地体现其作用方向。这时，只需要使小圆点相互聚拢并沿箭头两侧排列，便能够快速让画面关系更为明朗。

共同区域：当多个元素处于同一个区域的时候，大脑会将它们视作一个相关联的单元。在内容较多的插图中，我们可以使用底色或线框把逻辑相关联的内容划分在一个区域里，这样大脑会更有信心地去识别和处理这个区域的信息。这时候要注意区域底色的选择，一定不能喧宾夺主。

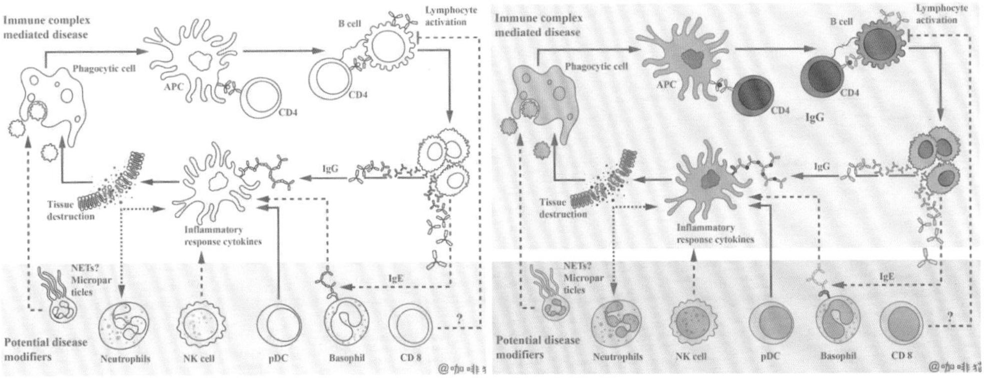

使用底色制造共同区域 © 插画师咖啡猫

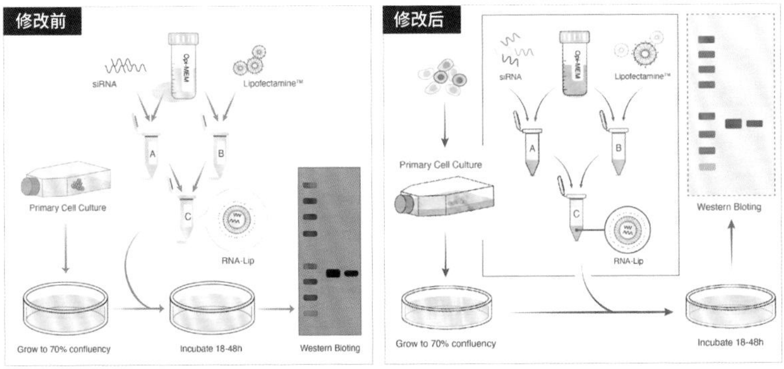

共同区域——修改前后对比
（学生作业改图）

2.2.3 省略是创造的一种形式

我们在辨识插图的有效性的时候会发现，一些失败插图的问题是无休止、无差别、密集地罗列信息，不关注结构和节奏。这是未与观者共情的表现，也说明作者忽略了那句设计师们口耳相传的老话“Less is more（简单就是美）”。

简单性原则：一个简单明确的对象比一个详细的对象更能迅速地传达信息，所以掌握结构的简单规律非常重要。比如在绘制器官状微环境时，我们会发现，使用较少的细胞和层次更能突出组织，使用很多细胞进行排列并不会显得更加具体，反而会削弱整体特征，让画面变得杂乱。在角度的选择上，能用正面或侧面角度，就不选择带透视的复杂角度。在图形的设计上，能用符号化的图形表达，就不用烦琐的结构或处理过的照片；能使用局部表现物体时，就不要将整个物体放在画面中，比如下图中的移液枪，只表现枪头部分会让画面更轻盈，并且元素之间的比例会更合理。

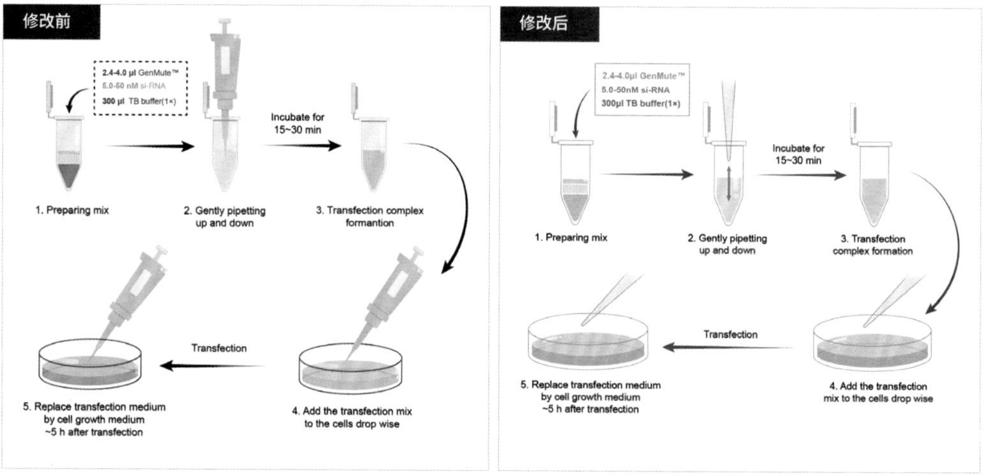

简单性——修改前后对比（学生作业改图）

负空间与留白：负空间是与正空间对应的视觉空间。正空间包含画面里的所有元素，如图形、文字、箭头等。负空间则是所有空白区域的集合，比如文字内容旁边环绕的空白部分。这里提到的空白部分，并非指颜色为白色的部分，它可以是其他颜色的，也可以是背景图。留白和“负空间”这两个概念常常互换使用，确切地说，除了一些有意识的负空间设计外，留白基本上相当于“负空间”。不论是负空间的使用还是留白技法的使用，都是以无形衬托有形的方式，最大化地凸显信息，抓住观者视线，从而高效传递信息；同时也都是为视觉“减负”，使画面整洁、舒适，既能突出主题，又能满足现代人对“极简美”的要求。

设计时需要考虑留白的位置和面积。留白多少、留在哪一部分，都要根据信息本身仔细斟酌设计，不可大意。留白和周围元素搭配得当，才能给人以舒适、平衡的视觉体验。过多、过少、零碎、突兀的留白都会造成画面的不协调。

下图中，过多的留白会让画面显得空洞、单薄，尤其当留白被无意识地放置在视觉中心区域时，会显得画面不稳。这时我们可能需要去掉一些分隔线，重新安排画面内部的边界，使留白均衡的同时，保持内部的有序性。过少的留白则起不到效果，太满的画面会带来视觉上的压力。文字和图形紧贴画面边缘，四周没有空隙，是常见的边缘留白缺失问题；图形或文字偏大，效果应用较多，也会造成画面内部的留白不足。

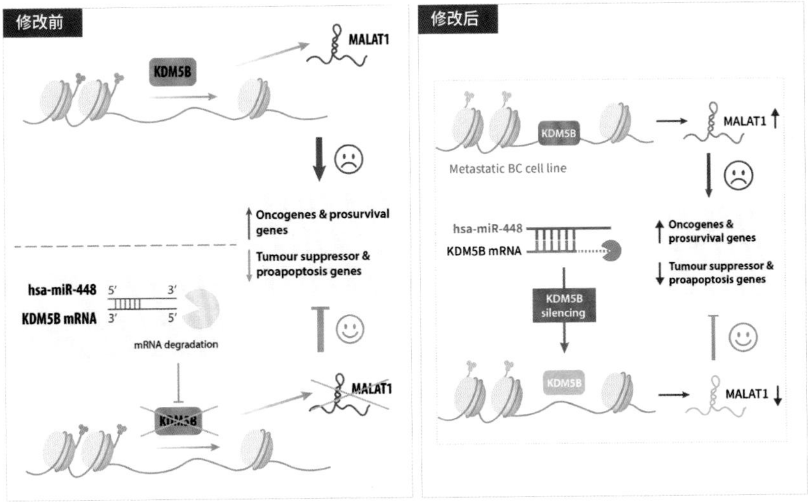

留白不当——
修改前后对比
（学生作业改图）

在下图中，当我们关闭投影效果时，画面一下子清爽了许多，再降低细胞器的不透明度，让这些环境元素退回到背景中，离视线稍远些，可以进一步减轻视觉负担。

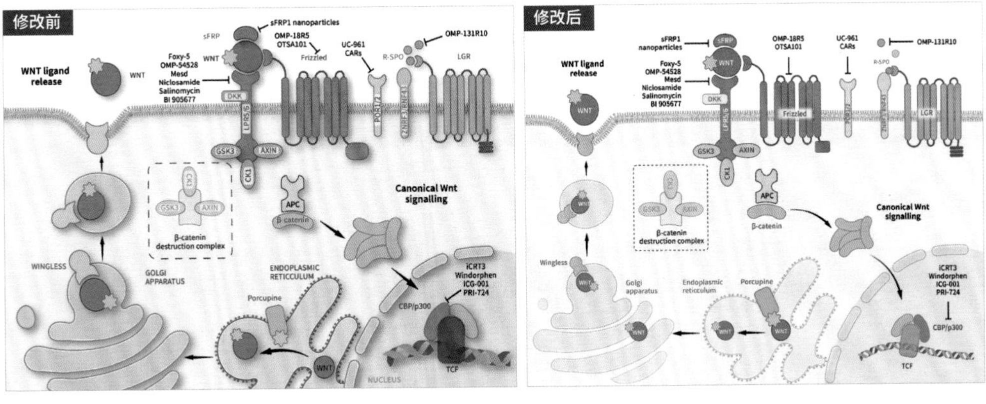

留白不足——修改前后对比（学生作业改图）

2.2.4 信息到色彩的映射

在科研插图里，色彩的运用要先考虑它的功能性，做到**信息到色彩的映射**。颜色不仅要“好看”，更多的是在“说话”——**传递信息、指引视线、突出重点**。下面我们将通过色彩基础知识来介绍多种配色方案。

色彩基础知识——HSB 颜色模式：该颜色模式是基于人眼识别的颜色模式。H（Hues）表示色相 / 色调，也就是我们常说的红橙黄绿青蓝紫等。S（Saturation）表示饱和度，即色彩的纯度。饱和度越低越接近灰色，越高色彩越浓艳。B（Brightness）表示亮度 / 明度。明度越高，越靠近白色；明度越低，越接近黑色。

经典拾色器是基于 HSB 颜色模式设计的，在其中能够对颜色进行量化选取。取色时先选定色相，再调整滑块横、纵坐标。横轴表示饱和度，越往右颜色越纯越艳；纵轴表示明度，越往下颜色越黑。如果将拾色器分为 4 个象限，那么左上角的颜色较为柔和、明亮，是相对“安全”的颜色；右上角的颜色饱和度高，偏浓艳；左下角的颜色饱和度和明度都低，容易显得灰暗；右下角的颜色饱和度高、明度低，颜色浓且厚重。通常来说，图形元素的颜色多选自左上角，箭头和文字的颜色可选自下方区域。对画面中最重要的细节可适当选用右上角的颜色，以进行强调。

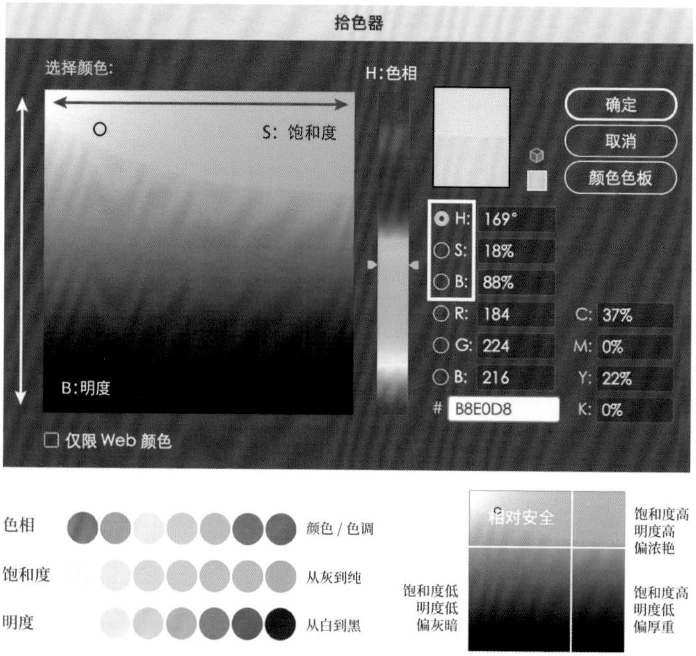

色彩基础知识——基于 HSB 颜色模式的拾色器

划分象限只是方便感受色彩特征，选色时依然要具体情况具体分析，切忌陷入教条主义。

色彩基础知识——色环（Color Wheel）：将彩色光谱中的色相色彩序列首尾连接，使红色连接另一端的紫色，其中通常包括 12~24 种不同颜色。其中，**三原色（Primary Color）**是最基本的颜色，通过一定比例混合可以产生任何其他颜色。**次生色（Secondary Color）**通过相邻的三原色混合而成。**三次色（Tertiary Color）**则由相邻的三原色和次生色混合而成。

在色环中，我们可以很清楚地看到色相之间的关系，以获得不同的配色方案。**相近色（Analogous Color）**指色环上相邻的颜色，比如红色的相近色为橙色或紫红色。相似色的特点是比较柔和、协调。**互补色（Complimentary Color）**指色环中呈 180°角的两种颜色，比如红色与绿色、蓝色与橙色、黄色与紫色。互补色对比强烈，在插图中常用于表现对照实验和机制。**对比色（Split Complimentary Color）**指在色环上相距 120°到 180°的两种颜色，也可以理解为互补色的变形，比互补色略显柔和。双色到四色对比都是常用的配色方案，能够实现鲜明又协调的画面效果。

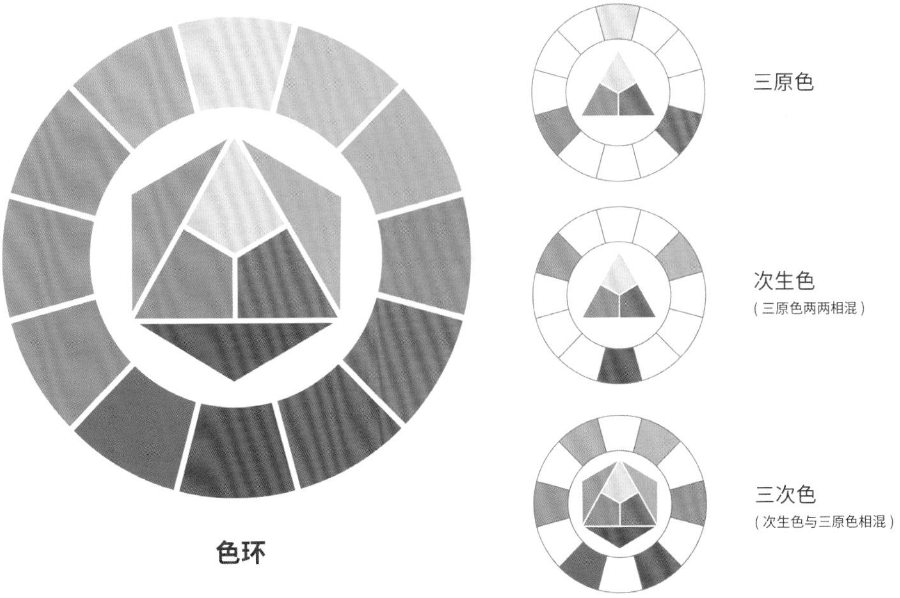

色彩基础知识——色环

①**单色相 / 单色系方案**：在同一色相下，通过明暗关系、饱和度变化来构成统一的配色方案。这种配色方案常用于技术路线图和病毒生活史等流程化信息图解，能让人产生清晰、简洁、大气的视觉感受，是教科书和说明手册青睐的配色方案。单色系可作为画面部分结构的配色，比如用于同一个细胞的细胞质、细胞核和细胞膜，或者蛋白质的不同结构域，以实现结构的连贯性和整体感。但使用时要注意颜色的明暗变化，如果变化太小，可能会造成画面对比度低的问题，不仅影响阅读，还有可能显得单调、沉闷；如果色彩饱和度偏高，还可能使画面具有焦灼感。所以使用时要时常退远观察整体效果。

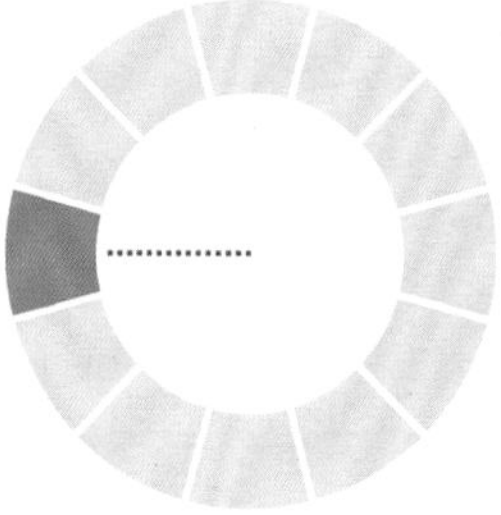

单色系

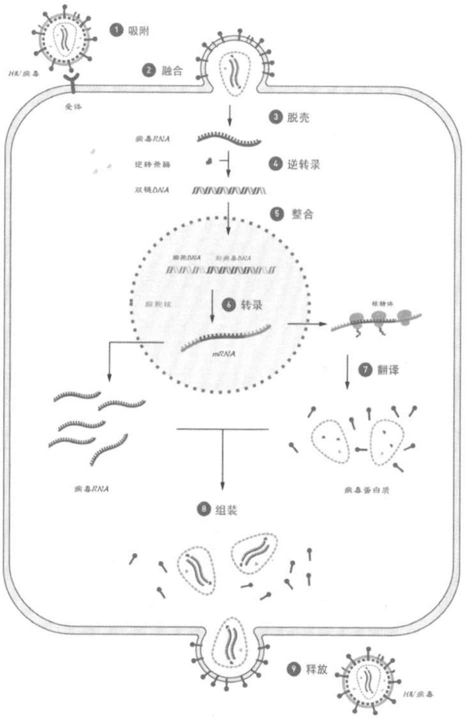

单色系配色方案举例

> 在使用单色系配色方案时，我喜欢引入灰色作为环境色，比如作为宿主颜色；我也倾向于把蓝色作为主题色，因为蓝色的可选色域较宽，比较容易拉开对比度。

②**相近色 / 邻近色配色方案**：色相变化最小的配色方案。平稳的色相过渡使画面柔和、雅致。不同的邻近色也能带来不同的视觉心理感受。比如蓝绿配色给人以沉稳、平和的感觉，蓝绿黄配色会增添一点活泼感，蓝紫红配色会有一点梦幻，紫蓝绿配色则带一点复古、神秘的感觉……值得进行各种尝试与探索。

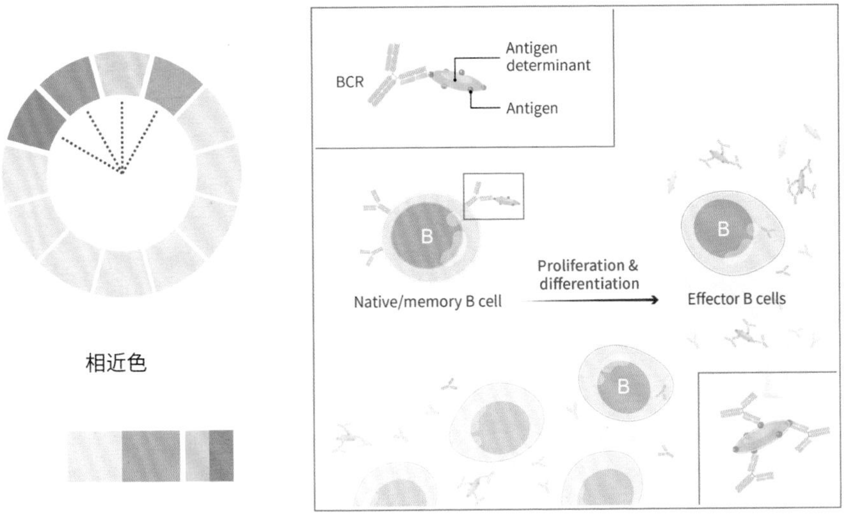

相近色配色方案举例

③**互补色配色方案**：互补色指色环中呈 180°角的两种颜色，比如红色与绿色、橙色与蓝色、黄色与紫色，这 3 对颜色属于对比最强烈又最平衡的互补色。这种极致的平衡和矛盾同时存在，能引发奇妙的视觉心理感受，且在自然界中非常常见，比如蓝色的天空中映出橙红的晚霞、绿色森林中有红色小蘑菇等。互补撞色拼接也常应用于平面设计、服装设计等领域中。在科研插图中，我们不需要使通篇夺目，所以在使用互补色时，往往会降低大面积颜色的饱和度，创建温和的互补关系，只在关键处使用饱和度略高的颜色进行强调。

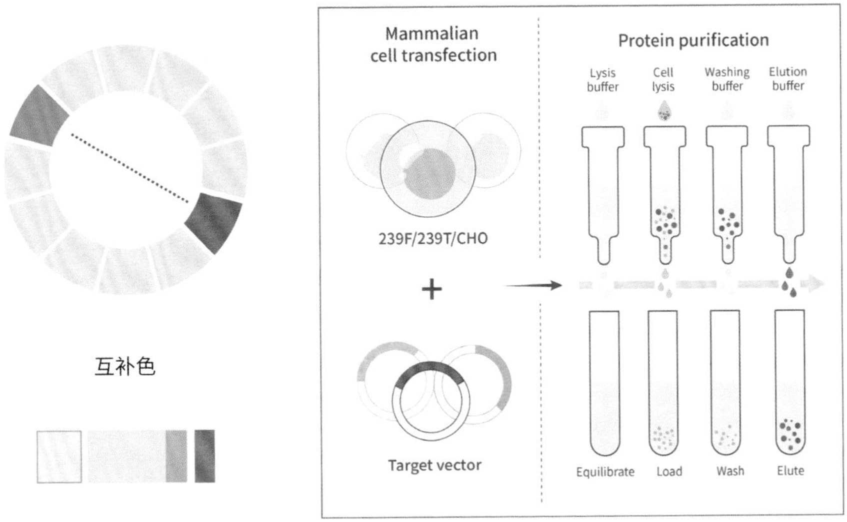

互补色配色方案举例

当两个互补色很难表现更复杂的信息层次时，我们可以采取**分离互补**和**四色互补**方案。这两个方案除了保持了互补色的特点，还结合了邻近色的柔和，在色彩构成上更加丰富，也更适合表达更为复杂的逻辑链。在使用时，先使用互补色对信息进行分类，比如将信号传导蛋白定为蓝绿色调，目标基因及靶向治疗信息定为红橙色调；再使用邻近色对同类的信息进行区分，比如根据蛋白在传导中的层级关系选择湖蓝、草绿和群青。

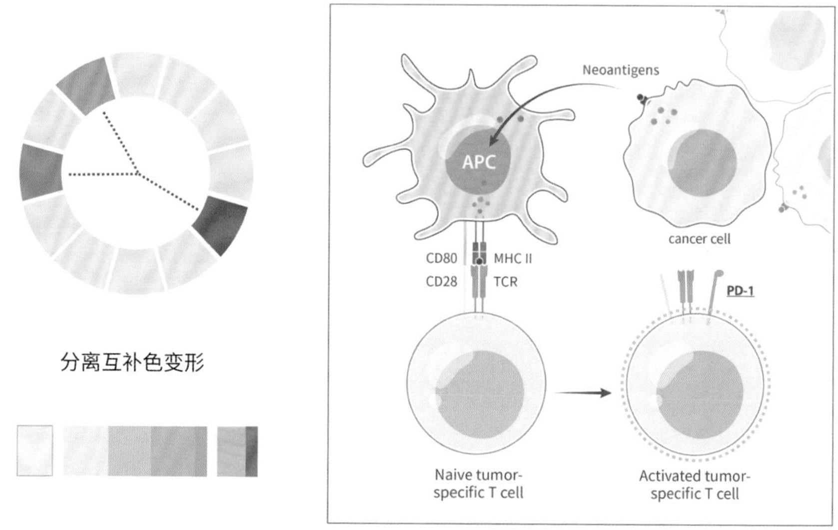

分离互补配色方案举例

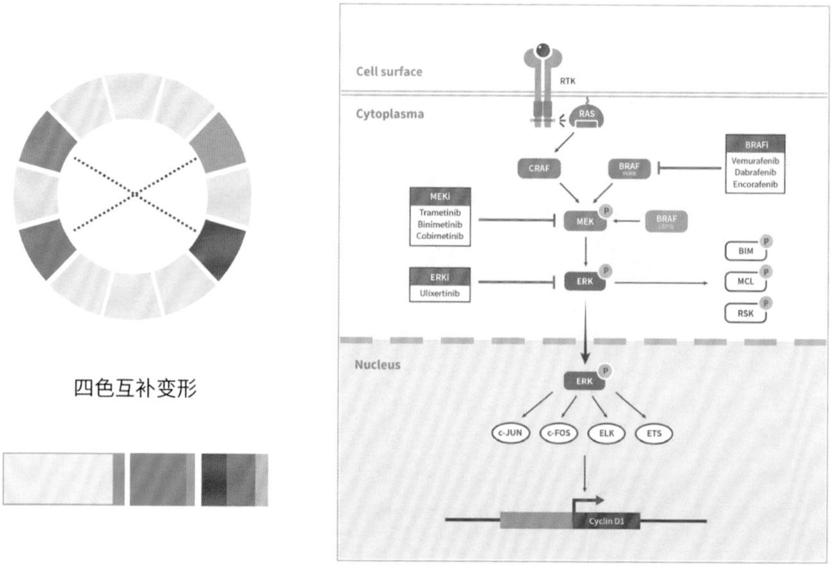

四色互补配色方案举例

④**色彩的感情基调**：除此之外，我们在配色时，也可以从色彩给人的视觉心理感受入手，为一些特定元素配色。在免疫机制图中，我常常将感情基调作为配色的突破口，比如将带有“负面情绪”的灰色调（包括纯灰色、灰紫色、灰蓝色等）用于肿瘤细胞等恶性的物体，使用让人感到沉静踏实的蓝绿色系来表现 T helper、T reg 等具有克制力和辅助性的免疫细胞或药物，使用让人感到亢奋的红色调来表现具备杀伤性的药物或致炎性的因子等。这个配色思路偏主观，每个人的感受不同，颜色的选择也会不同。

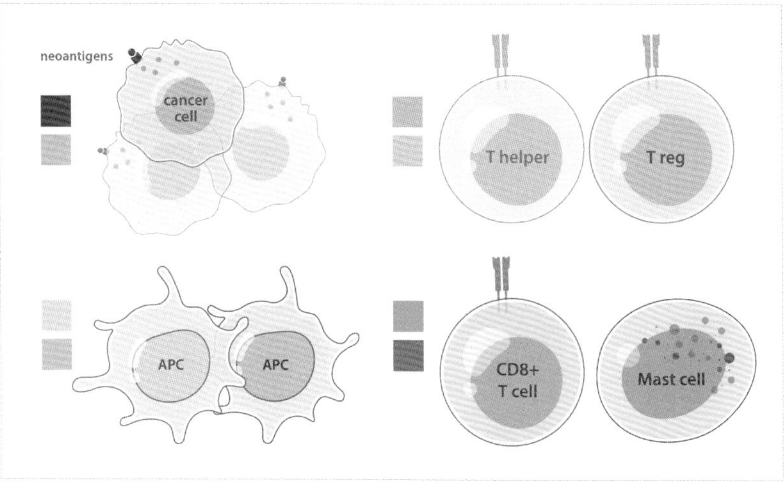

色彩感情基调举例

“红色一定代表激进，蓝色一定代表抑制吗？”当然不是，感情基调并非一成不变。在不同的语境下，同一个作者对同一种颜色也会有不同的诠释。做到有理可依，画面基调统一即可。

比如在对照通路中，我倾向于用红色表达“抑制”信号，用蓝色表达“促进”信号。在机制图中，我也常将红色用于“抑制”箭头上，因为红色具有天然的视觉冲击力和膨胀感，最能抓住观者视线。在这些语境中，“抑制”信息往往是文章的重点，需要突出表现。所以此时我会选择红色，而非蓝色。

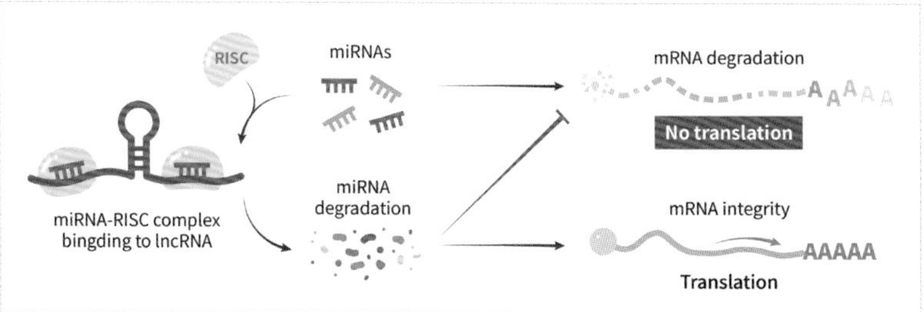

色彩感情基调讨论

⑤**用面积调和色彩：** 不论使用哪种配色方案，都要注意颜色的面积占比，只有恰当的配比才能达到最优的整体效果。室内设计领域有一个最广为流传的法则——“631 法则”，该法则也适用于科研插图，即 60% **环境色**用于占比最大的元素，如细胞质，应保持“低存在感”；30% **元素色**用于画面中的主要元素；10% **强调色**用于最重要的关键信息，饱和度可以适当偏高，以吸引观者注意力。该法则的使用也需要变通，比如在表现两个细胞的交流时，可以使用双环境色进行区分。但总的来说，不建议使用 3 种以上的环境色。

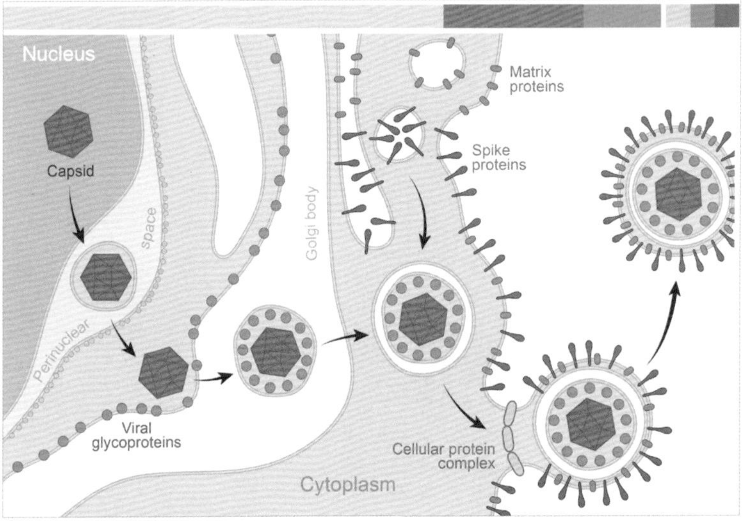

“631 法则”举例

⑥**分区归纳：** 对画面信息进行分区，每个区域使用统一的颜色或色调，以避免画面杂乱。分区归纳可以基于细胞组织微环境中的实际反应场所，也可基于元素在机制中发挥的作用，还可以基于两者综合考量。

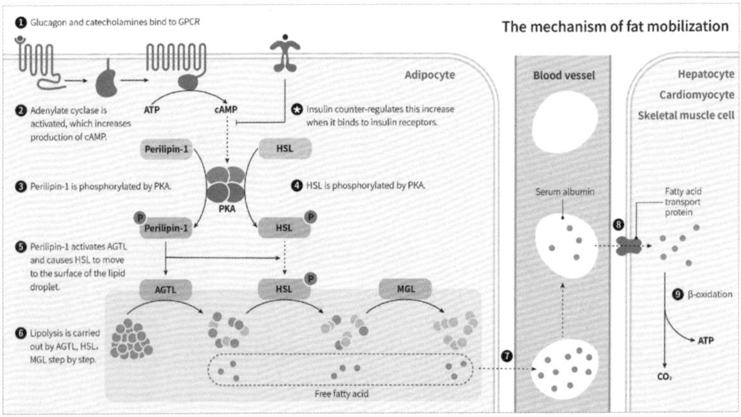

分区归纳举例 © 咸鱼

更多色彩搭配赏析

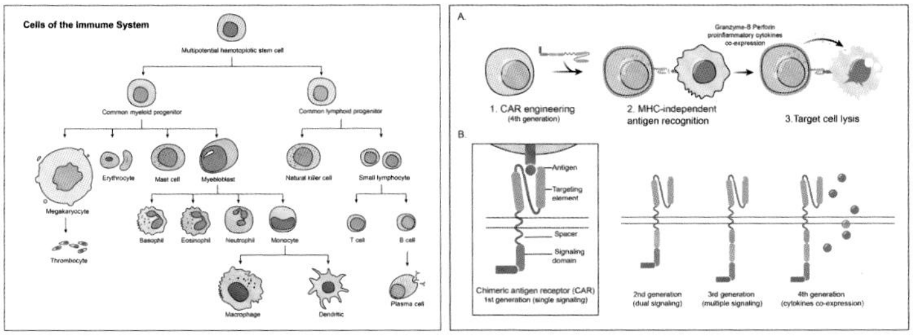

免疫机制图习作 © 乌日嘎

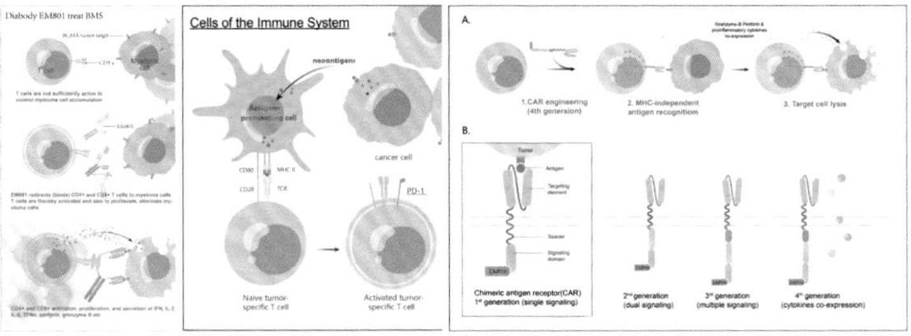

免疫机制图习作 © 时川

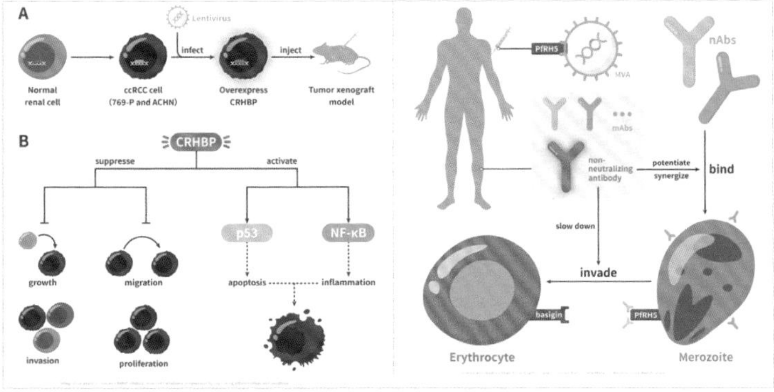

GA 习作 © 咸鱼

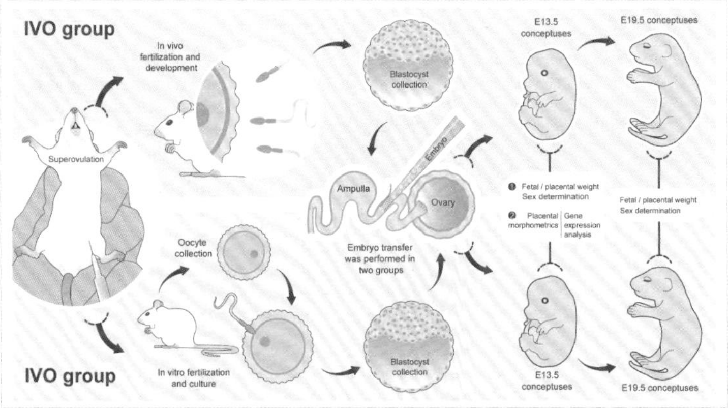

技术流程习作 ©CMISS

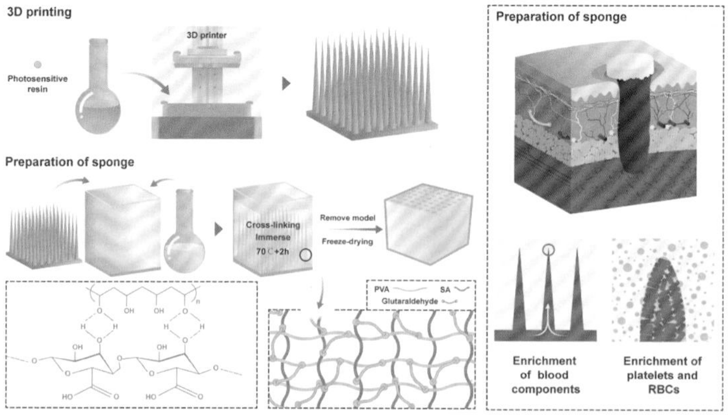
3D printing
3D printer
Photosensitive resin
Preparation of sponge
Cross-linking
Immerse
70 ℃+2h
Remove model
Freeze-drying
PVA
SA
Glutaraldehyde
Preparation of sponge
Enrichment of blood components
Enrichment of platelets and RBCs

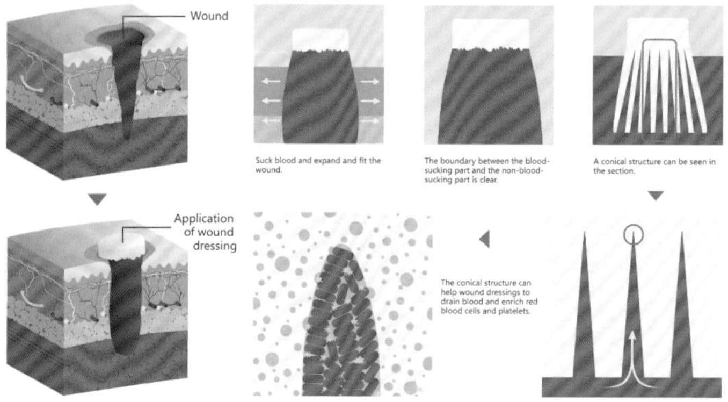
Wound
Suck blood and expand and fit the wound.
The boundary between the blood-sucking part and the non-blood-sucking part is clear.
A conical structure can be seen in the section.
Application of wound dressing
The conical structure can help wound dressings to drain blood and enrich red blood cells and platelets.

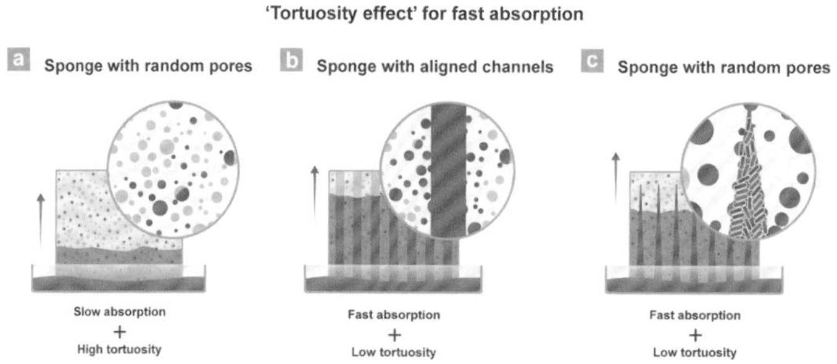
'Tortuosity effect' for fast absorption
a Sponge with random pores
b Sponge with aligned channels
c Sponge with random pores
Slow absorption
+
High tortuosity
Fast absorption
+
Low tortuosity
Fast absorption
+
Low tortuosity

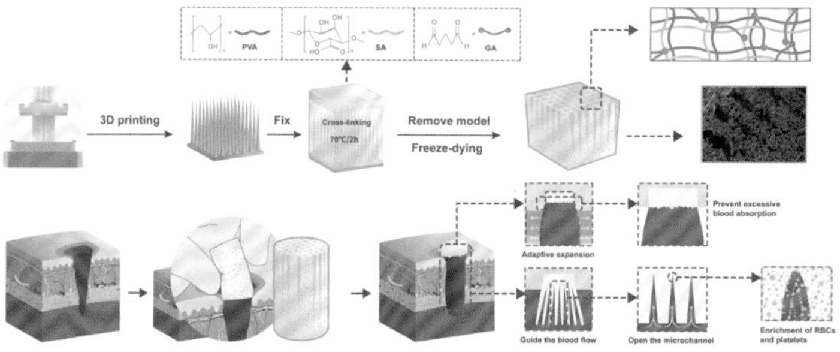
PVA
SA
GA
3D printing
Fix
Cross-linking
70℃/2h
Remove model
Freeze-dying
Prevent excessive blood absorption
Adaptive expansion
Guide the blood flow
Open the microchannel
Enrichment of RBCs and platelets

相近色组图 ©CMISS

2.2.5 标注也是故事的一部分

“起草时忘记给标注留位置了，最后只能见缝插针。”这是很多初学者的心声。没有将文字标注视作故事的一部分，最终导致画面局部拥堵，文字或挤在一起，或压在图形上，或贴在边框上，要么不美观，要么不明确……那么如何规范地添加标注呢？有 3 种比较常见的情况：①最简单直接的情况是文字直接标注在元素上，比如细胞名称和通路蛋白名称等；②很多时候元素的面积不足以容纳文字，这时我们就需要在元素的周围就近安排文字，比如正下方或右侧；③当需要标注的元素较多，就近标注可能导致表意不明时，则需要用到引线，从元素明确地连向文字。

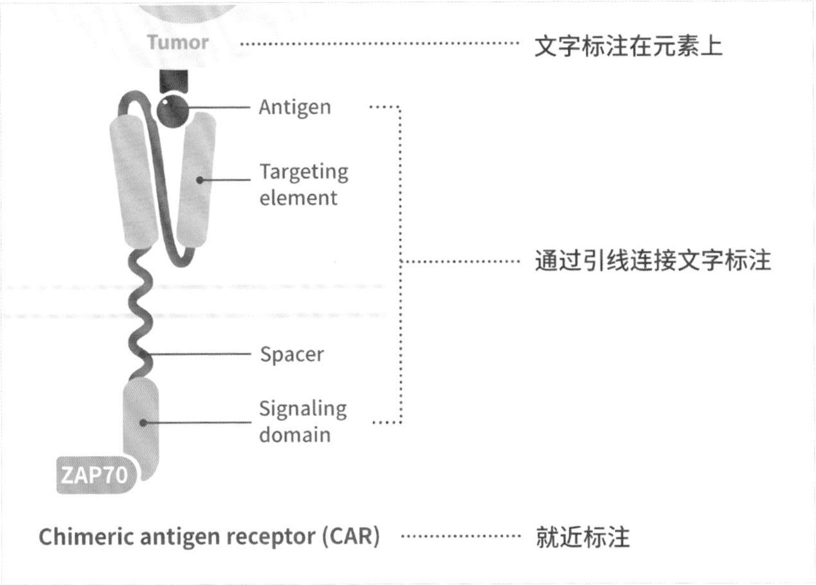

标注方式列举

1. 引线

引线的样式有很多，可以采用直线或折线，也可以采用实线或虚线，还可以采用一端带有小圆点的线，让引线的起点更明显。当画面元素较多时，还可以给引线加上白色衬底，区分线条和图形元素的层次，避免杂乱。在使用多条引线时，需要注意整齐度，互相平行是最理想的情况。当平直的引线和周围图形相交，无法避免时，可以改为折线。另外，引线的末端应保持平齐，文字左对齐（标注在右侧）或右对齐（标注在左侧），从而最大限度地确保画面井然有序。

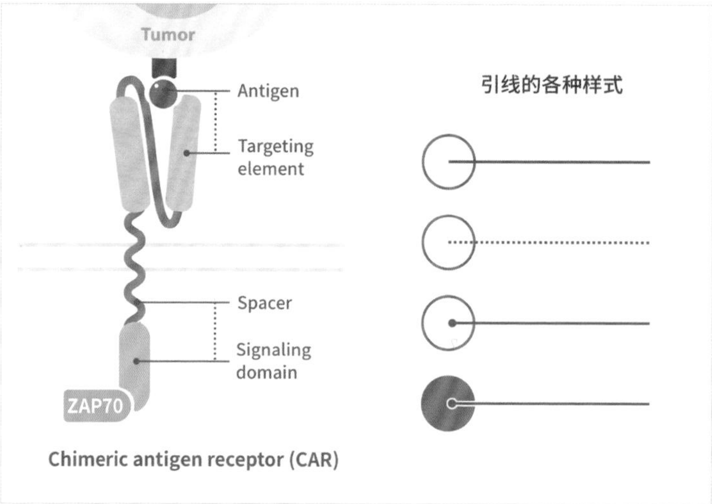

当元素的填充色不是白色或浅色时，我倾向于使用小圆点，并且添加白色衬底，以突出引线。

引线的使用及样式举例

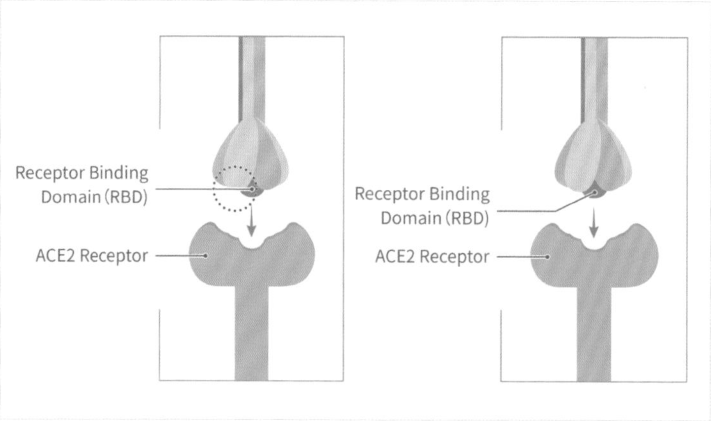

对于细小且容易被遮挡的结构，使用折线比使用直线更灵活，折线可以绕道而行。

折线的使用

2. 文字标注

保持内容精简，避免大量文字出现在版面上，导致观者“视觉疲劳”。文章插图不需要包含标题（标题会写在图注中），文字主要包括结构名称、机制名称，以及机制简述（可以为短语，也可以为包含 1~2 句话的小段落，需要尽可能简短）。在草图阶段，我们需要有意识地为文字预留出合适的位置和空间，可以手写文字来占位，也可以用小横线来占位。不过手写文字的大小较难统一，和最终在计算机中输入的文字大小一定会有所出入，“留多少空间”需要一定的经验磨合。在最终绘制时，我们需要从字体、字号和颜色等方面来综合编辑文字，设置规则如下。

字体选择：绝大多数期刊要求使用无衬线字体（Sans-serif），无衬线字体指英文中没有衬线修饰的字体，对应中文里的黑体。这类字体的特点是笔画均匀统一，画面效果整齐，并且在屏幕中便于阅读，不容易造成视觉疲劳。常用的无衬线字体包括 Helvetica、Arial、Calibri、Myriad Pro、思源黑体等。

如果期刊没有明确要求字体，我倾向于使用思源黑体，因为可以同时满足中、英文的输入，并且它为开源字体，可避免版权纠纷。

字体对比及选择

字号选择：通篇画面中，建议字号不超过 3 种，并且最大字号和最小字号之间的差异不宜过大。如果信息层级较多，可以借助字体样式，比如使用中粗（Medium）或加粗（Bold）来突出关键词。

文字颜色选择：彩色文字不如黑色文字醒目，但使用和图形同色调的文字能让画面更协调统一。所以在创建彩色文字时（如果期刊没有规定必须使用黑色），要注意适当降低明度，避免文字颜色过浅，并时刻检查文字的可读性。

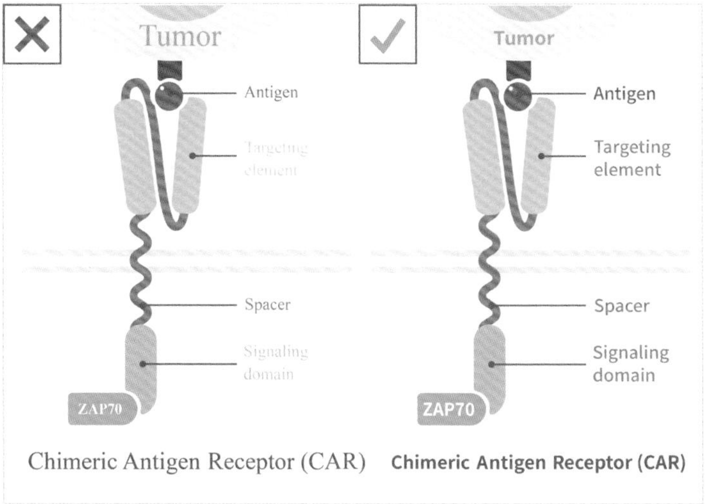

字体样式：
常规、中粗、加粗

Light	Cancer growth
Regular	Cancer growth
Medium	Cancer growth
Bold	**Cancer growth**
Heavy	**Cancer growth**

80% 的深灰色比黑色更柔和、更有质感，可以代替黑色使用。

字体及字号的合理安排

总结：让有意识的设计成为一种习惯

希望本章分享的内容能帮助大家推开设计的大门，逐渐厘清思路。

· 站在观者的角度看问题，为观者而画。

· 先处理简化信息，厘清逻辑，再思考视觉表达。

· 用一根隐藏的线引导观者视线。

· 善用模型化的图形符号组合，让画面直观、简明、易懂、易记。

· 保持画面秩序，构建整齐、干净、稳定的画面环境。

· 制造合理冲突，最大化突出重点信息。

· 利用知觉倾向巧妙设计图形，增加画面看点。

· 善用负空间让画面透气，让箭头与图形元素有机结合。

· 用色彩映射信息，避免画面花、乱、脏。

……

让有意识的设计成为一种习惯，把握绝对的严谨性，注重细节，在约定俗成的规律中合理地创新，实现信息、图形、文字、颜色的有效联动。

第 3 章 · 如何使用软件

数字时代下的插图创作离不开数字绘图软件，那么如何选择适合自己的软件呢？如果你本身没有绘画或设计基础，对软件也不熟悉，那么可以从期刊对插图的要求和软件的学习难易程度着手分析。

· 插图投稿要求：文字可编辑。

· 期刊风格倾向：简洁、干净。

· 学习难易程度：绘画零基础的新手也可以掌握。

· 设备要求：计算机和鼠标即可。

基于以上特点，矢量绘图软件中的 Adobe Illustrator 最为合适，能够满足绝大部分的科研插图创作需求。

3.1　初识 Adobe Illustrator

“Illustrator 是基于矢量的，因此，即使将您的图稿放大到体育场大小，它也能保持清晰。”——Illustrator 官方网址。Adobe Illustrator（下文简称 AI）是 Adobe 公司推出的功能强大的专业矢量绘图软件，可以创建任何线条及图形，支持轮廓和填充的自由编辑，具备全面的文字处理功能以及丰富的滤镜和效果，能够满足创作者的各种绘制需求。

3.1.1 AI 界面介绍

AI 主屏幕

启动 AI 后，可以看到主屏幕，其中包含【主页】和【学习】两部分。在【主页】界面中，我们可以看到近期文档和常用预设。【学习】界面中包含各种小教程和新增功能演示视频。

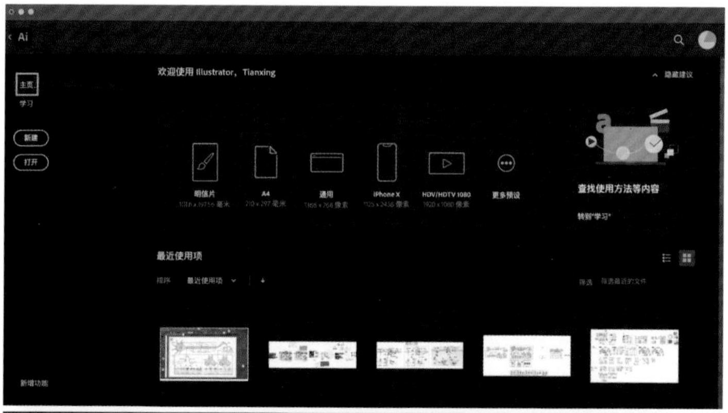

AI 主屏幕 ·【主页】界面

AI 主屏幕 ·【学习】界面

AI 操作界面

AI 操作界面如下图所示，主要分为中心的画板（绘制区域）、左侧的工具栏、右侧的面板、上方的菜单栏以及控制面板等部分。下面将按图中的编号对各部分进行简单介绍。

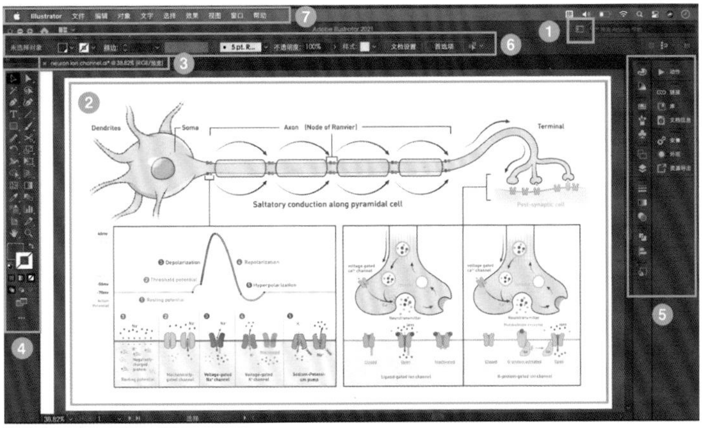

AI 操作界面示例

1. 工作区

AI 根据不同类型的设计工作，把创作者常用的面板、功能及窗口以集合的形式展示在工作界面上，形成预设工作区。软件提供了多种工作区，单击❶处的图标打开下拉菜单即可进行预览。其中【自动】工作区是最常用的工作区。创作者也可以自定义界面中各面板的位置，满足自己的创作习惯，并通过执行【新建工作区】命令进行保存。当操作界面被打乱时，可以再次选择工作区进行重置。

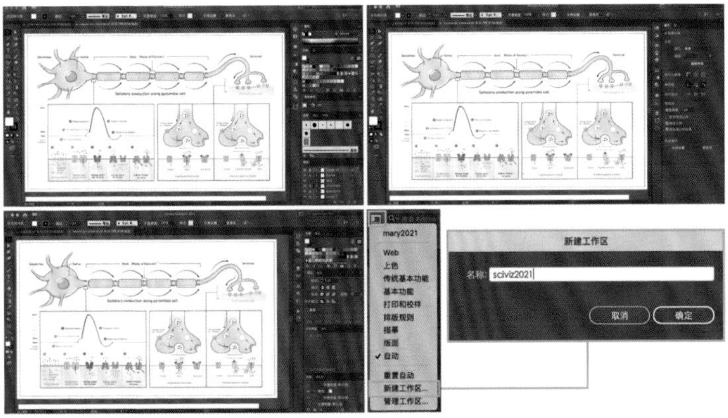

多种工作区预设及新建工作区

2. 画板

界面中的白色画布为画板。在创作过程中，可以随时添加或删除画板，也可以自由调整画板尺寸。一个文件中可以包含多个画板，并可以在【画板】面板中看到所有画板。建议在一个文件中建立多个画板，分别放置素材元素、色板、草图等内容，以便于管理。绘制完成后，可以导出指定画板上的内容。

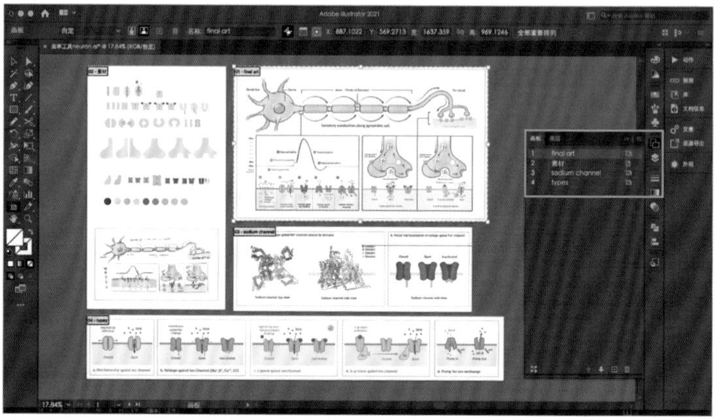

画板介绍

3. 文件标签

文件标签用于显示文件名、颜色模式、视图模式等关键信息。当打开多个文件时，我们可以单击对应的标签进行文件切换。

4. 工具栏

工具栏分为基本和高级两种模式，默认为基本模式，但我们常用高级模式，可以在【窗口 > 工具栏】子菜单中进行切换。

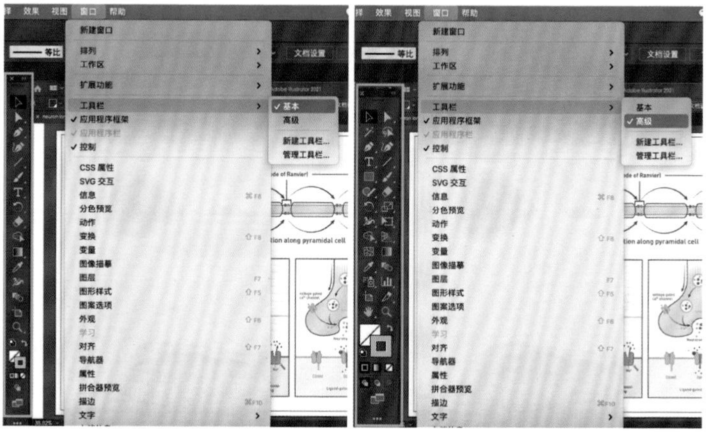

工具栏的模式对比

高级工具栏是我们日常绘图的首选工具栏，通常将其放置于界面最左侧。常用的工具有选择工具、直接选择工具、钢笔工具、曲率工具、直线段工具、文字工具、矩形工具等基础图形工具，还有画笔工具、铅笔工具、橡皮擦工具、形状生成器工具、吸管工具，以及最下方的描边和填色等工具。其中右下角带有小三角标识的工具有隐藏的下拉菜单，长按可以打开折叠的菜单，看到更多相关工具。本章我们将通过一系列的练习来熟悉各工具的使用方法。

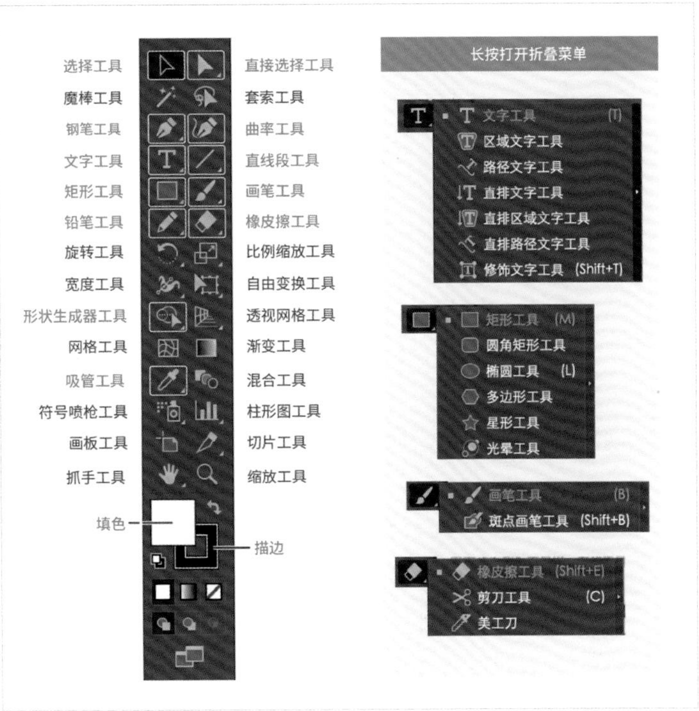

高级工具栏中的工具，其中框选的为绘图常用的工具

5. 面板

除了以上所说的绘制工具，我们还需要借助面板功能对绘制的元素进行进一步的编辑和管理。根据使用习惯，通常将面板放置于界面的最右侧。

常用的面板包括色板、画笔、画板、图层、描边、外观、透明度、路径查找器、对齐等功能面板。功能类似的面板会被编排在一起，以方便使用时查找和调用。我们也可以根据使用频率，自定义面板的顺序和位置。如果不小心关闭了某个面板，可以在【窗口】菜单下找到，并重新将其打开。高频使用的面板如下。

色板 / 画笔 / 图层 / 画板：管理画面中的颜色、笔刷、图层和画板。

描边：绘制箭头、虚线等路径样式。

外观：编辑并管理元素的描边、填色及其他应用效果。

透明度：设置元素的不透明度（0~100%）和混合模式。

路径查找器：剪切、拼接图形。

对齐：对齐和平均分布多个元素。

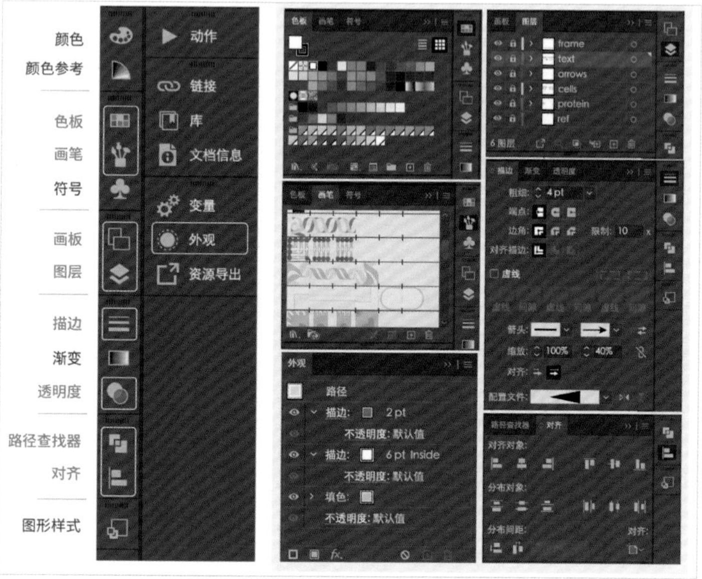

各面板介绍，其中框选的为常用面板

6. 控制面板

在绘制过程中，可以通过工作区顶部的控制面板快速访问所选对象的相关选项。控制面板中显示的选项因所选的对象或工具而异。例如，未选择任何对象时，默认显示填充、描边、不透明度、文档设置等；选择文本对象时，显示文字颜色、不透明度、字体、字号、字符及段落等；选择图形对象时，显示填色、描边、描边样式、不透明度、对齐方式等；选择图片对象时，显示嵌入、编辑原稿、图像描摹等。

选择不同对象时，控制面板显示的选项也会随之变化

7. 菜单栏

菜单栏中集合了 AI 的大部分功能，包括文件、编辑、对象、文字、效果、窗口等菜单。每一个菜单中都有相应的功能。高频使用的菜单及功能如下。

文件：新建、打开、存储、导出、置入文件。

对象：锁定及解锁对象、设置路径（偏移路径）。

效果：包含 3D、扭曲和变换（波纹效果）、模糊（高斯模糊）等效果。

窗口：查找并打开各面板。

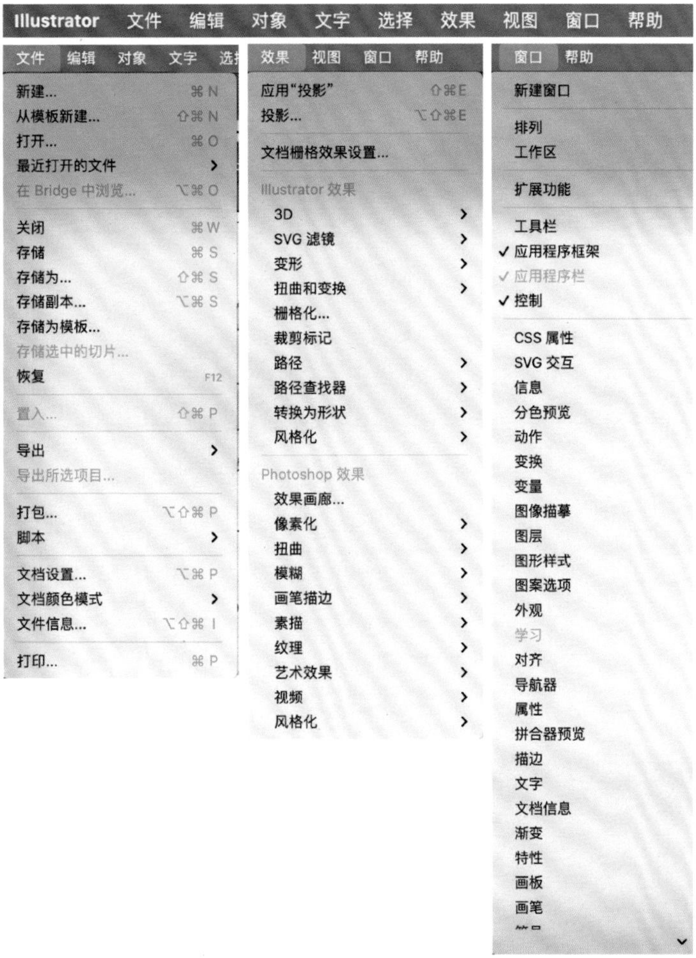

常用的 AI 菜单栏选项

3.1.2 新建文档、保存及导出文件

1. 新建文档：新建 > 新建文档

在【新建文档】对话框中，我们可以根据使用场合选择空白文档预设，包括移动设备、Web、打印、胶片和视频、图稿和插图等类别；也可以直接自定义文件参数，比如要创作一篇图文摘要，可创建一个 1200 像素 ×1200 像素、RGB 颜色模式的文档。在创建过一次后，相应设置会出现在【最近使用项】选项卡下，以便于下一次快速创建类似的文档。

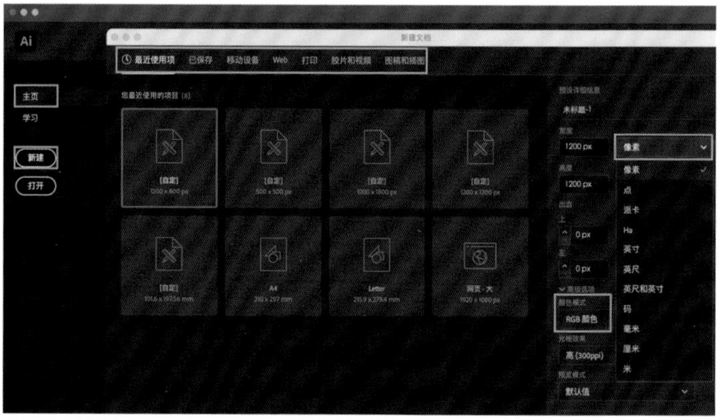

【新建文档】对话框及选项

8.5 × 300=2550（像素）
11 × 300=3300（像素）

在设置画布大小时，一定要格外注意单位的选择。通常期刊给出的书面要求里会提及像素（px），所以创建画布时推荐选择【像素】。像素是图像大小的单位。比如 8.5 英寸 ×11 英寸（类似 A4 大小）分辨率为 300dpi 的图像，大小就是 2550 像素 ×3300 像素。设置得多了，我们便会有一个大致的概念：绘制整体画面时，长、宽分别在 1200~2000 像素即可；绘制单体元素时，使用 500 像素的长、宽即可。

2. 保存文件：文件 > 存储 / 存储为

Windows：Ctrl+S
macOS：Command+S

“Ctrl+S”是一个需要形成“肌肉记忆”的操作，虽然 AI 有自动存储功能，但在绘制过程中我们也要下意识地常按存储快捷键，防止因设备出现故障而丢失文件。建议在未绘制任何内容时就先进行存储，以免忘记保存。图稿可以被存储为多种格式，如 AI、PDF、EPS、SVG 等。这些格式可以保留所有 Illustrator 数据。我们通常将工作文件保存为 AI 格式。

如果想对已保存的文件进行备份或想不影响原始文件而进行二次调整，则可选择【存储为】或【存储副本】，生成新的包含所有数据的文件。

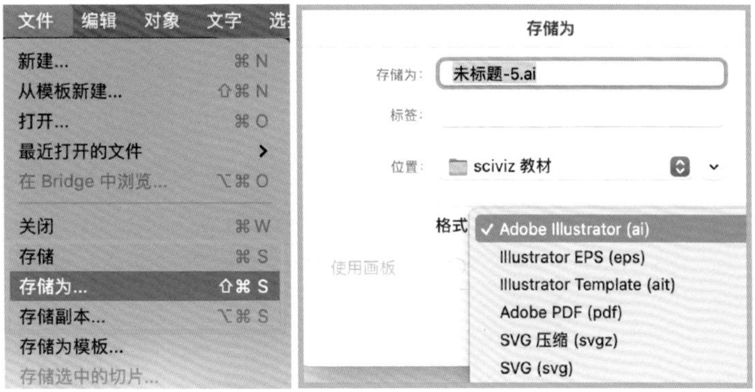

存储文件选项

3. 导出文件：文件 > 导出 > 导出为

图稿绘制完成后，我们需要将其导出，以获得最终的图片，设置如下。

存储为：设置图片名称，建议为插图标题。

位置：存放导出文件的某个文件夹。

格式：从下拉菜单中选择格式，常用格式为 JPG/PNG/TIFF。

导出范围：勾选【使用画板】，并设置画板编号范围，可同时导出指定的 1 个、多个以及全部画板上的画面。若未勾选【使用画板】，导出的画面可能有残缺或有很大的边缘空白。

导出图稿选项

投稿最常使用的导出格式

TIFF 格式：能够记录的数据信息最多，因此生成的文件也非常大。大多数期刊要求在导出文件时勾选【LZW 压缩】。TIFF 格式是一种无损压缩格式，不会影响图片质量，使得输出的文件大小处于合理范围内，并且输出速度较快。

如果期刊没有要求交付 TIFF 格式的图稿，那么建议选择 JPEG 格式，以便于存档和打印。

JPEG 格式：也称为 JPG 格式，是有损压缩格式，也是在 Web 上显示以及打印的标准格式。该格式能够保留图像中的所有颜色信息，但会通过有选择地舍弃数据来压缩文件。导出时将品质调到最高即可。

PNG 格式：用于无损压缩和在 Web 上显示的图像格式。PNG 格式最大的特点是能保留 RGB 图像的不透明度。当图稿没有设置背景色时，可生成背景透明的图片，并且可以在导出选项设置对话框中选择【透明】或【白色】的背景色。在实践中，完整的图稿通常选择【白色】背景色，单独的图形元素或文字导出通常选择【透明】背景色。

不论选择哪种导出格式，分辨率均选择 300ppi 或 300dpi，以满足绝大多数情况下的线上浏览和打印的清晰度要求。对于纯线型图，有些期刊会要求分辨率为 600~1200dpi（属于极个别情况）。

ppi(pixel per inch)：每英寸屏幕上的像素数，在计算机显示领域使用。dpi(dots per inch)：每英寸长度上的点数，在打印领域使用。很多时候，二者会被模糊使用领域，了解一下即可。

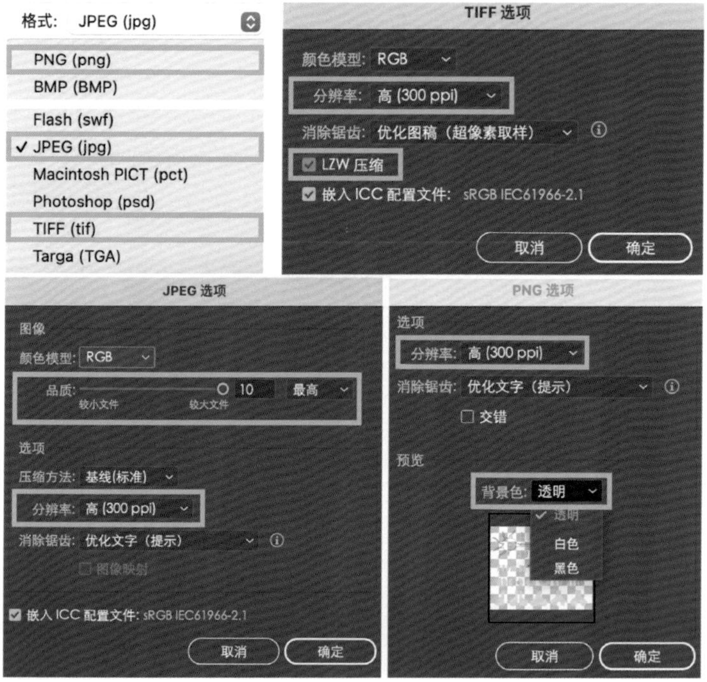

常见导出格式及各格式设置

3.1.3 打开文件及置入图稿

1. 打开文件：文件 > 打开 / 最近打开的文件

在【文件 > 最近打开的文件】子菜单中能看到最近打开过的 10 个文件，单击即可打开相应文件。但如果文件在保存后改变了存储位置，则无法通过此方式打开文件，需要执行【文件 > 打开】命令，在打开的对话框中找到所需文件，并单击【打开】按钮。

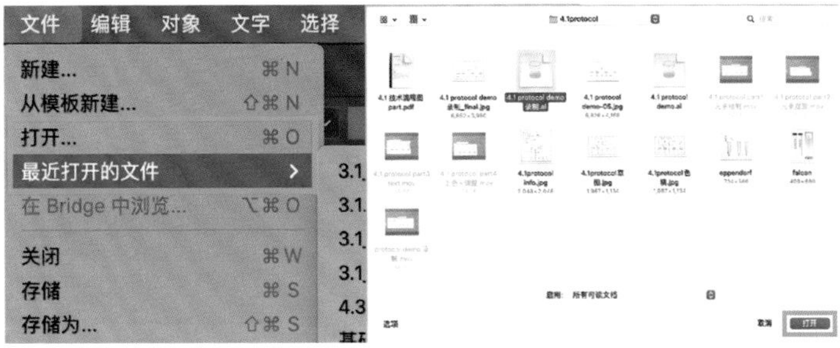

打开文件选项

2. 置入图稿：文件 > 置入

导入参考图或草图时，可直接将文件拖曳至画布中，也可通过【置入】命令实现。在文件目录中选择要置入的图片文件后，单击【置入】按钮，界面中出现置入图标，将之拖曳至合适的尺寸即可。 置入图稿后，建议在工作区顶部的控制面板处单击【嵌入】按钮，将图稿嵌入文件中，以防源文件位置或名称发生改变而丢失链接，也便于多人协同工作时进行完整的文件传输。

嵌入图稿后，文件尺寸会变大，也不能再通过“链接”来更新图稿，因此是否“嵌入”因人而异。但对初学者来说，在还没有形成成熟的图稿管理和存档习惯之前，建议嵌入图稿。

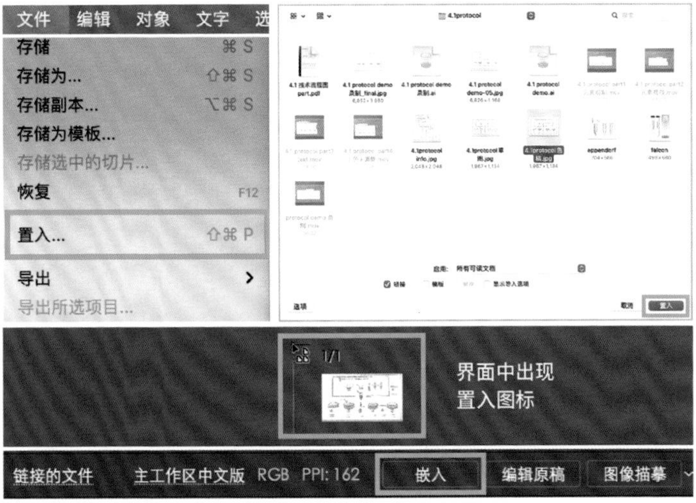

置入图片及嵌入图稿选项

3.2 AI 常用工具及绘制方法

“一千个人有一千种使用 AI 的方法。” AI 的工具之多、功能之庞大并非举例所能涵盖。每个使用 AI 的设计师也会有自己独特的绘画习惯。在这里我们希望能通过一些有针对性的绘制练习，带大家理解 AI 的基础工具以及绘制方法。在此基础上，希望大家能够进一步探索与尝试，找到顺手的工具和适合自己的绘制方法。

矢量图形属性：锚点和路径

矢量图形的基本组成单元为锚点和路径。绘图的过程可以想象成在板子上钉钉子（锚点），以此来固定线条（路径）并决定其走向。锚点可以分为角点和平滑点。在角点处，路径会突然改变方向。在平滑点处，路径连接为连续曲线。我们可以使用角点和平滑点的任意组合绘制路径。路径可以分为闭合路径和开放路径，闭合路径也就是我们常说的图形，开放路径常常应用于箭头。

矢量图形属性：描边和填充 / 填色

路径的轮廓称为描边。开放路径或闭合路径的内部区域称作填充。描边具有宽度（粗细）、颜色和样式（如虚线）属性。填充可以为纯色或渐变颜色，描边和填充都可以设置不透明度。我们可以通过编辑描边和填充，得到不同颜色和视觉效果的图形。

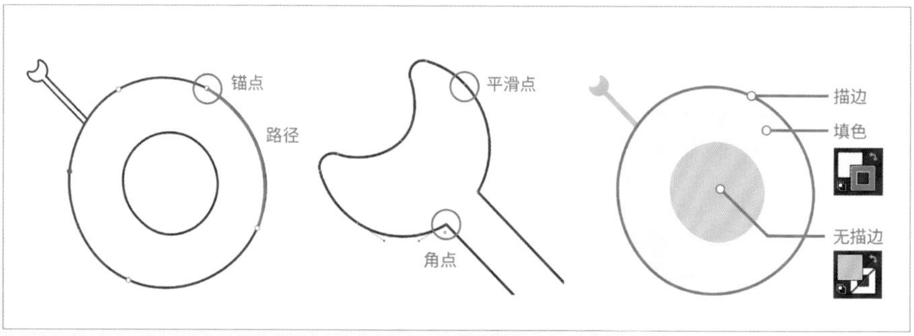

3.2.1 基础绘制工具和基本功能

本小节将通过一系列单一工具的基础练习来介绍各个工具的功能和用法，帮助读者了解并掌握 AI 绘图的常规操作。

扫码观看教学视频

【准备工作 1】选择工具与直接选择工具

- 选择工具：快捷键为 V，单击或框选对象进行选择。
- 直接选择工具：快捷键为 A，单击锚点进行选择。按住 Shift 键单击，可同时选择多个锚点。在微调形状时经常使用该工具。

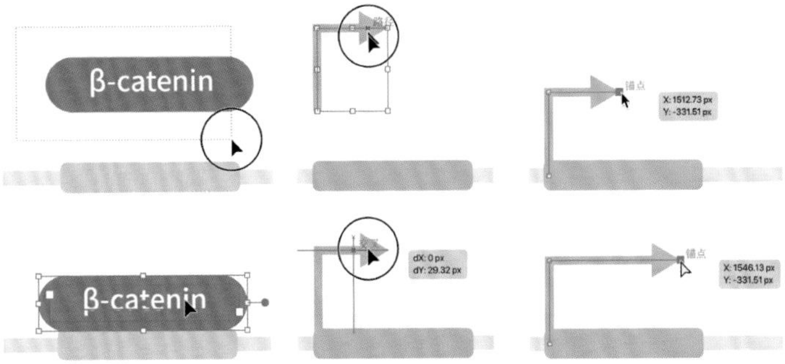

使用选择工具框选并移动对象　使用选择工具选择并移动对象　使用直接选择工具选择并移动锚点

选择工具和直接选择工具使用演示

扫码观看教学视频

【准备工作 2】常用操作

复制、粘贴、删除：选中对象后，用以下快捷键或快捷操作实现对应的操作。

- 复制：Ctrl+C（Windows），Command+C（macOS）。
- 粘贴：Ctrl+V（Windows），Command+V（macOS）。
- 原位粘贴：Ctrl+F（Windows），Command+F（macOS）。
- 复制并拖动对象：长按 Alt 键 (Windows)/Opt 键 (macOS) 并拖动所选对象。

编组：将若干个对象合并到一个组中，并将其作为一个单元进行处理，且不会影响其属性或相对位置。选中对象后，按以下快捷键实现对应的操作。

- 编组：Ctrl+G（Windows），Command+G（macOS）。
- 取消编组：Shift+Ctrl+G（Windows），Shift+Command+G（macOS）。

锁定 / 解锁：在编辑文字时，可将其他图层锁定以避免误触，编辑完成后再全部解锁。在创作过程中，常用这一操作确保绘制和调整的顺利进行。选中对象后，按以下快捷键实现对应的操作。

- 锁定：Ctrl+2（Windows），Command+2（macOS）。
- 全部解锁：Alt+Ctrl+2（Windows），Opt+Command+2（macOS）。

撤销 / 重做：对于不满意的操作可以通过撤销回到上一步，可以连续撤销，也可以通过重做来还原操作。

- 撤销：Ctrl+Z（Windows），Command+Z（macOS）。
- 重做：Shift+Ctrl+Z（Windows），Shift+Command+Z（macOS）。

调整元素叠放次序：对于同一个图层上的多个元素，可以通过以下快捷键来快速调整其上下叠放次序。

- 置于下层：Shift+Ctrl+[（Windows），Shift+Command+[（macOS）。
- 置于上层：Shift+Ctrl+]（Windows），Shift+Command+]（macOS）。

剪切蒙版：使用形状来隐藏 / 显示部分图形通过以下快捷键可创建 / 释放剪切蒙版。

- 创建剪切蒙版：Ctrl+7（Windows），Command+7 （macOS）。
- 释放剪切蒙版：Alt+Ctrl+7（Windows），Opt+Command+7（macOS）。

常用绘制工具快捷键。

- 吸管工具：i。
- 放大笔刷：]。
- 缩小笔刷 :[。
- 剪刀工具：C。

更多快捷键或快捷操作见后续操作讲解。

扫码观看教学视频

【练习 1: 了解基础图形工具】

基础图形工具包括矩形工具、圆角矩形工具、椭圆工具、多边形工具、星形工具及光晕工具。矩形、椭圆和多边形（含三角形）是我们创作中最常创建的基础图形，既可以作为单独的图形符号使用，也可以相互组合拼接或剪切得到更为复杂的图形。创建的图形初始状态均为黑色描边白色填充。后面我们会具体讲解如何编辑图形样式等属性。

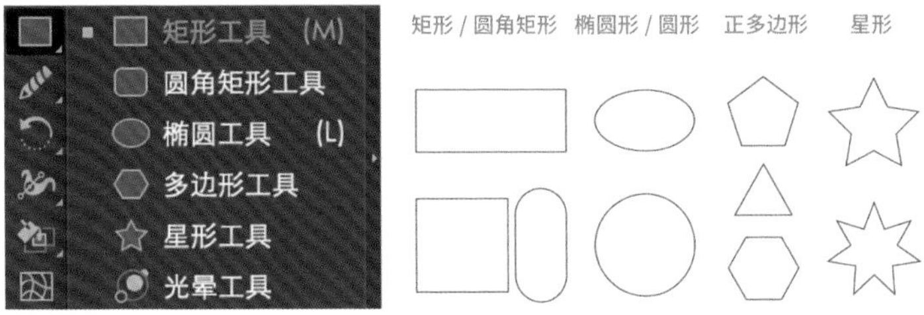

基础图形工具总述

1. 绘制矩形和圆角矩形

- 选择矩形工具：在工具栏中单击矩形工具图标，快捷键为 M。
- 绘制矩形：单击并拖曳鼠标，适时释放鼠标按键，得到矩形。
- 绘制正方形：长按 Shift 键的同时拖曳鼠标，得到正方形。
- 绘制圆角矩形 ：绘制矩形后，可以看到四个锚点处出现 ◉ 图标，该功能为“实时转角构件”，用鼠标单击并拖曳图标，得到圆角矩形；拖曳至最大程度则得到胶囊形状。也可以用鼠标左键长按工具栏中的矩形图标，得到下拉菜单，选择“圆角矩形工具”直接绘制圆角矩形。绘制后同样可以通过四个锚点的转角构件调节圆角程度。

矩形工具和圆角矩形工具在使用上没有本质区别。我的个人习惯是先使用矩形作为图形拼搭的基础，再在有需要的地方进行转角调整。

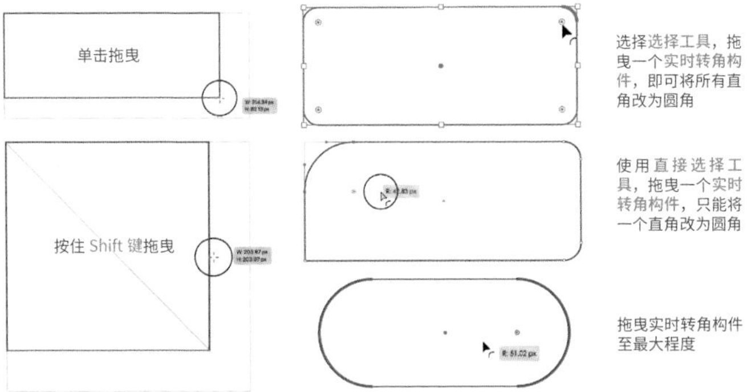

矩形工具操作示意

2. 绘制椭圆形和圆形

- 选择椭圆工具：工具栏中默认显示的是矩形工具，可以长按该工具，在下拉菜单中找到椭圆工具。也可以通过快捷键 L 迅速调用椭圆工具。
- 绘制椭圆形：拖曳鼠标，适时释放鼠标左键，即可得到椭圆形。
- 绘制圆形：长按 Shift 键并拖曳。
- 长按 Shift+Alt/Opt 键拖曳，以单击点为中心绘制圆形。

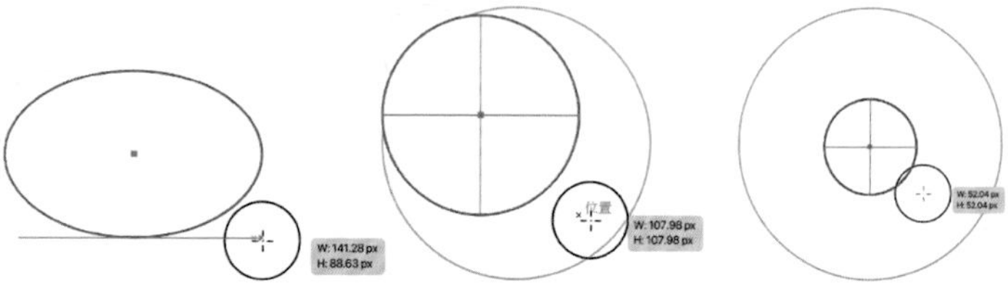

椭圆工具操作示意

拖曳，适时释放鼠标左键，得到任意长短轴的椭圆形

按住 Shift 键拖曳得到圆形

按住 Alt+Shift 键拖曳以单击点为中心绘制圆形

3. 绘制多边形

- 选择多边形工具：长按矩形工具，在下拉菜单中找到多边形工具。
- 绘制正五边形：使用多边形工具默认绘制正五边形。按住 Shift 键拖曳鼠标，即可得到水平的正五边形。
- 绘制正三角形：按住 Shift 键并拖曳鼠标的同时，按向下箭头键 2 次减去 2 条边。同理，按向上箭头键增加边，可得到正六边形、正七边形等。

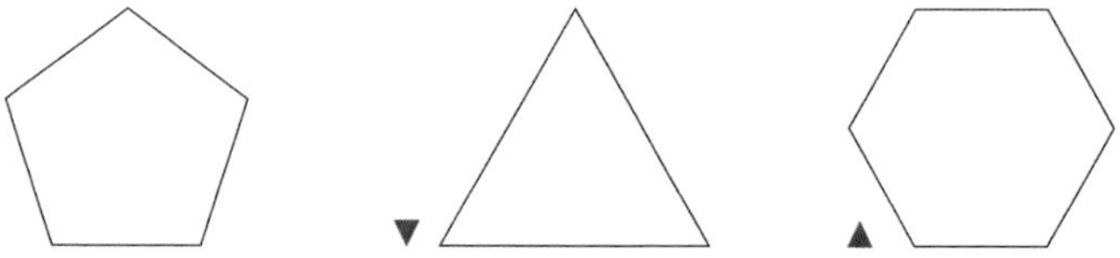

多边形工具操作示意
（星形工具的用法与此相同）

按住 Shift 键，拖曳得到水平的正五边形

按住 Shift 键，拖曳的同时按 2 次向下箭头，得到正三角形

按住 Shift 键，拖曳的同时按 1 次向上箭头，得到正六边形

4. 绘制星形

选择星形工具，拖曳鼠标默认创建五角星；按住 Shift 键的同时拖曳，可得到水平的五角星；拖曳的同时按向下箭头键或向上箭头键可以减去或增加边，得到多角星。

扫码观看教学视频

【练习 2：绘制直线并设置箭头】

插图中的引线通常为直线或折线，可以分别使用直线段工具和钢笔工具来绘制。在此基础上，我们可以设置不同的描边，创建虚线以及各式箭头。注意，描边属性不仅可以应用于直线，还可以应用于任何路径。这里仅以直线为例，带大家了解描边属性。

1. 绘制直线

- 绘制直线：选择直线工具 , 拖曳鼠标 , 即可获得任意角度的直线。
- 绘制水平或垂直线：按住 Shift 键拖曳鼠标。
- 改变直线长度：选中直接选择工具 (快捷键为 A），单击端点并拖曳。

2. 绘制折线

- 绘制折线：选择钢笔工具（快捷键为 P），单击添加锚点即可绘制折线。
- 绘制直角折线：按住 Shift 键单击，可绘制直角折线。注意，单击添加锚点时，不要在画布上拖动，否则会出现弧线和手柄。虽然使用钢笔工具创建弧线是职业插画师的常规操作，但对初学者来说上手难度较大。因此在这里只介绍使用钢笔工具绘制直线和折线。而对于弧线的绘制，推荐使用下一个练习所讲的曲率工具。

直线和折线的绘制

选择直线工具，按住 Shift 键拖曳，可得到平直的线段

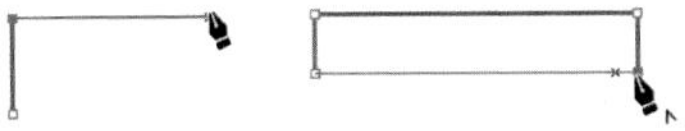

选择钢笔工具，按住 Shift 键单击，可得到直角折线

3. 了解描边属性并设置虚线样式

- 【描边】面板：选中直线，单击控制面板中的【描边】按钮即可打开；如果没有找到该按钮，则可执行【窗口 > 描边】命令。
- 描边粗细：默认粗细为 1pt，为方便观察后续效果，我们将其设为 5pt。
- 编辑端点和边角：切换平头端点、圆头端点等，切换斜接连接、圆角连接等。
- 设置虚线描边：勾选【虚线】，描边会从实线切换至虚线。我们可以通过设置虚线长度和间隙来编辑虚线的效果。

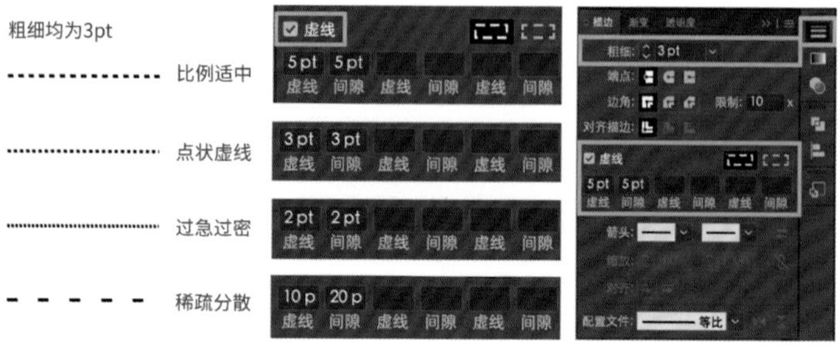

虚线的绘制

4. 设置箭头样式

- 设置箭头：我们可以为直线的两端分别设置箭头样式。AI 自带的箭头样式非常丰富，其中【箭头 5】是我最偏爱的样式，该箭头的头部形状比例适中，适合较为严肃的学术场景。另外【箭头 27】可代表“抑制”，【箭头 21】则是常用的引线样式。还有很多有趣的样式，建议大家多多探索。
- 缩放：默认为 100%，但当描边加粗时，100% 的箭头会显得头重脚轻，不够精致。在创作过程中，通常可以根据实际情况调节缩放比例，30%~60% 为常用缩放范围。
- 对齐：共有两种对齐模式。一种是将箭头扩展至直线终点外，适合于较短的直线。另一种是将箭头顶点放置于直线终点处，这种对齐模式方便在线条较多的情况下对齐箭头和线段。
- 宽度配置：适当使用宽度配置文件可以使线条更生动。比如选择【宽度配置文件 4】，将直线尾部收细，能够让箭头看起来更具动感，以此呈现物体的运动轨迹。

不需要记录固定的数值，建议通过观察来判断箭头缩放比例。

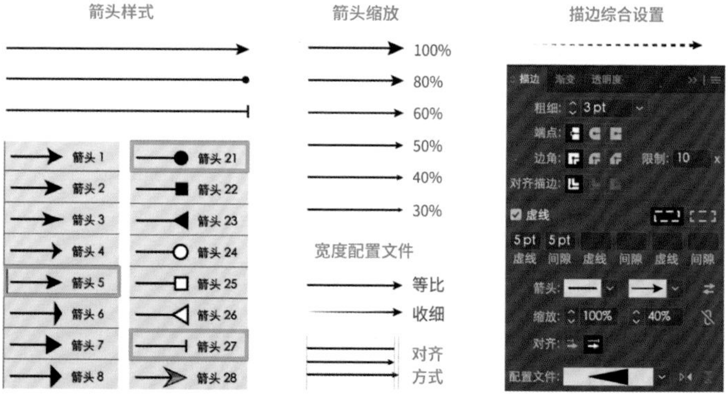

箭头样式设置

扫码观看教学视频

曲率工具的使用

【练习 3：使用曲率工具绘制平滑曲线】

曲率工具可以说是初学者最容易上手的路径绘制工具，能够让我们在没有数字绘图基础的情况下，仅使用鼠标就直观、快速地绘制平滑的弧线以及封闭的曲线轮廓，并可以通过平滑点和角点的组合实现较复杂的图形。

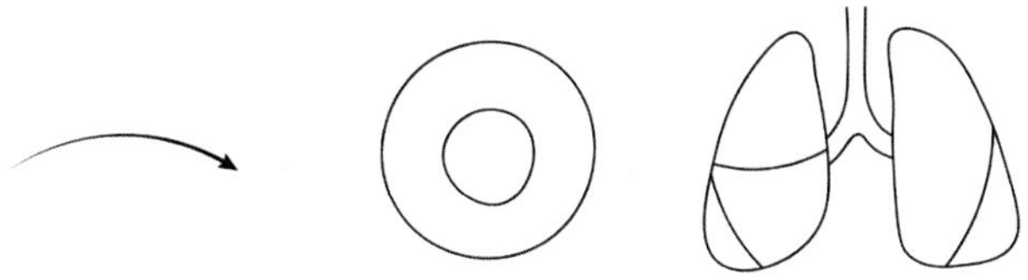

使用曲率工具绘制弧线，按 Esc 键，结束绘制

首尾相接，得到闭合图形，拖动锚点可调整弧度

可按需增加、删减锚点，可转换平滑点和角点

- 选择曲率工具：快捷键为 Shift+ ～。
- 绘制曲线：单击画布的空白处，创建两个锚点。在创建第三个锚点前，可以预览鼠标指针悬停位置的弧线。当预览的弧线和草图比较贴合时，单击创建锚点绘制弧线。在此过程中如果不满意锚点的位置，可按 Ctrl+Z 快捷键撤销。
- 移动锚点：单击并拖动锚点。
- 添加锚点：直接在路径上单击，默认创建平滑点。
- 删除锚点：单击选中一个锚点（从白色变为蓝色），按 Delete 键删除。
- 切换平滑点 / 角点：默认创建的锚点为平滑点，如果想创建角点，需要双击或在单击的同时按 Opt 键 (macOS)/Alt 键 (Windows)。此操作也可应用于已存在的锚点，在平滑点和角点之间进行切换。
- 结束绘制：按 Esc 键结束曲线绘制。

绘制建议如下。

- 准备好草图和参考图，尽量不要在空白的画布上随意添加锚点。软件只能为我们提供工具，优美、自然的弧线需要自己提前规划。
- 多多考虑锚点的位置以及分布，了解锚点和弧线曲率之间的规律。
- 养成自己的习惯，用尽可能少的锚点进行绘制。

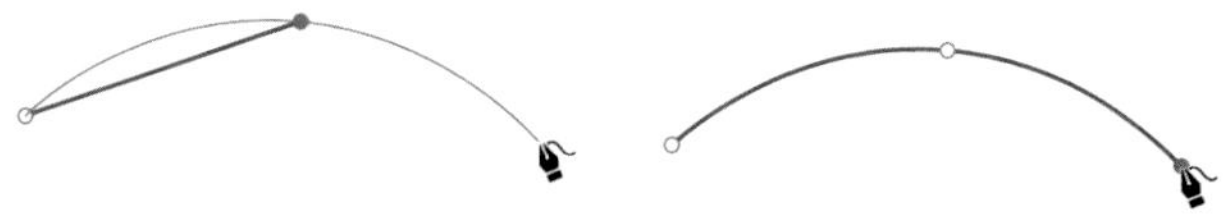

观察弹簧线（蓝色细线），预览，以确定锚点位置

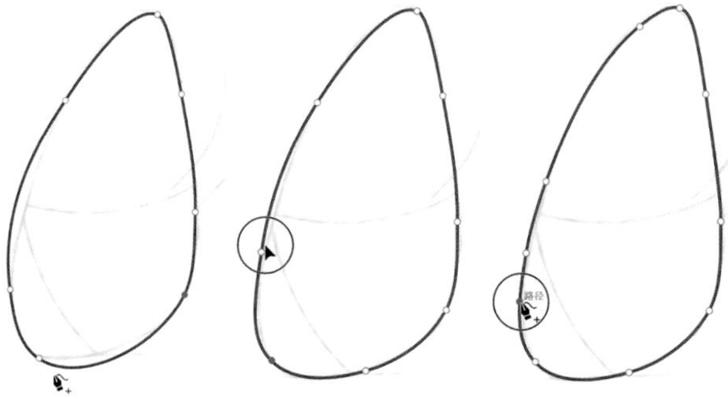

在创建的弧线路径上移动、添加、删减锚点

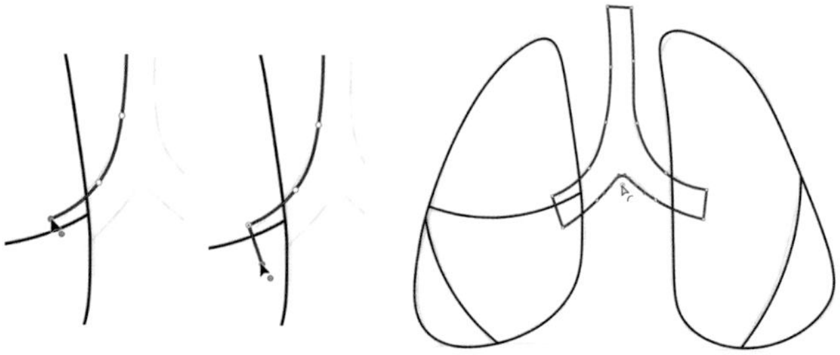

从平滑点切换至角点，绘制弧线的转折，可配合实时转角构件

操作讨论：使用椭圆工具直接拖曳绘制的椭圆形和使用曲率工具逐点绘制的椭圆形有哪些不同之处？

使用椭圆工具绘制的是标准椭圆形，长短轴有对称的 4 个锚点，这样的椭圆形往往应用于信号通路或示意图。而使用曲率工具添加的锚点一般不会对称和对齐，所以得到的并非完美的椭圆形，而是椭圆状的图形，这样的椭圆形往往适用于免疫机制图。当然，我们也可以先使用椭圆工具绘制圆形，再使用曲率工具拖动锚点进行调整。AI 的功能繁多，很多功能都能帮助我们实现绘制目标，方法并不固定。我们需要在熟悉各功能后，找到自己喜欢的方法。

扫码观看教学视频

【练习 4：创建并编辑文字】

使用文字工具及工作区顶部的控制面板创建插图并调整文字标注，是非常重要的一步。常规调整包括设置文字颜色、字体、字号、字体样式，行间距、段落间距、段落对齐方式，添加上标、下标等。

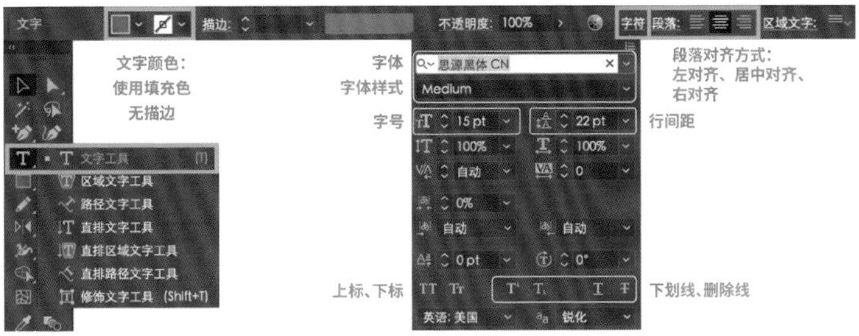

文字工具及控制面板中的常用功能

1. 创建文字

- 选择文字工具：快捷键为 T。
- 创建文本框：在画布上单击或拖曳，会出现带文字填充的文本框。
- 输入所需文字。

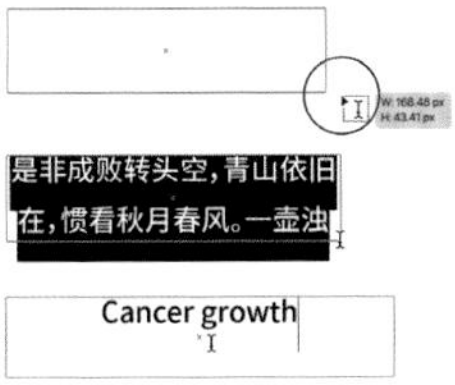

2. 调整文字

选中文本框，在工作区顶部的控制面板中调整以下文字属性。

- 文字颜色：注意，要调整的是文字的填充色，而不是描边色，否则文字会像晕开的墨迹，糊成一片（左图第二行）。
- 文字不透明度：通常保持默认的 100%。
- 字体：使用非衬线字体，常用字体包括思源黑体、Arial、Helvetica 等。
- 字体样式：文字不宜过细或过粗，正文推荐使用常规，重点文字可使用中粗。
- 行间距：通常是字号的 1.5~2 倍。
- 段落对齐方式：按需选择左对齐、居中对齐、右对齐。

Cancer growth
Cancer growth

字体：非衬线 vs 衬线	
思源黑体	Cancer growth
Arial	Cancer growth
Helvetica	Cancer growth
~~TimesRoman~~	~~Cancer growth~~
~~Minion~~	~~Cancer growth~~

字体样式：常规、中粗、加粗	
Light	Cancer growth
Regular	Cancer growth
Medium	Cancer growth
Bold	**Cancer growth**
Heavy	**Cancer growth**

字符：调整行距
段落：对齐方式

PD-L1 inhibitors
Atezolizumab Avelumab Durvalumab

需要考虑的文字属性：字体及字体样式、行间距及段落对齐方式

扫码观看教学视频

【练习 5：为元素上色】

1. 描边、填充和拾色器

我们可以通过编辑图形的描边和填充的样式和颜色为画面上色，并形成统一的风格。常用样式组合及其特点如下。

- 有描边有填充：轮廓鲜明（常用）。
- 无描边有填充：形状柔和（常用）。
- 有描边无填充：纯线型图案（较少使用）。
- 箭头和引线：只应用描边，不设置填充。
- 文字：只应用填充，不设置描边。

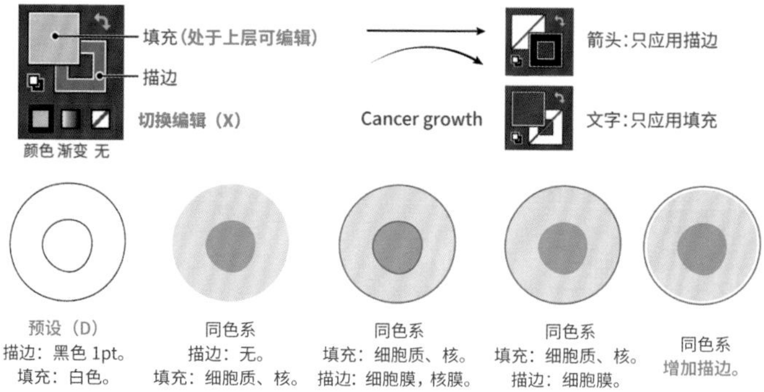

描边和填充样式举例

具体操作如下。

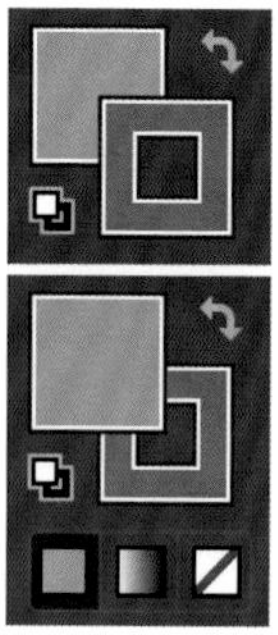

- 描边 / 填充工具：处于工具栏最下方。
- 预设：黑色 1pt 描边，白色填充。快捷键为 D。
- 调整描边颜色：单击描边工具，描边工具处于上层，双击调出拾色器，并调整颜色。单击下方的 ☒ 可关闭描边颜色。
- 调整填充颜色：单击填充工具，填充工具处于上层，双击调出拾色器，并调整颜色。单击下方的 ☒ 可关闭填充颜色。
- 切换编辑快捷键：快捷键为 X，切换编辑填充和描边。

注意，当描边和填充的颜色均设置为“无”的时候，锚点和路径也依然存在，只是看不到而已。所以，如果想删除锚点和路径，要使用 Delete 键，而不是设置描边和填充。

扫码观看教学视频

2.【外观】面板和编辑更多描边填充属性

在【外观】面板中，我们能看到路径的所有外观属性，包括描边、填充、不透明度效果等，并可对其进行独立编辑。比如单独编辑填充的不透明度，能够得到通透且边缘清晰的图形; 为图形添加新的描边,能够让图形样式更耐看。常用的是在现有描边内部增加一层白色描边，以增加“透气感”。操作如下。

- 选中元素，打开【外观】面板。
- 选中现有描边，单击下方 ，复制描边。
- 选中复制的描边，更改颜色和粗细。
- 单击【描边】，展开描边属性面板，在【对齐描边】选项中选择【使描边内侧对齐】。

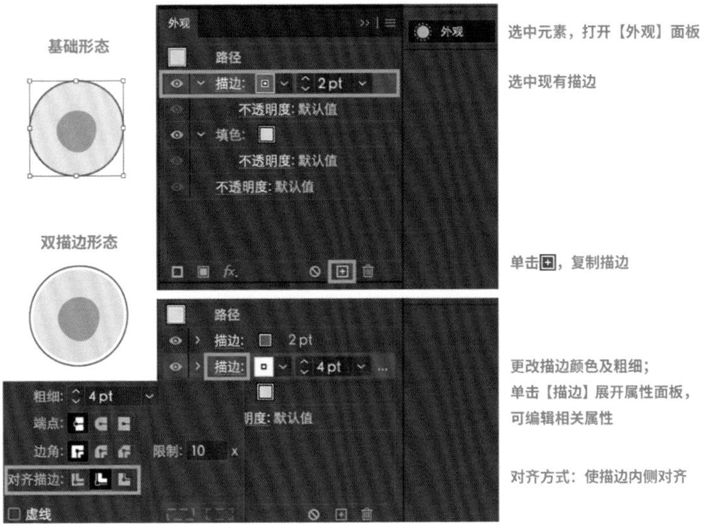

使用【外观】面板，编辑描边和填充选项

3. 不透明度设置

- 选中元素，拖曳控制面板中的不透明度滑块，调整元素整体的不透明度。
- 如果需要单独调整填充或描边的不透明度，则需要通过【外观】面板编辑。
- 当我们希望重叠的图形同时降低不透明度，并且不改变它们之间的不透明度关系时，需要先对所有重叠的图形进行编组，再对组进行不透明度调整。取消编组后，不透明度设置也会被移除。

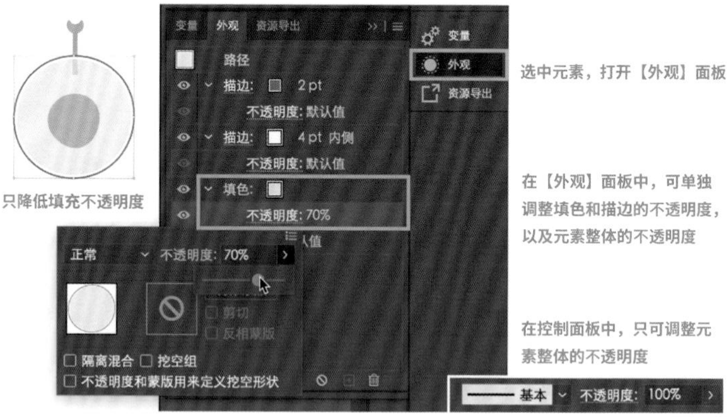

填充及描边颜色的不透明度设置

4. 使用色板管理颜色

当我们通过拾色器选择了合适的颜色后，可以使用色板对其进行管理，以便于之后快速调用。创建色板的操作如下。

- 如果想保存图形的填充色，则需要确保填充工具处于上层。同理，可以将描边工具置于上层并保存描边色。
- 打开【色板】面板，并单击下方的 ⊞，弹出【新建色板】对话框。
- 勾选【全局色】：当我们在色板中编辑全局色时，画面中所有使用该全局色的地方会自动更新，便于调整整体的颜色。
- 单击【确定】按钮后，我们可以看到右下角带白色小三角标志的色块出现在色板中。这个标志表明该颜色为全局色。
- 为了进一步管理颜色，建议读者单击下方的【新建颜色组】按钮 ▭，并重命名，把刚创建的新色板拖入新建的颜色组中。

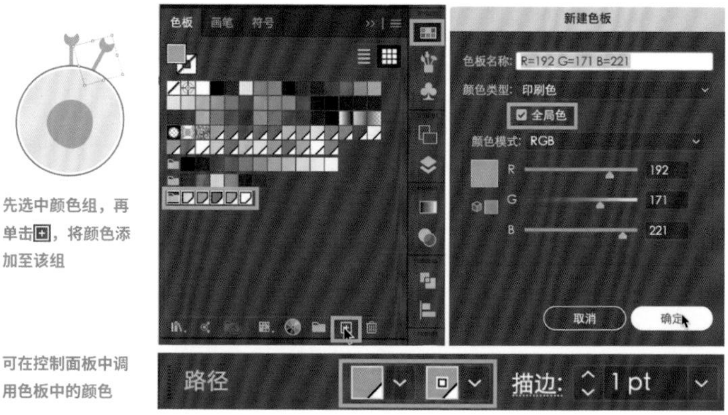

使用【色板】管理颜色

扫码观看教学视频

【练习 6: 镜像和旋转】

1. 镜像翻转

镜像翻转是绘制对称图形时，得以事半功倍的小操作。

- 绘制单侧图形，选中 > 右键 > 变换 > 镜像 > 镜像菜单。
- 勾选预览，根据需要选择水平或垂直方向，点击复制（或先原位复制粘贴元素，再镜像，点击确定）。
- 将翻转后的部分移动至合适位置。

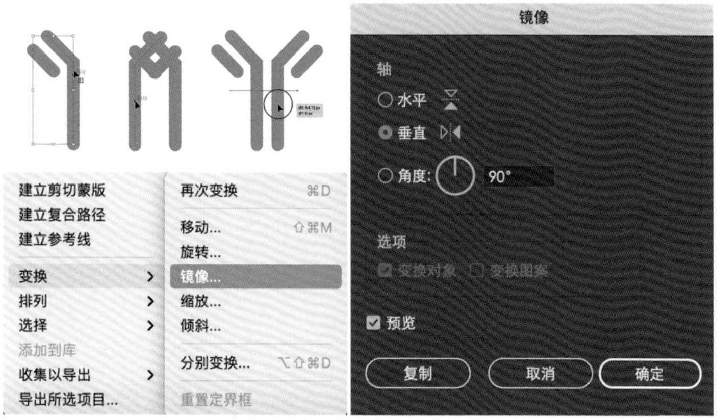

使用镜像翻转绘制对称图形

2. 旋转

我们通常先以垂直或水平方向绘制元素，备份后再按画面需要旋转调整：

- 选择元素，将鼠标指针悬停在界定框附近，出现 ⤵ 图标时，点击可旋转任意角度。多用于偏有机质感的重复元素的摆放。
- 旋转时，同时长按 Shift 键，可以 45 度角为单位旋转，适用于需要严格横平竖直的情况，比如 180 度水平旋转，避免出现“有点歪”的情况。

使用旋转调整元素角度

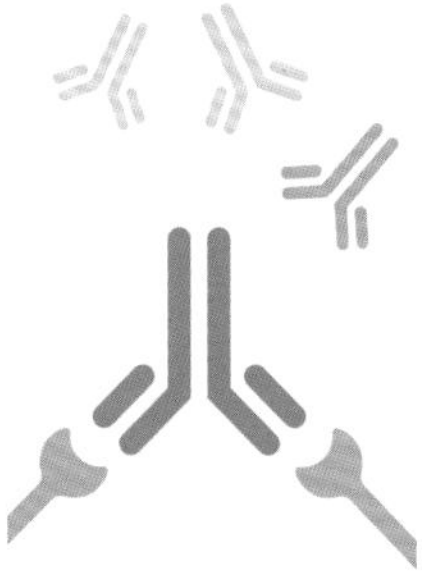

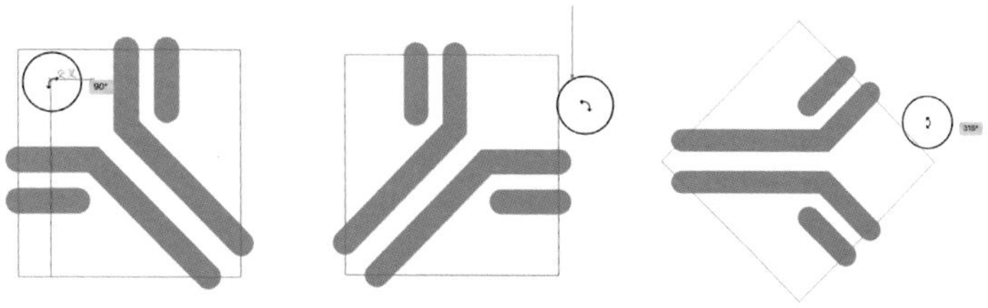

扫码观看教学视频

【练习 7：排列多个元素】

1. 对齐对象

对齐是创作中非常常用的功能，特别是在调整文字标注时。常规操作如下。

- 用选择工具选择需要对齐的对象。
- 在控制面板中找到对齐标志，单击展开【对齐】面板。
- 对于纵向排列的元素，可以进行水平左对齐、水平居中对齐、水平右对齐；对于横向排列的元素，可以进行垂直顶对齐、垂直居中对齐、垂直底对齐。
- 在进行精细绘制与调整时，也可以用直接选择工具选中并对齐选定锚点。

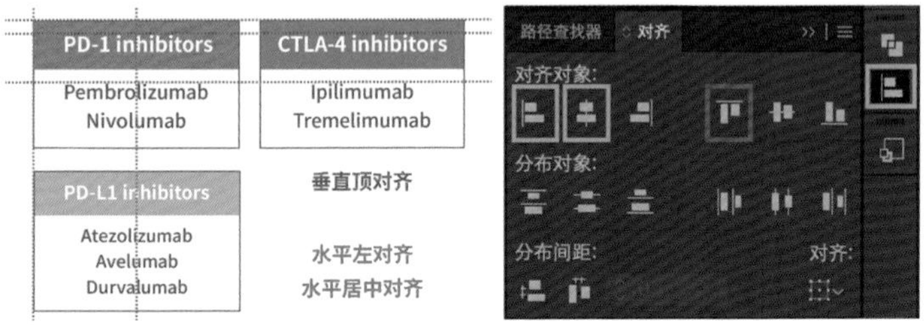

使用【对齐】面板快速对齐多个画面元素

2. 分布对象

当我们需要在固定的距离内均匀排列多个元素（比如多排箭头、碱基排列）时，可以使用【对齐】面板中的分布对象功能。绘制并选中所有元素后，根据分布图标所示，选择对应的分布方向（垂直或水平）即可。

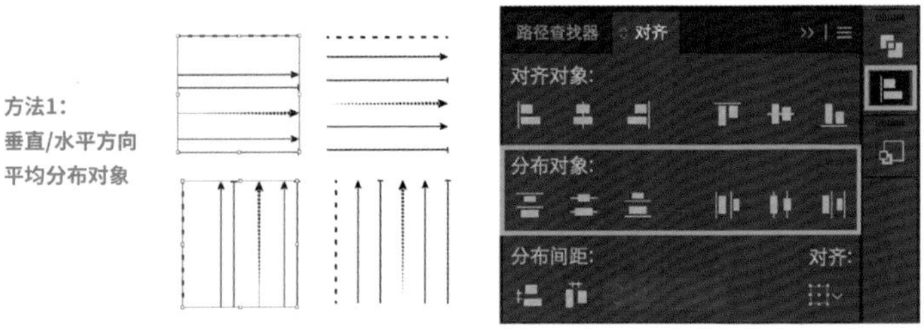

使用【对齐】面板中的分布对象功能均匀分布元素

- 其他绘制小技巧：等距复制。

  通过①按住 Alt+Shift 快捷键拖动元素；②在元素处于选中的状态下，重复按 Ctrl+D 快捷键，根据上一步拖动距离等距复制元素。

通过等距复制操作均匀分布重复元素

3.2.2 图形剪切和拼接

路径查找器的图形剪切原理

路径查找器应该算是 AI 中最早的图形剪切工具。它的原理是大家比较熟悉的布尔（Boolean）运算，即通过对两个以上的物体进行联集、差集和交集等运算，得到新的物体形态。在图形处理中引用这种逻辑运算方法能够对简单的基本图形进行组合，产生新的形状。我们先通过两个圆形之间的布尔运算来看看路径查找器的使用方法和效果。

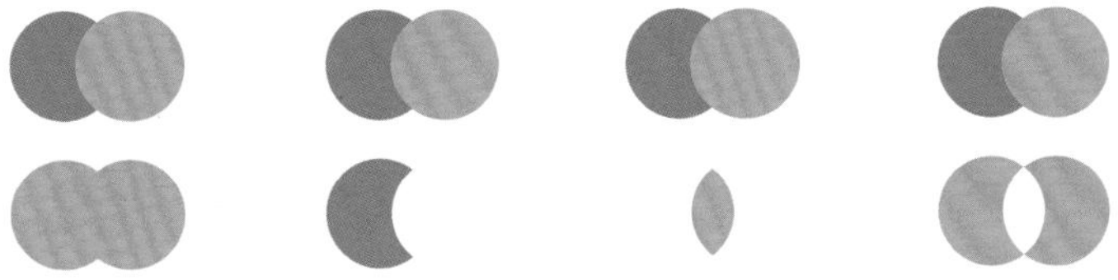

路径查找器的图形剪切运算

理解了底层逻辑之后，我们就可发挥图形想象力，以“搭积木”的方式，获得更多实际创作中需要的图形元素。下面将以细胞表面蛋白的特异性结合为例，具体说说路径查找器的综合应用。

扫码观看教学视频

【练习 8：用路径查找器绘制细胞表面蛋白】

- 绘制基础图形：矩形、椭圆形、圆形等。
- 将它们排列至预期位置，并备份一份原始图形。
- 使用路径查找器对复制出的图形组进行拼接和剪切。
- 联集：将两个选中的图形拼接成一个完整的新图形。
- 减去顶层：从下层的图形中减去上层图形的形状。我们通常将上层图形原位复制并等比放大一圈（红圈所示），这样减去后可以形成一个嵌合的凹槽。这是“特异性结合”的惯用表达模型。

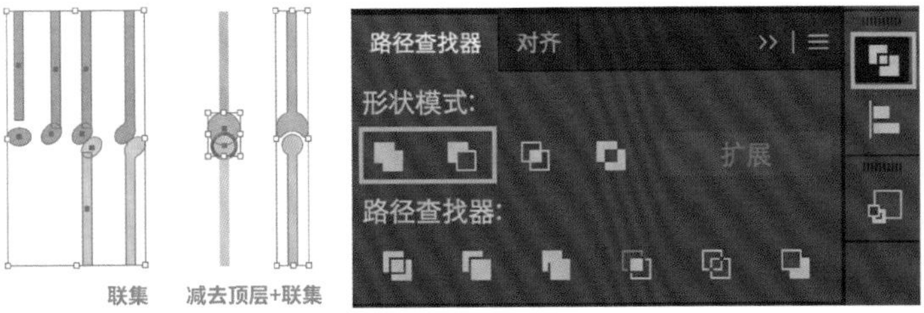

使用路径查找器绘制
表面蛋白特异性结合模型

形状生成器的图形剪切原理

形状生成器在图形剪切和拼接右面，它和路径查找器有着很多异曲同工之处，比如合并、切割、擦除等。形状生成器的“反向创建”是其独特的功能。它不仅能够对相交的图形进行切割和重新组合，还能对图形之间的镂空区域进行形状的提取。

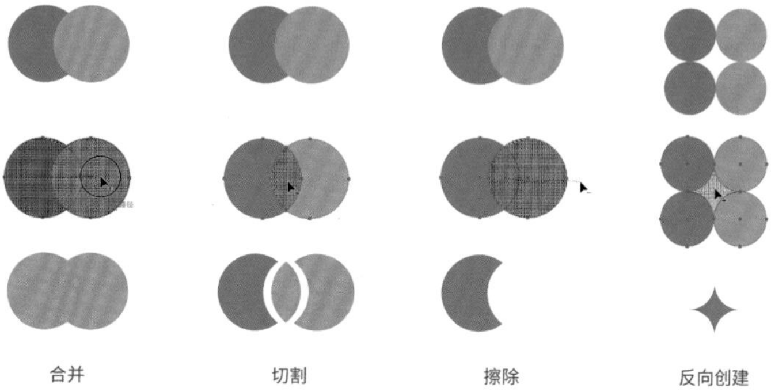

形状生成器的图形剪切运算

在操作上，形状生成器相比于路径查找器更加快速、直接，可以通过 Alt 键，在合并和擦除之间进行快速切换，不需要依次选中图形并单击不同的功能按钮。所以很多设计工作者在创作过程中几乎用形状生成器替代了路径查找器。但使用形状生成器需要使用者对于图形有着清晰的规划，合并哪些形状、减去哪些形状，在脑子里要有提前的设想。否则当很多图形相交在一起时，就会手忙脚乱，从而出现错误。因此，路径查找器可以说对于初学者更为友好，而形状生成器则相对高阶。这两个功能我们都应该熟练掌握，以应对不同的情况。下面将通过细胞培养皿的绘制来看看形状生成器的实际应用。

扫码观看教学视频

【练习 9：用形状生成器绘制细胞培养皿】

- 绘制基础图形：等宽的矩形和两个椭圆形。
- 将其对齐摆放，组成一个扁圆柱体。
- 按 Shift+M 快捷键调用形状生成器，按住鼠标左键并划过网格所示区域，使用“合并”运算创建培养皿柱体结构外侧面。
- 删除多余线条，得到培养皿初始形态（简约版）。
- 选中椭圆形，执行【对象 > 路径 > 路径偏移】命令，向内偏移 5pt（即 -5pt），增加培养皿的厚度（进阶版）。

- 同理，选中外侧面，向内偏移 5pt。使用快捷键 C 调用剪刀工具，剪开内侧图形顶端的两个锚点（绿圈所示），并按 Delete 键删除顶边（绿线所示）。
- 按 Shift+M 快捷键调用形状生成器，鼠标指针悬停在顶面圆环所在区域时（即两个椭圆形路径之间），会出现网格，单击创建顶面完整圆环，同时能够去除多余的线条。注意，之前偏移路径生成的只是两个同心的椭圆形，并没有生成圆环，所以这一步需要再次使用形状生成器，创建路径之间的形状，这是比较容易被忽略的一步。
- 选中内侧路径并将其不透明度调整至 30%~50%，加强视觉空间感。

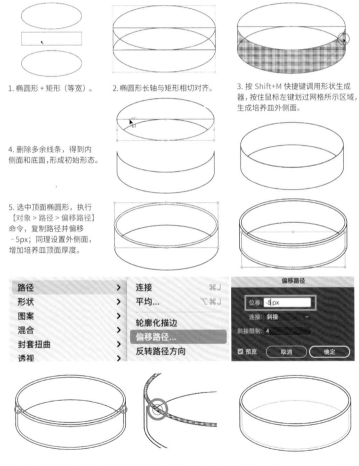

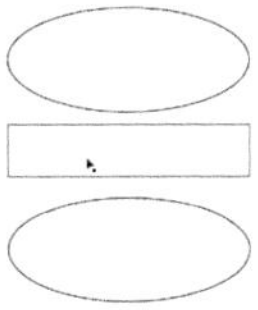

1. 椭圆形 + 矩形（等宽）。

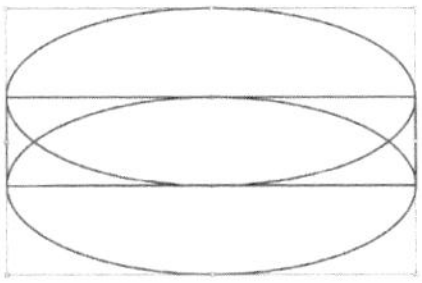

2. 椭圆形长轴与矩形相切对齐。

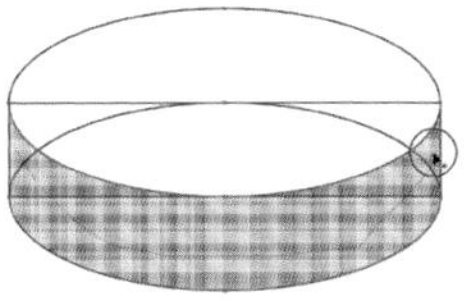

3. 按 Shift+M 快捷键调用形状生成器，按住鼠标左键划过网格所示区域，生成培养皿外侧面。

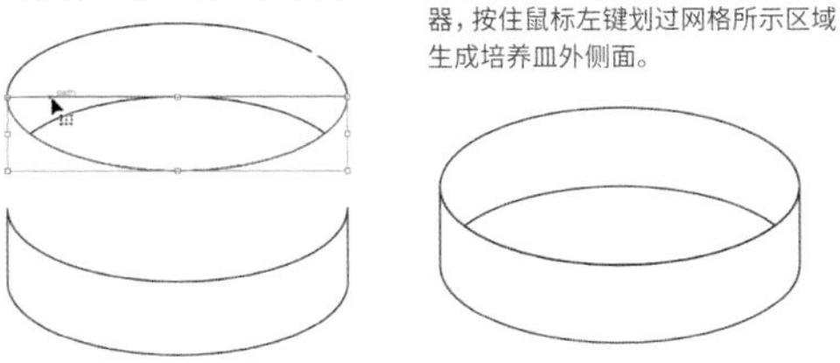

4. 删除多余线条，得到内侧面和底面，形成初始形态。

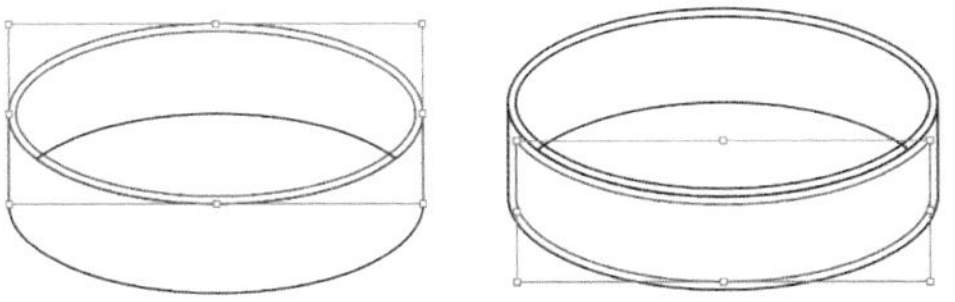

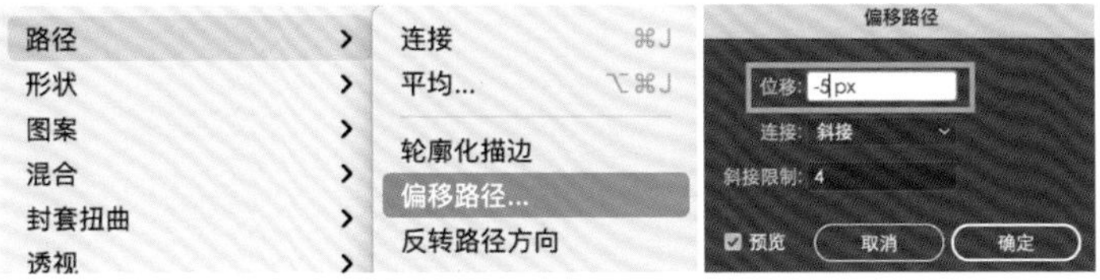

5. 选中顶面椭圆形，执行【对象 > 路径 > 偏移路径】命令，复制路径并偏移 -5px；同理设置外侧面，增加培养皿顶面厚度。

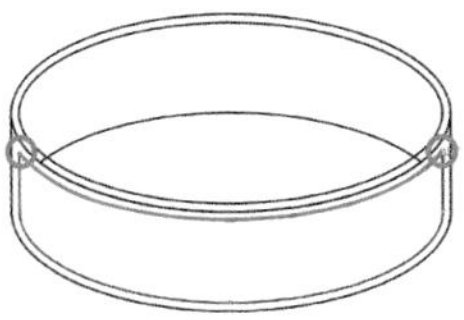

6. 按快捷键 C 调用剪刀工具，剪切所圈锚点并删除所示路径。

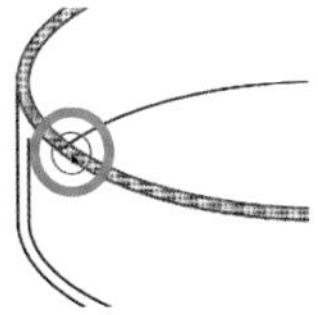

7. 按 Shift+M 快捷键调用形状生成器，生成顶面完整圆环。

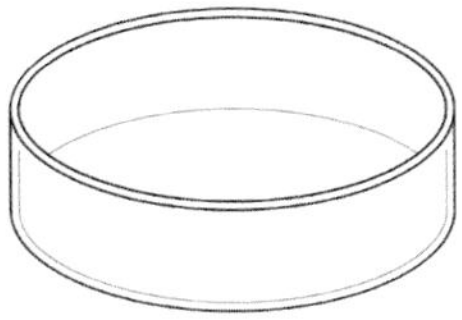

8. 调整内部线条的不透明度，培养皿图形绘制完成。

综合使用形状生成器
绘制细胞培养皿

3.2.3 应用效果进行绘制

Illustrator 提供了一系列矢量和栅栏效果，其中，波纹效果、凸出和斜角效果、高斯模糊效果最为常用，能够帮助我们快速创建图形，得到更细致、更有趣的画面质感。对路径或图形应用效果后，我们可以在【外观】面板中查看、编辑、隐藏、删除效果。

对象 > 扩展和扩展外观

值得说明的是，应用效果并没有改变路径的属性，只在锚点不变的情况下，改变了路径的外观。这时，如果我们想进一步编辑外观细节，则需要执行【对象 > 扩展外观】命令，得到实际的锚点。

当我们需要把路径变为具有填充和描边属性的图形时，则需要执行【对象 > 扩展】命令。这个操作通常用于绘制一些线性纹理和条状图形，比如神经突触、蛋白质 loop 区等。

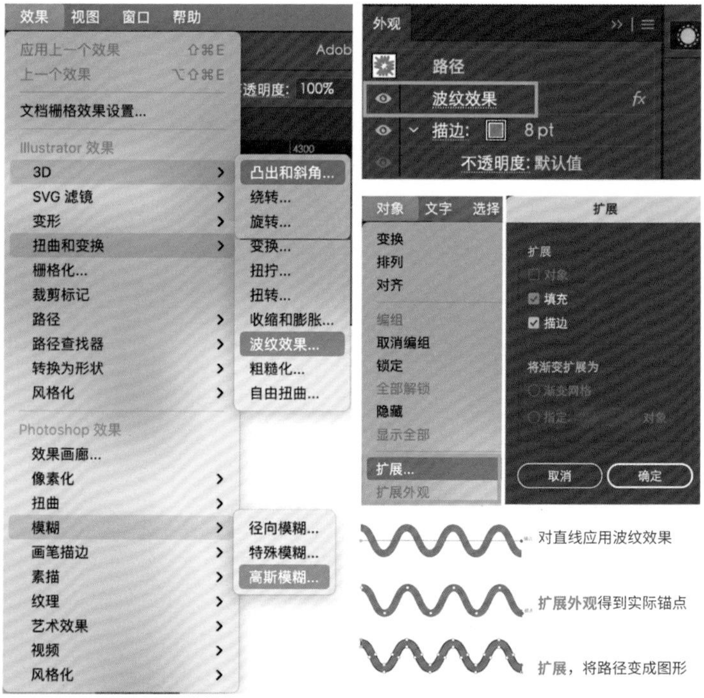

波纹效果概述

波纹效果可以将所选路径变换为规律的波形，波形由同样大小的尖峰和凹谷组成。我们可以设置波形的大小、每段的隆起数，转换波形边缘或锯齿边缘。波纹效果经常被应用于绘制轮廓不规则的细胞类型。

扫码观看教学视频

【练习 10：用波纹效果创建不规则细胞形态】

- 绘制基础图形：直线、圆形。
- 执行【效果 > 扭曲和变换 > 波纹效果】命令。
- 勾选【预览】，以便在编辑过程中看到实时效果。
- 选择【平滑】，得到波形边缘。
- 调整【大小】和【每段的隆起数】，大小指波形幅度，每段的隆起数指两个锚点之间的路径段上波形的数量。调整滑块或输入数值，在得到较为舒缓的波浪状轮廓时，单击【确定】按钮。
- 调整锚点：圆形的 4 个初始锚点是均匀分布的，我们可以使用曲率工具，通过增加、移动和删除锚点，在圆形上制造长短不一的路径段。锚点集中的地方，路径段短，波纹显得更为密集。以此获得有机变化的细胞轮廓。
- 扩展外观：如果后期需要对细胞轮廓进行额外的加工，比如胞吞胞吐形态的绘制，则需要对路径进行扩展。

不需要记录固定的数值，建议通过观察来判断。

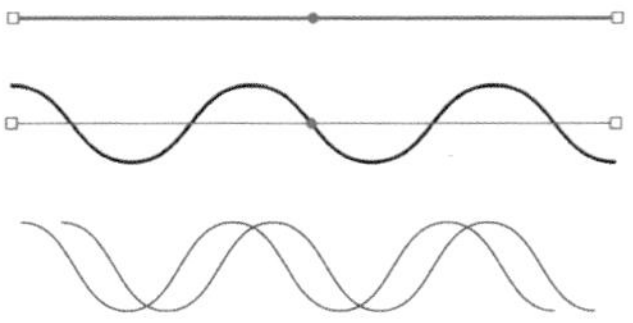

对开放路径应用波纹效果，创建波浪线，可作为 DNA 双螺旋的形状单元

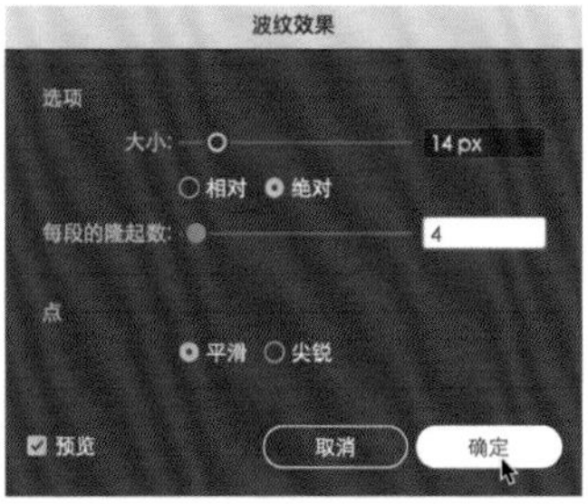

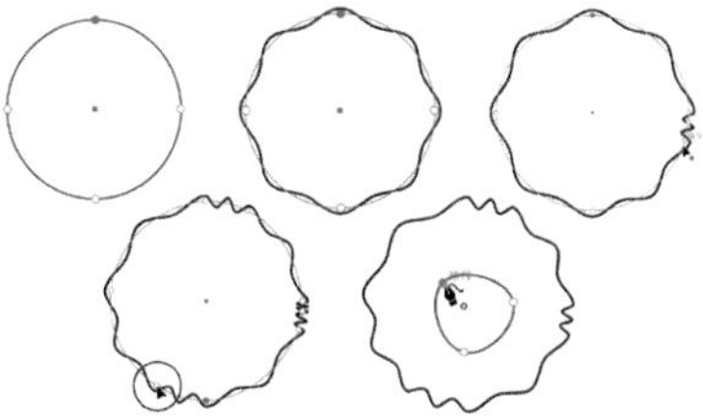

应用于封闭路径，并通过曲率工具改变锚点的数量和分布方式，创建有机变化的细胞轮廓

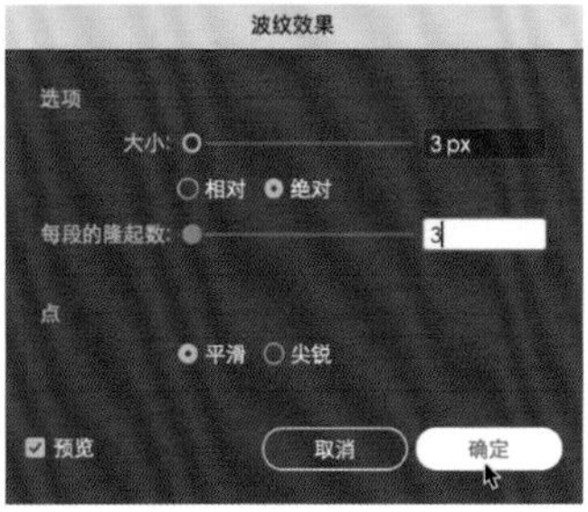

应用波纹效果于直线和圆形封闭路径

凸出和斜角效果概述

3D 效果可以帮助我们把平面图形快速转化为三维图形，并且可以进行任意角度的旋转，以及设置光源等外观属性。其中凸出和斜角效果在立方体的透视表现上能够起到事半功倍的作用。它的原理是沿 z 轴拉伸一个平面图形，以增加其深度，比如，拉伸矩形得到立方体，拉伸圆形得到圆柱体。下面将通过绘制细胞培养瓶来演示凸出和斜角效果的具体使用方法。

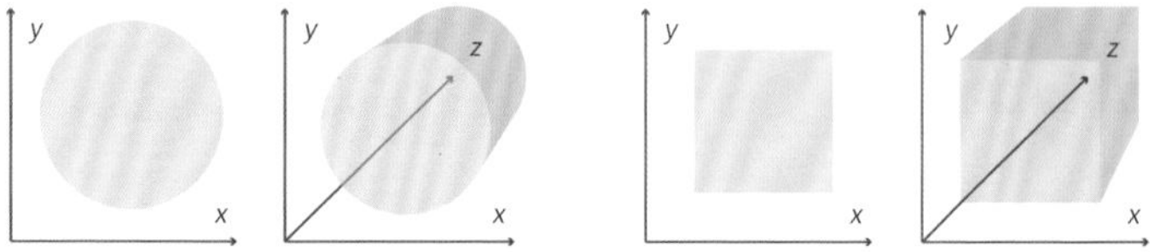

凸出和斜角效果的运算原理

扫码观看教学视频

【练习 11：用凸出和斜角效果创建细胞培养瓶】

- 使用矩形及等腰梯形绘制细胞培养瓶底面形状。注意，等腰梯形的下边缘和矩形的上边缘要完全重合。这里建议对两个图形进行联集。
- 建议仅使用填充色作为图形的主色，取消描边。
- 选择图形 , 执行【效果 > 3D > 凸出和斜角】命令。
- 单击【更多选项】按钮以查看完整的选项，勾选【预览】。
- 位置：可旋转观景窗内的立方体，自由调整透视角度。
- 凸出厚度：确定图形的深度 / 厚度。
- 表面：选择【扩散底纹】。
- 光源：通常设置斜上方 45°的光照方向。
- 光源强度：在 0% 到 100% 之间控制光源强度。
- 环境光：全局光照，能让图形看起来比较明亮，通常控制在 30%~50%，过亮的环境光则会让图形曝光过度，失去颜色细节。
- 底纹颜色: 默认的黑色会给人带来沉闷且“脏”的视觉感受，可选择【自定】，设置和图形同色系但饱和度略高的颜色，以此增加图形暗部的通透感。
- 单击【确定】按钮得到瓶身，原位备份并调整其厚度和颜色，得到培养液部分。
- 分别将瓶身和培养液的不透明度设置为 20% 和 60% 来体现透明质感。
- 创建瓶身轮廓: 备份瓶身，执行【对象 > 扩展外观】命令，得到实际的图形，将不透明度恢复为 100%，设置描边颜色，无填充。

- 绘制瓶盖圆柱体：同理，对圆形应用凸出和斜角效果，创建瓶盖，备份并执行【对象 > 扩展外观】命令，创建瓶盖轮廓线。
- 全部组装：【瓶身、培养液、瓶身轮廓】+【瓶盖、瓶盖轮廓】。

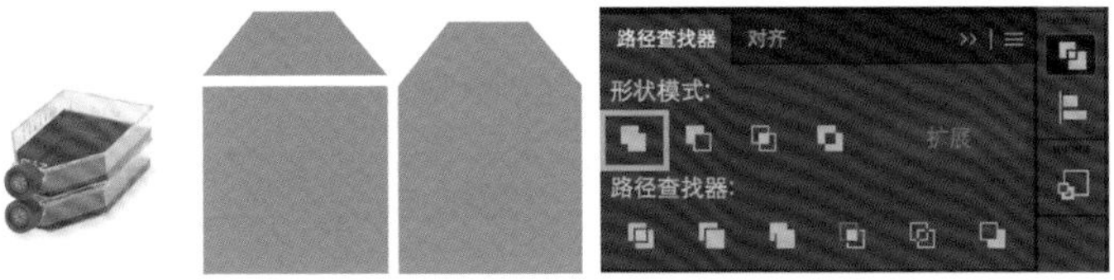

1. 根据参考图，绘制培养瓶主视图：放大比例，将瓶身分为等腰梯形和矩形，单击【联集】按钮。

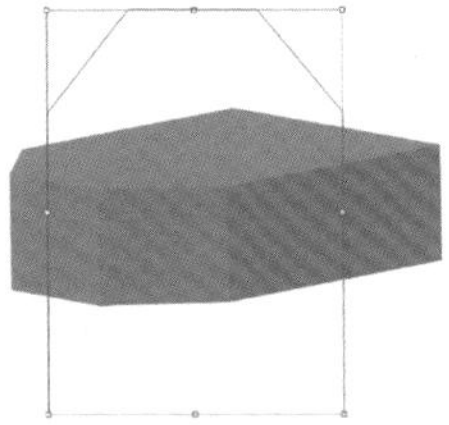

2. 瓶身立方体：
备份图形，执行【效果 > 3D > 凸出和斜角】命令，单击【更多选项】按钮，勾选【预览】，拖曳观景窗内的立方体调整透视角度；

底纹颜色即暗部颜色，选择【自定】，双击色块调出【拾色器】对话框，选择和原图形同色系 / 相近色系，但饱和度略高、明度略低的颜色。

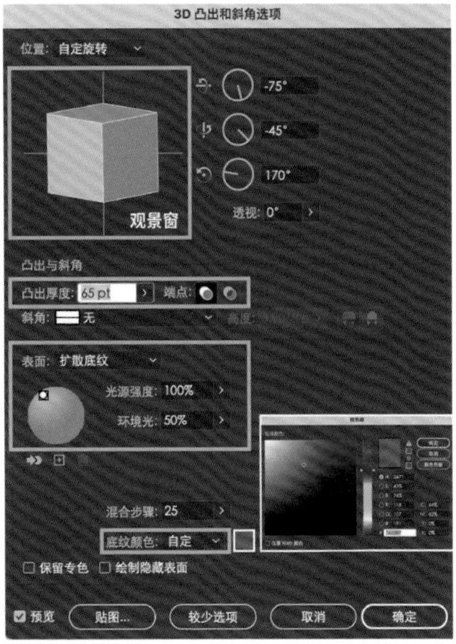

3. 培养液：
原位复制瓶身，调整凸出厚度，调整颜色，创建培养液。

培养液体积：
25pt（凸出厚度）。
光源强度 85%，
环境光 35%。
底纹颜色：自定，
#C75683。

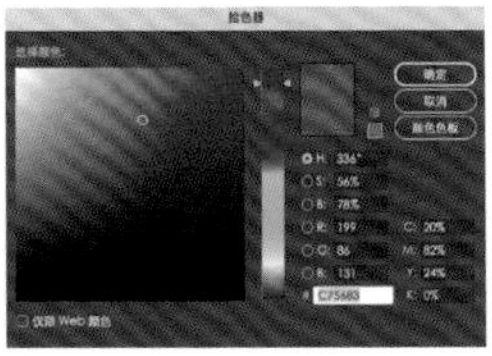

4. 调整不透明度：
瓶身为 20%，培养液为 60%。

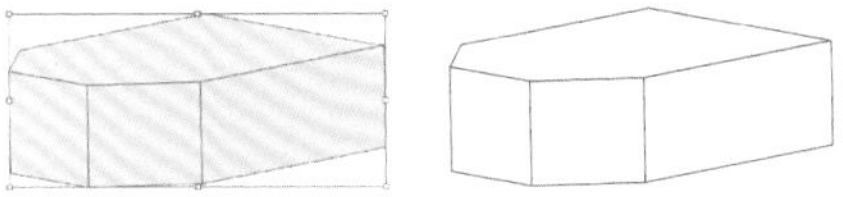

5. 创建瓶身轮廓：备份瓶身，执行【对象 > 扩展外观】命令，得到实际图形，将不透明度恢复为 100%，设置描边颜色，无填充。

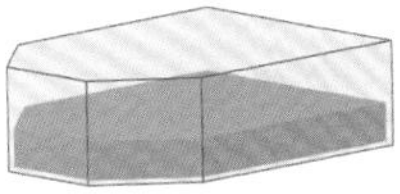

6. 组装：瓶身轮廓、瓶身、培养液。

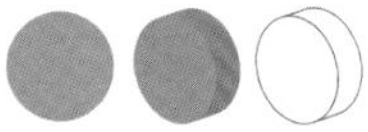

7. 绘制瓶盖圆柱体：
为圆形应用凸出和斜角效果，备份，扩展外观。

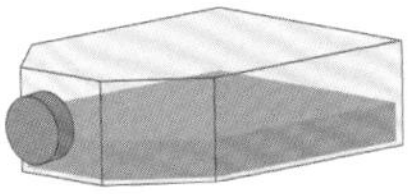

8. 最终组装：
瓶盖 + 瓶身。

综合使用凸出和斜角效果
绘制细胞培养瓶

模糊效果 > 高斯模糊

对图形应用高斯模糊效果可以使其边缘变得柔和。常见用途包括：①创建柔和的开放边缘，使画面更自然和透气；②表达特定信息，如痛觉、坏死、变异等；③作为高光使用，比如在较复杂的画面中，使用模糊的白色衬底提亮重点元素，或作为文字衬底，增强文字的存在感和易读性。

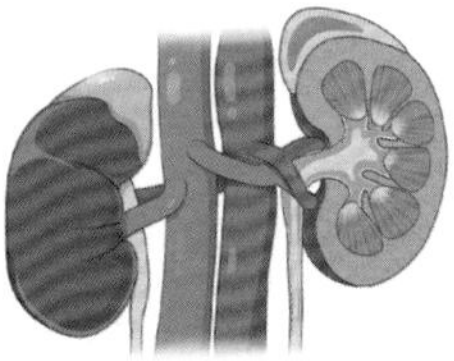

柔和开放边缘最终效果展示

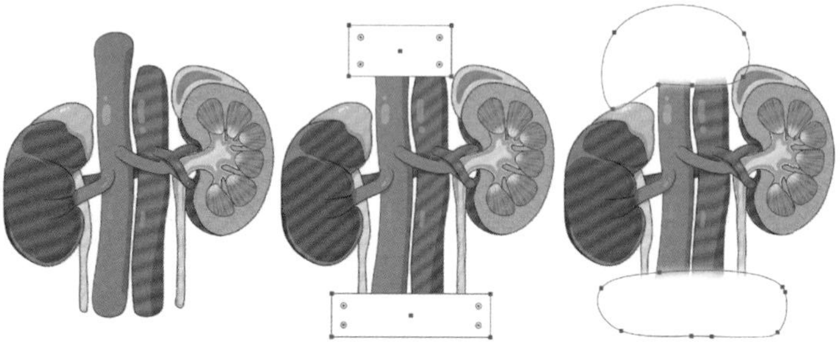

处理边缘前：为方便上色，先将所有结构画成封闭图形。

创建结构的开放边缘：加上白色补丁，遮挡边缘线。

边缘柔和处理：调整补丁形状 + 应用高斯模糊效果。

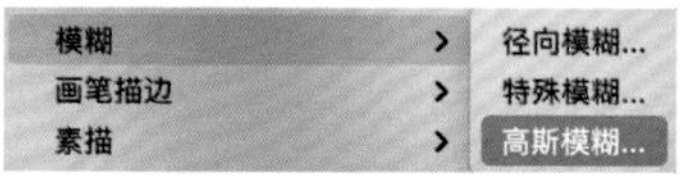

执行【效果 > 模糊 > 高斯模糊】命令
勾选【预览】，调整【半径】

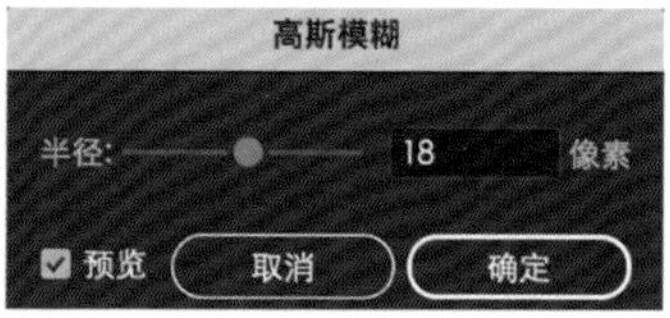

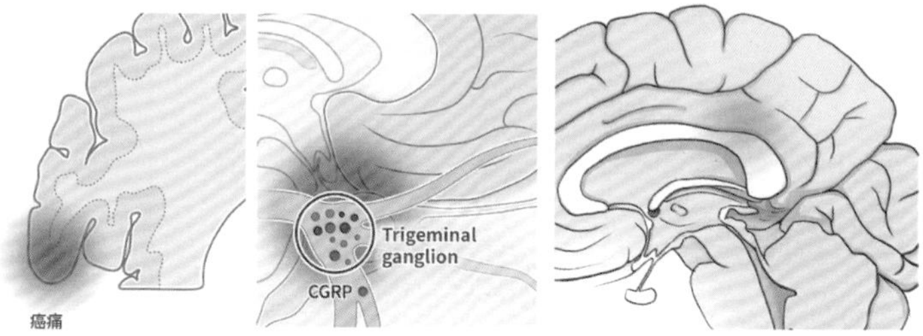

用边缘模糊的红色表达“痛觉”，用边缘模糊的蓝色表达“坏死”。

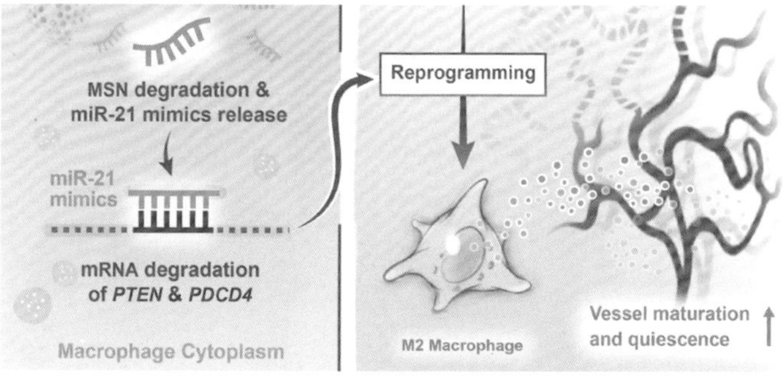

在略复杂的画面中，用边缘模糊的白色提亮重要元素；或作为文字衬底，以便于阅读。

高斯模糊效果在实际创作中的常见应用

3.3 AI 绘制技巧

在掌握了基本的工具操作和绘制方法后，我们可以借助一些技巧来提高绘制效率，实现更好的画面效果。常用技巧包括设置笔刷、实时上色、重新着色、应用蒙版和剪切蒙版等。

3.3.1 笔刷的设置和应用

扫码观看教学视频

【练习 12：制作磷脂双分子笔刷】

- 绘制磷脂单分子：圆形 + 两条曲线（用曲率工具绘制）。
- 磷脂双分子：复制并翻转磷脂单分子，将磷脂双分子约束在矩形框中作为一个图案单元，适当调整尾巴曲线；按 Ctrl+G 快捷键编组。
- 创建图案笔刷：选中磷脂双分子，打开【画笔】面板，单击下方⊞，选择【图案画笔】，点击确定，编辑画笔选项。
- 缩放：默认 100% 的笔刷应用于 1pt 的路径时会非常大，描边只能选择 0.25~0.5pt，所以建议把缩放比例调小（25%），后续的可调整空间更大。
- 外角和内角拼贴：选择【自动居中】。边线拼贴：默认为绘制图形。
- 绘制路径并将其选中，打开【画笔】面板，选择笔刷，调整描边粗细。

预览窗中的笔刷在边角转折处可能会看起来非常奇怪，但不要紧，看最终的绘制效果即可。

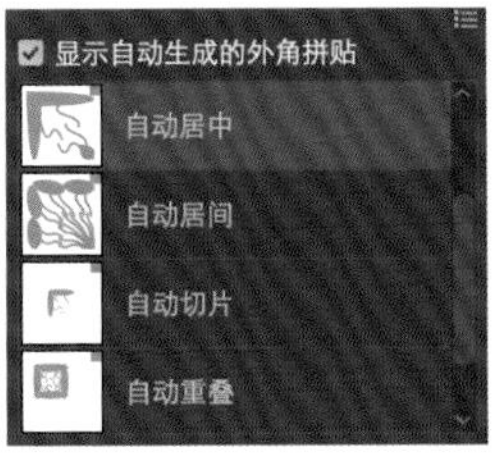

拼贴下拉菜单

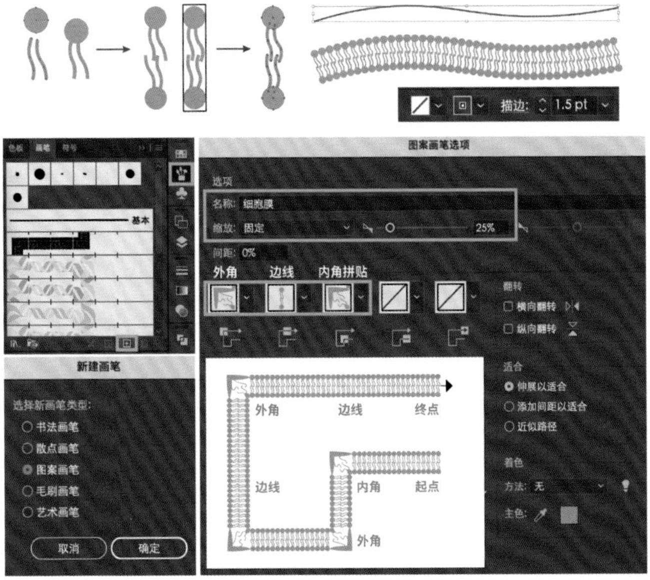

磷脂双分子笔刷制作演示

扫码观看教学视频

【练习 13：制作 DNA 双螺旋笔刷】

第一步：绘制双螺旋形状

- 制作波浪线：用直线工具绘制一条直线，为其应用波纹效果并扩展其外观。得到真正的波浪线，才能进行后续的形状剪切操作。
- 形成单螺旋基本形状：按住 Alt 键拖曳，复制并平移波浪线。
- 剪切生成单螺旋图案：①用矩形工具绘制一个矩形，框选两条曲线；②按 Shift+M 快捷键调用形状生成器，按住鼠标左键拖曳划过图形以生成单螺旋形状；③按住 Alt 键并按住鼠标左键拖曳划过图形，删除形状。
- 形成双螺旋基本形状：按住 Alt 键拖曳，复制并平移单螺旋。
- 剪切生成双螺旋图案：再次按 Shift+M 快捷键调用形状生成器，按需合并交叉的图形，此时注意观察双螺旋翻转处的前后关系，防止合并出现混乱。

第二步：制作笔刷图案单元

- 确定循环单元：以双螺旋翻转处的交点作为一个循环周期的边界点，并根据两个边界点绘制矩形框，调整矩形框的高度，使之与双螺旋上下相切。
- 剪切生成笔刷图案单元：使用 Shift+M 快捷键调出形状生成器，按住 Alt 键，先删除矩形框外的形状，再删除矩形框内螺旋体以外的形状。
- 按快捷键 K 调用实时上色工具，当鼠标指针悬停在形状上时，会出现提示语“单击以建立实时上色组”，此时在需要上色的形状上依次单击，形状上出现红色粗线框，代表该形状可以被实时上色。
- 选择颜色并实时上色：此时可以按 I 快捷键吸取色板颜色并连续单击对应的形状，给同颜色的形状快速上色；也可以在填色的拾色器中直接选择颜色（双螺旋翻转向前的部分使用浅色，翻转向后的部分使用同色系略深的颜色），再单击上色。上色完成后，选中图案单元，并取消描边。

第三步：创建笔刷

- 打开【画笔】面板，单击下方 ⊞ 选择【图案画笔】。
- 缩放调节至 25%~50%，外角和内角拼贴为【自动居中】。
- 使用笔刷：绘制一条路径，单击画笔库中的双螺旋笔刷，调整描边粗细。

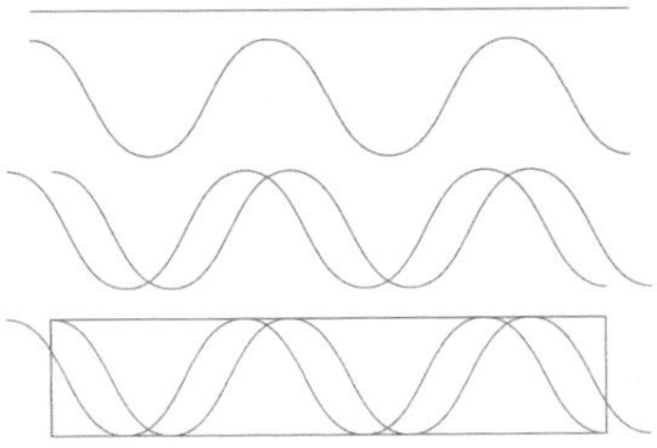

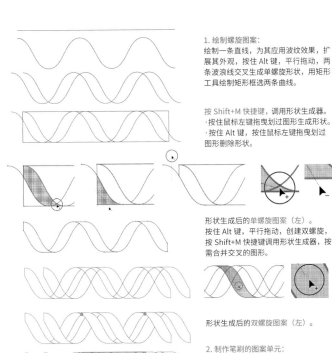

1. 绘制螺旋图案：
绘制一条直线，为其应用波纹效果，扩展其外观，按住 Alt 键，平行拖动，两条波浪线交叉生成单螺旋形状，用矩形工具绘制矩形框选两条曲线。

按 Shift+M 快捷键，调用形状生成器。
·按住鼠标左键拖曳划过图形生成形状。
·按住 Alt 键，按住鼠标左键拖曳划过图形删除形状。

建议放大画布进行操作，避免细节处的遗漏。

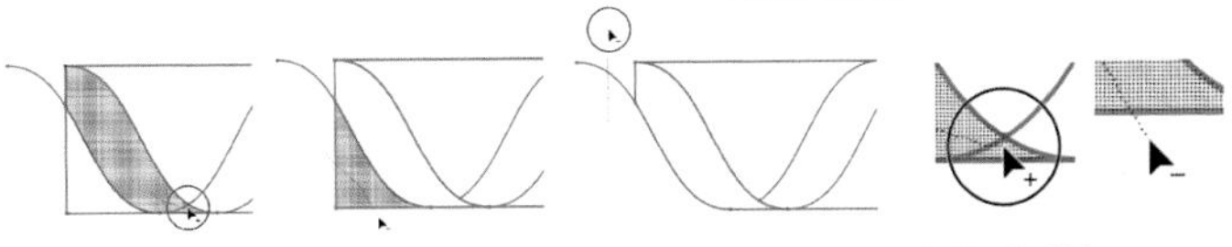

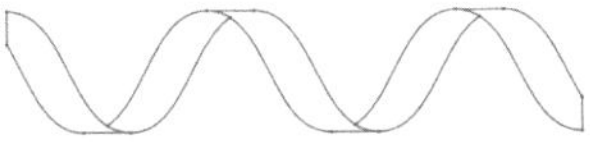

形状生成后的单螺旋图案（左）。
按住 Alt 键，平行拖动，创建双螺旋，按 Shift+M 快捷键调用形状生成器，按需合并交叉的图形。

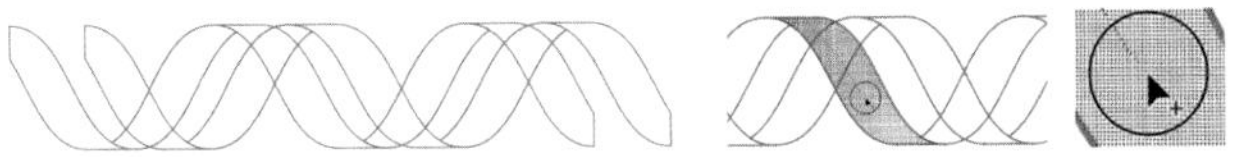

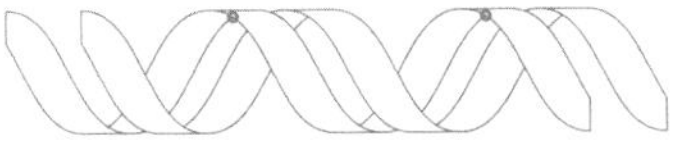

形状生成后的双螺旋图案（左）。

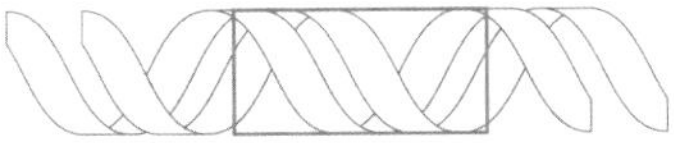

2. 制作笔刷的图案单元：
根据双螺旋翻转处的交点（绿圈所示）绘制矩形框，并与双螺旋上下相切，框选部分为双螺旋的一个循环单元。

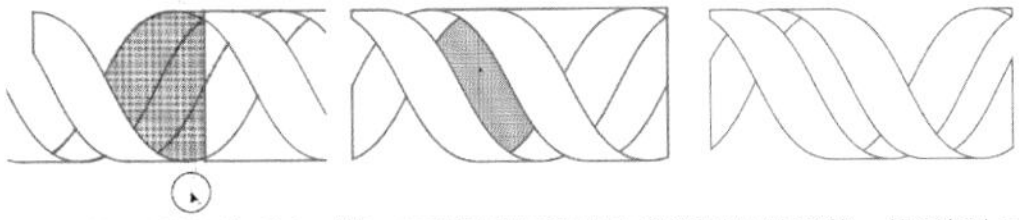

按 Shift+M 快捷键调用形状生成器，按住 Alt 键。

先删除矩形外部的所有形状，再删除矩形框内双螺旋以外的形状，得到如上图案单元。

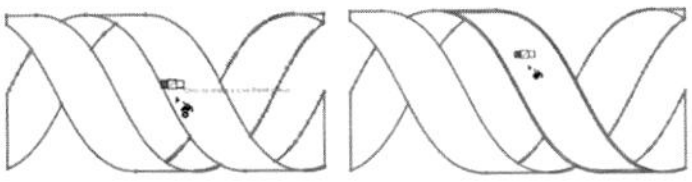

3. 对图案单元进行实时上色：按 K 键调用实时上色工具 > 在需要上色的区域单击，粗的红框出现则表示可以进行上色。

事先选择好颜色，制作色卡，在实时上色阶段会更便捷。

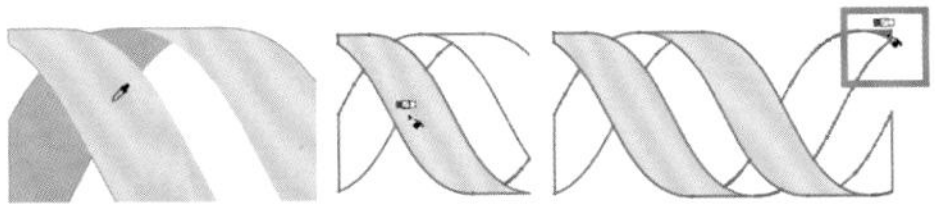

方法 1：用吸管吸取（快捷键为 I）色卡中的颜色，单击前方双螺旋形状，注意小的形状不要遗漏。

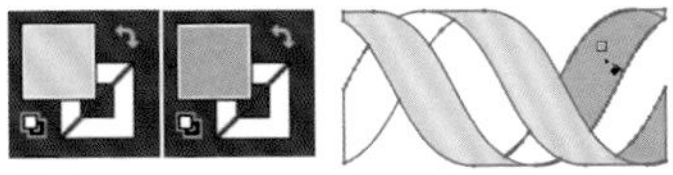

方法 2：直接在填充拾色器中选择颜色，比如深粉色，单击后方双螺旋形状。

双螺旋图案画笔的具体设置同前文所讲的磷脂双分子图案笔刷。

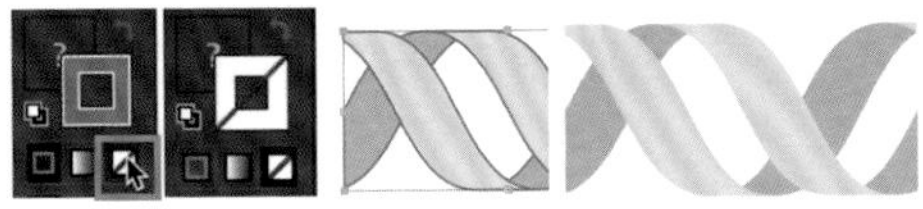

完成上色后，选中图案，取消描边，得到只有填色的双螺旋图案单元。

4. 创建笔刷，打开【画笔】面板新建图案画笔。

DNA 双螺旋笔刷制作演示

3.3.2 重新着色

AI 的重新着色功能能够帮助我们在现有配色的基础上，快速探索并得到一系列颜色组合。这个功能对笔刷的调色格外友好。当我们制作好一个 DNA 双螺旋笔刷后，笔刷的颜色就是我们最初建立图案时使用的颜色，不能通过拾色器来改变。下面将演示改变笔刷颜色的方法。

扫码观看教学视频

【练习 14：对 DNA 双螺旋重新着色】

- 复制并选中双螺旋路径，单击控制面板中的重新着色图标。
- 可以通过【指定】选项卡对元素中的任何颜色进行单独的调整，也可以通过转动【编辑】选项卡中的色环来调整。
- 在为双螺旋改色的情况下，我倾向于先使用色环进行整体的色相调整，此时色环右下方的“链接协调颜色”功能默认打开，3 个颜色的滑块会同时滑动，保证颜色之间的相对关系保持不变，可以理解为浅色依然是浅色、深色依然是深色，画面关系不会改变。
- 调整整体色相后，如果个别颜色稍显突兀，可以单击该颜色的指示圈，单独选中颜色，再拖曳下方的 HSB 滑块对该颜色进行微调。
- 如果不满意调色之后的效果，或者不小心调乱了，可以单击上方的【重置】按钮回到最初的配色状态，再重新调整。
- 用这样的方法，我们可以快速地获得一系列不同配色的双螺旋，为之后的应用做准备，而不需要一次次地重新制作笔刷。
- 也可以在右侧的颜色组中直接选择之前保存过的色板颜色组，软件会根据元素原本的色彩规律，分配颜色组中的颜色。

操作讨论：什么时候使用全局色色板，什么时候使用重新着色功能呢？

我的经验是：当对画面整体配色还算满意，颜色之间的明度和饱和度关系都合适，但又想探索更多的配色可能性时，我会使用重新着色功能，快速进行全盘的配色尝试；如果只是对画面中的细节颜色（比如箭头、文字或个别蛋白的颜色）不太满意，那么我倾向于在色板中编辑对应的全局色，统一地调整画面中使用了相应颜色的元素。

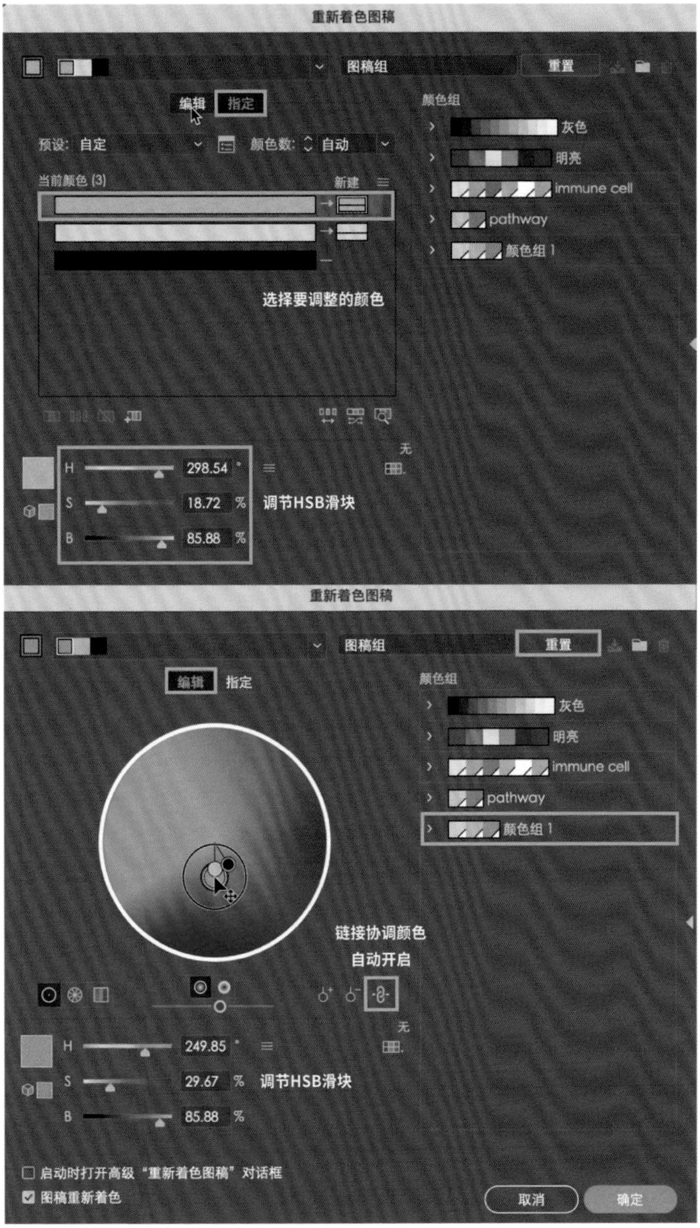

通常只进行很小幅度的 HSB 滑块微调，如果拖动滑块不好控制，可输入数值，调整 1%~2% 并观察效果。

原色

重新着色

重新着色功能的多种使用方法

3.3.3 剪切蒙版与蒙版

扫码观看教学视频

剪切蒙版

剪切蒙版的原理是使用图形来遮盖元素，该图形被称为剪切蒙版。位于剪切蒙版范围内的对象会显示，其余部分会被隐藏。我们可以通过这一原理对画面边缘进行优化处理。操作如下。

- 确认需要剪切的癌细胞所在的图层，锁住其他图层以防止干扰。
- 使用矩形工具绘制矩形框，将其作为剪切蒙版，并将其置于癌细胞上。
- 同时选中所有癌细胞和矩形框，按 Ctrl+7 快捷键。
- 剪切后，双击癌细胞，可进入编辑状态进行调整。
- 释放剪切蒙版快捷键：Alt+Ctrl+7。

> macOS 快捷键：
> 剪切蒙版 Command+7
> 释放 Opt+Command+7

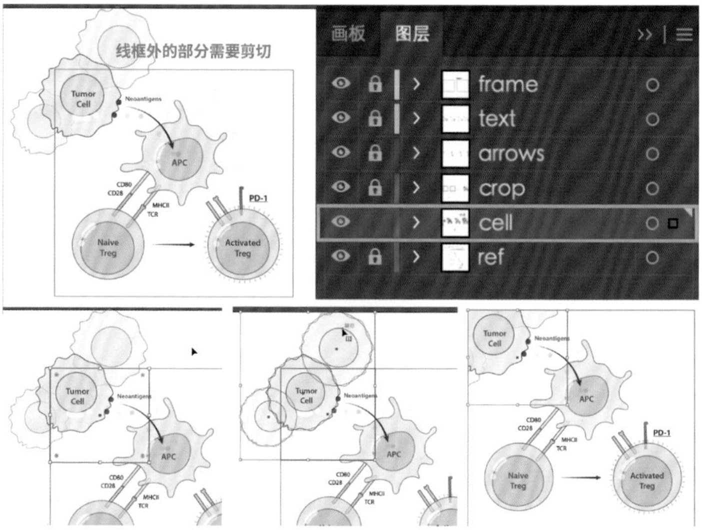

剪切蒙版操作演示

扫码观看教学视频

蒙版

蒙版的原理和剪切蒙版类似，也是利用图形进行特定的遮罩。黑色图形遮盖的部分会被隐藏，并且可以调整图形的不透明度，实现局部的半透明效果。在蒙版图层中，我们可以绘制任意形状和数量的图形，灵活地处理结构之间的穿插关系。下面以气管和肺部的穿插表达进行演示。

- 选中气管元素，打开【透明度】面板、单击【制作蒙版】按钮，默认出现黑色的蒙版图层，气管整体被隐藏；取消勾选【剪切】，此时蒙版图层整体变为白色，气管恢复显示。

- 在蒙版图层中，用曲率工具绘制黑色的图形，以遮盖肺内部的气管；再调整图形的不透明度至 65%，半透明显示内部的气管，使肺部看起来通透。
- 体现穿插细节：放大画布，绘制一个细窄的黑色图形，不透明度保持默认的 100%，以实现自然的结构穿插效果。
- 蒙版绘制完成后，单击左侧的气管预览窗以回到正常的绘制状态。

在左右两侧分别绘制，一共绘制 4 个蒙版图形。

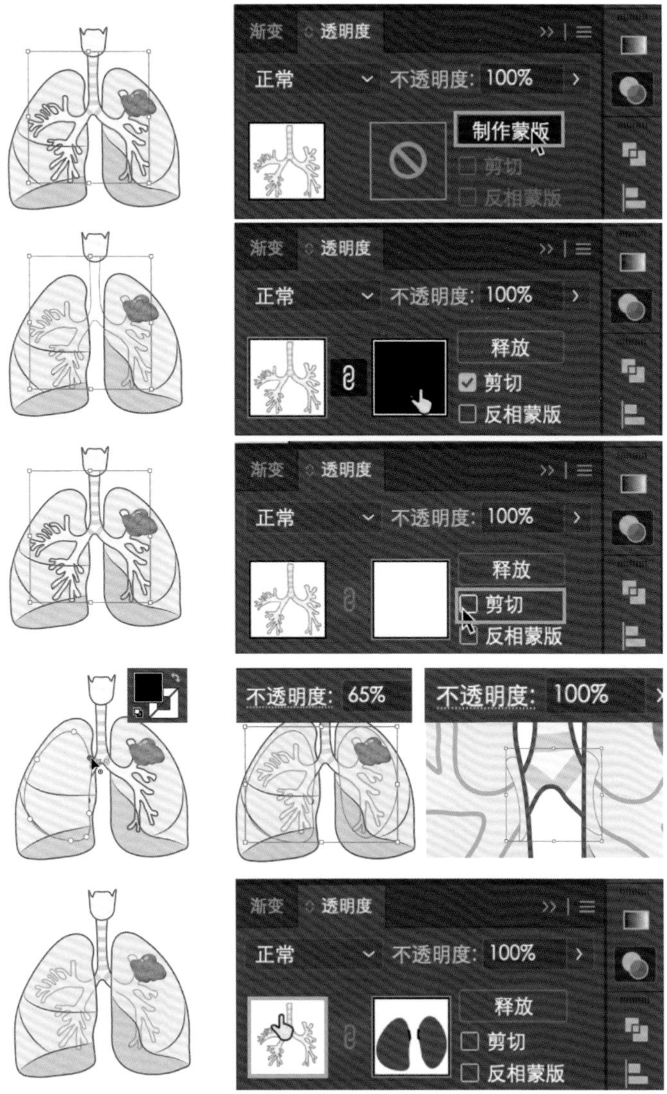

蒙版操作演示

总结：从熟能生巧到灵光一现

软件操作不是插图设计的根本，却也是不可或缺的硬技能。我们希望通过本章内容，带领大家从零开始了解和使用 Adobe Illustrator。

· 第一步：熟悉操作页面，创建和保存画布。

· 第二步：掌握最基础、常规、高频使用的工具。

· 第三步：使用拼接功能实现更多图形的绘制。

· 第四步：了解事半功倍，以及提升画面质感的操作技巧。

· 第五步：在绘制过程中，巧妙组合、综合使用以上功能。

· 第六步：在实践中发现更多宝藏功能。

软件操作是一个熟能生巧的过程。初学者往往会因为误触和“不知道发生了什么”的宕机所恼火，但有趣的是，当你越熟悉这款软件，似乎它就越友好起来，bug 也变少了。我们也更有可能在不经意间发现一些小技巧和宝藏功能，毕竟很多灵光一现的方法并非来自书本，而是探索和实践过程中不经意的偶遇！

第 4 章 ·设计与绘制的融会贯通

我们将在设计思维和故事力表达这个大框架的引导下，对设计思路进行更为具体的分析，分门别类地列举技术流程图、信号通路图、免疫机制图、病毒生活史插图、基因遗传学插图中实用的设计要点，带领大家实现从能理解设计思路到能发挥绘制能力的转变，做到真正的融会贯通。

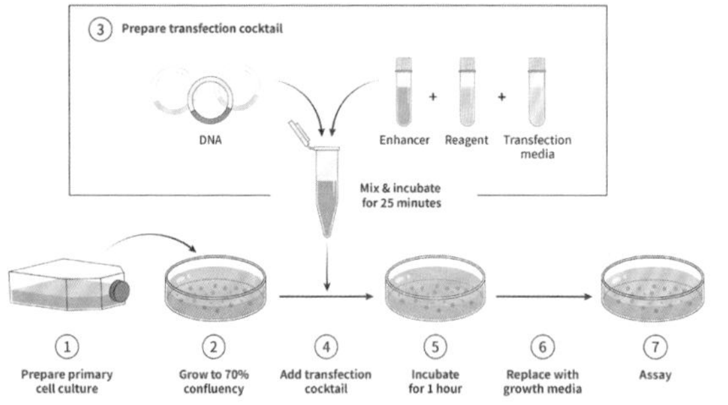

3 Prepare transfection cocktail
DNA
Enhancer
Reagent
Transfection media
Mix & incubate for 25 minutes
1 Prepare primary cell culture
2 Grow to 70% confluency
4 Add transfection cocktail
5 Incubate for 1 hour
6 Replace with growth media
7 Assay

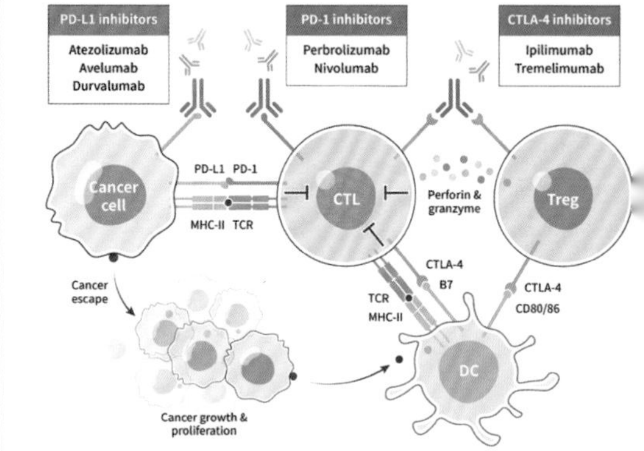

PD-L1 inhibitors
Atezolizumab
Avelumab
Durvalumab
PD-1 inhibitors
Perbrolizumab
Nivolumab
CTLA-4 inhibitors
Ipilimumab
Tremelimumab
Cancer cell
PD-L1
PD-1
MHC-II
TCR
CTL
Perforin & granzyme
Treg
CTLA-4
B7
TCR
MHC-II
CTLA-4
CD80/86
Cancer escape
DC
Cancer growth & proliferation

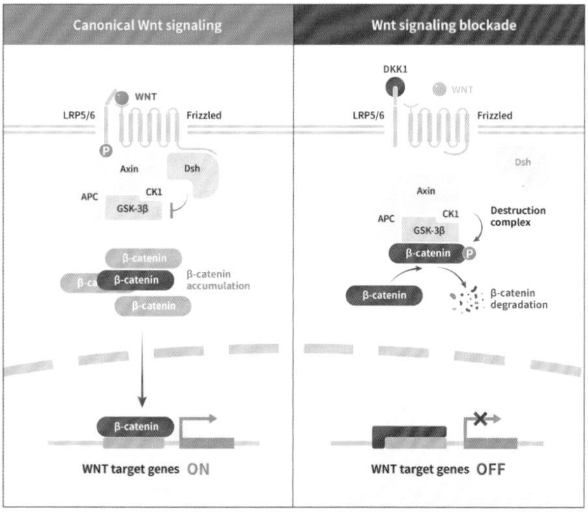

Canonical Wnt signaling
Wnt signaling blockade
WNT
LRP5/6
Frizzled
P
Axin
Dsh
APC
CK1
GSK-3β
β-catenin
β-catenin accumulation
β-catenin
WNT target genes ON
DKK1
WNT
LRP5/6
Frizzled
Dsh
Axin
APC
CK1
GSK-3β
Destruction complex
β-catenin
β-catenin degradation
WNT target genes OFF

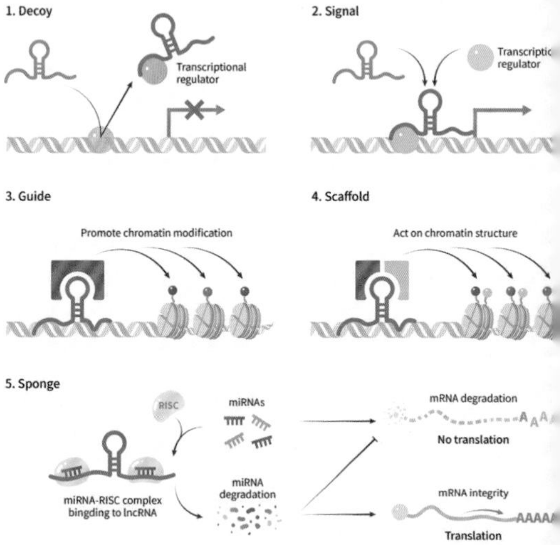

1. Decoy
Transcriptional regulator
2. Signal
3. Guide
Promote chromatin modification
4. Scaffold
Act on chromatin structure
5. Sponge
RISC
miRNAs
mRNA degradation
No translation
miRNA-RISC complex bingding to lncRNA
miRNA degradation
mRNA integrity
Translation

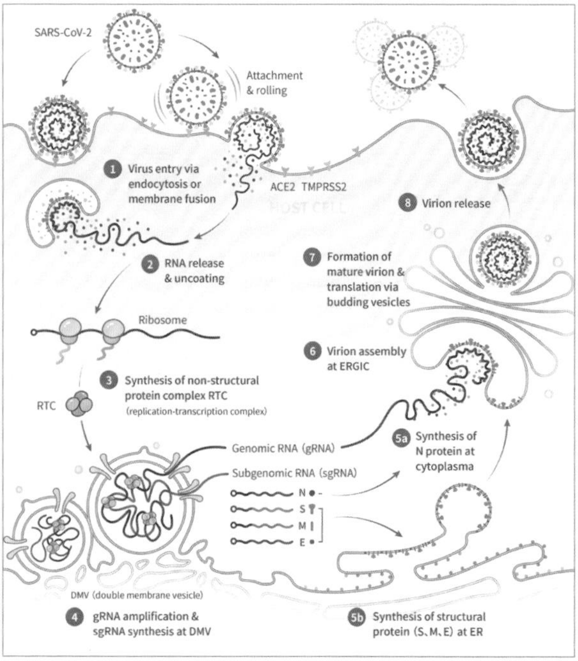

SARS-CoV-2
Attachment & rolling
1 Virus entry via endocytosis or membrane fusion
ACE2 TMPRSS2
HOST CELL
8 Virion release
2 RNA release & uncoating
7 Formation of mature virion & translation via budding vesicles
Ribosome
6 Virion assembly at ERGIC
3 Synthesis of non-structural protein complex RTC
(replication-transcription complex)
RTC
Genomic RNA (gRNA)
Subgenomic RNA (sgRNA)
5a Synthesis of N protein at cytoplasma
N
S
M
E
DMV (double membrane vesicle)
4 gRNA amplification & sgRNA synthesis at DMV
5b Synthesis of structural protein (S、M、E) at ER

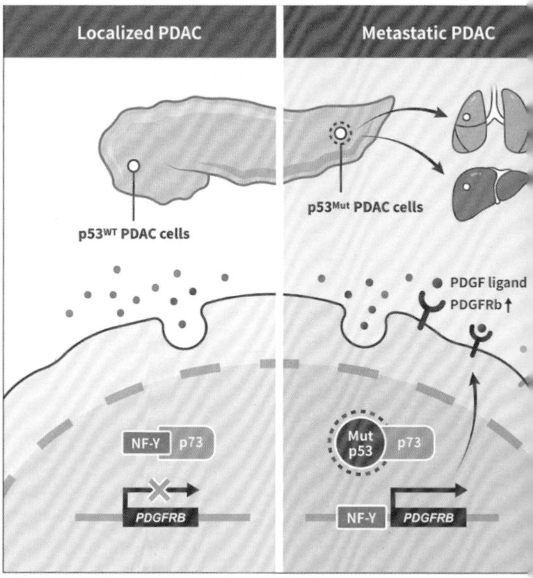

Localized PDAC
Metastatic PDAC
p53WT PDAC cells
p53Mut PDAC cells
PDGF ligand
PDGFRb ↑
NF-Y
p73
PDGFRB
Mut p53
p73
NF-Y
PDGFRB

扫码观看教学视频

4.1 技术流程图创作

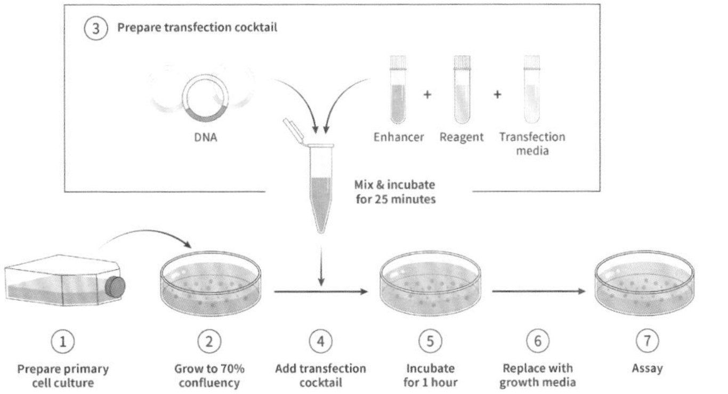

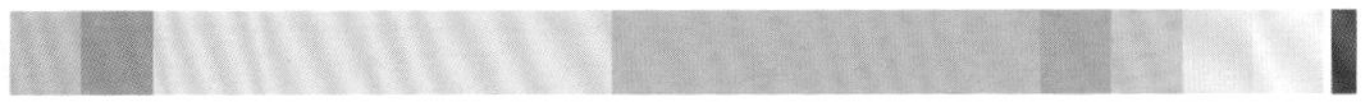

4.1.1 设计思路分析

1. 厘清逻辑关系，明确信息流向

技术流程图的作用是清晰、简洁地反映实验设计思路，所以第一要务是将实验步骤梳理清楚。以转染流程为例，总流程分为 7 步，其中第 3 步包含制备子步骤，这一点需要在信息框架中表现出来。在梳理过程中，可以提炼关键词并搭配自己熟悉的符号，以标记逻辑关系。

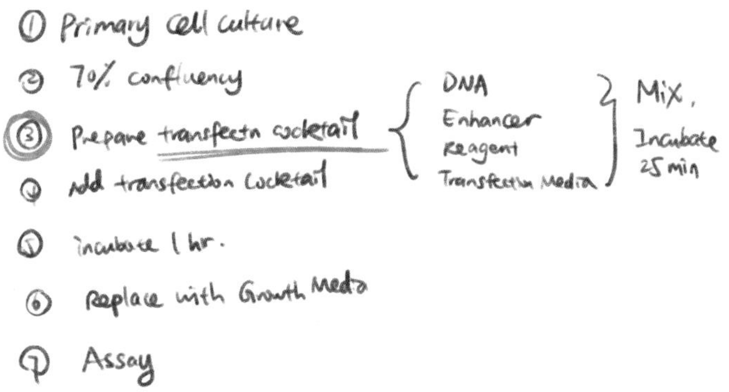

2. 列“绘制清单”

根据信息流向列绘制清单，确认需要绘制的图形元素。这是一个衔接步骤，在画草图前要做到心中有数。

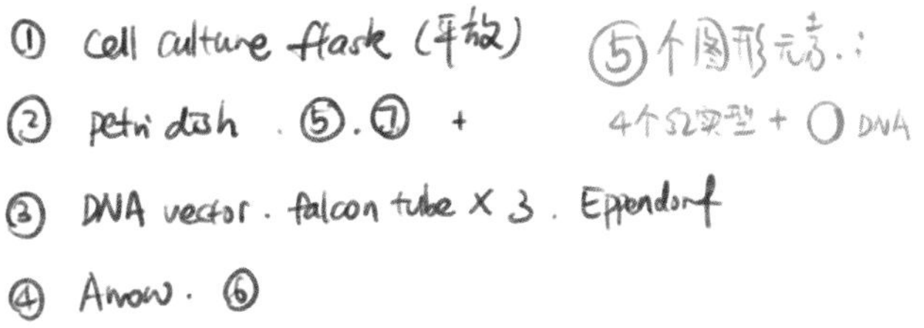

① Cell culture flask (平放)
⑤个图形元素：
② petri dish . ⑤. ⑦ +
4个饥实型 + ○ DNA
③ DNA vector . falcon tube × 3 . Eppendorf
④ Arrow . ⑥

3. 草图设计·排版构图

根据参考图，确定画面中各图形元素的大致比例和形状；用矩形、圆形等基础图形进行概括，主要抓物体的“宽扁”或“细长”等特征，可以暂时忽略细节。

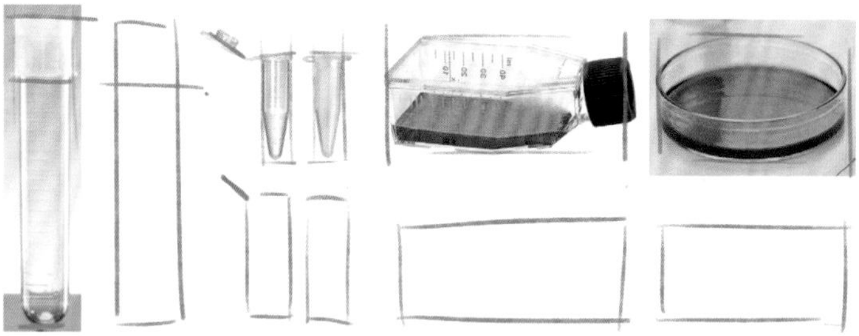

使用以上基础图形，并配合箭头和序号进行构图。先尝试从左到右依次罗列，发现步骤③占比很大，使横向画面过长。在期刊宽度的限制下，图片整体会缩小，影响可读性。

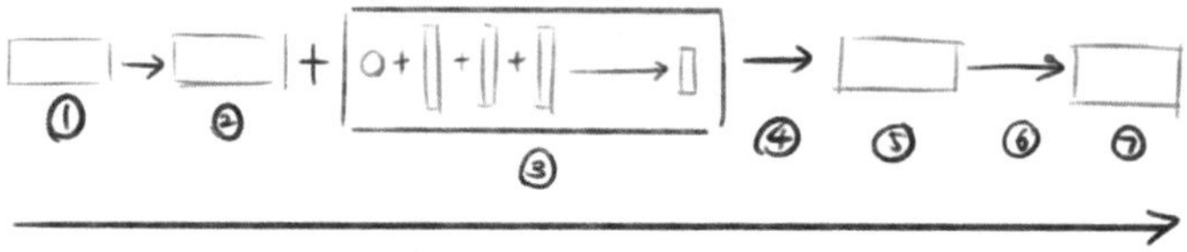

所以可以将步骤③移出，放置于上方，缩短画面长度。尽量保证各个步骤在横向上的平衡。用线框将步骤③框起来，保证步骤内部的亲密性，更好地引导观者视线。

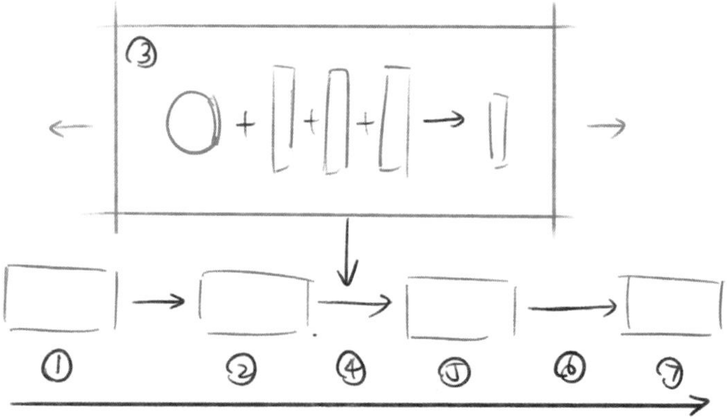

再根据完整闭合倾向原理，在线框下方开口，将 EP 管放置于缺口处，增强画面的连贯性和透气感。由于 EP 管放置于中间，所以 DNA 和 3 个试剂要分别放置于左右两侧。用弧线箭头连接 EP 管，比之前的用直线箭头连接更加形象。最后，用横线来示意文字标注的位置和大致长度，使用偏大的序号强化步骤感。

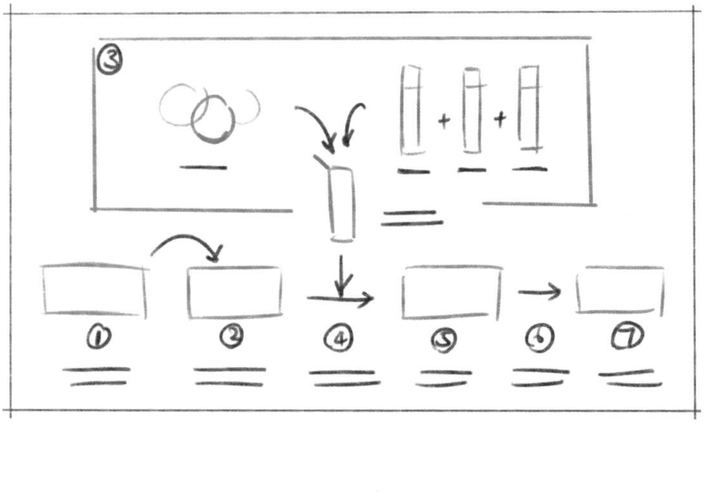

当我们积累了足够的经验，并对常用的图形元素越来越熟悉后，可以尝试在草图中加入一些图形细节，比如试管的大致形状、EP 管盖子打开的形态、培养皿的圆柱体特征、培养液液面高度等。总的来说，排版构图是发现和解决问题的过程，会最大程度决定图的成败。我们需要在实践中积累经验，多看、多想、多尝试。

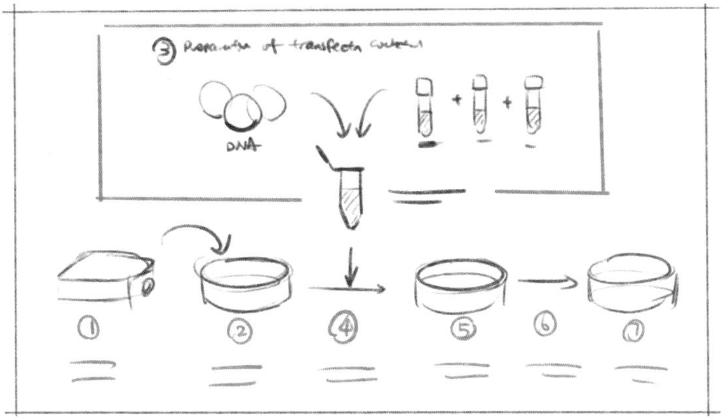

4. 草图设计·配色推演

当我们面对一张草图时，先不要想如何搭配色彩，不妨先找到第一个颜色 / 色系作为突破口。基于曾经培养细胞的些许经验，并考虑到画面中各元素的占比，我决定以细胞培养液作为突破口，初定为粉紫色系，缩小颜色范围。

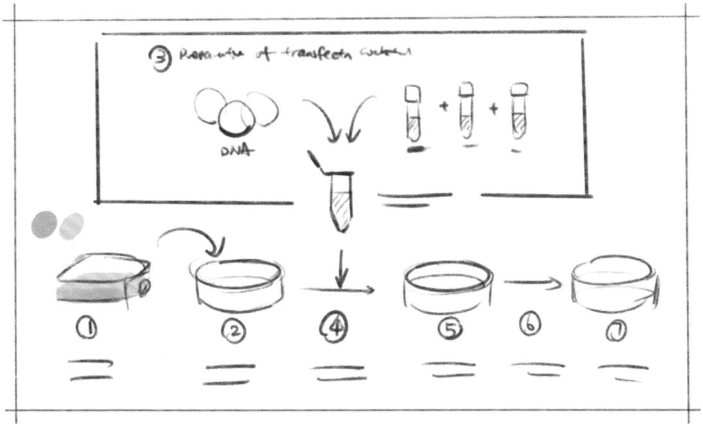

紫色属于偏中性的颜色，由三原色中的红色和蓝色混合而成，同时包含红色的明艳和蓝色的冷静，饱和度低时很温柔，饱和度略高时又很鲜明，是一个非常有质感的颜色。所以最终选择了饱和度适中的紫色作为步骤①的颜色。

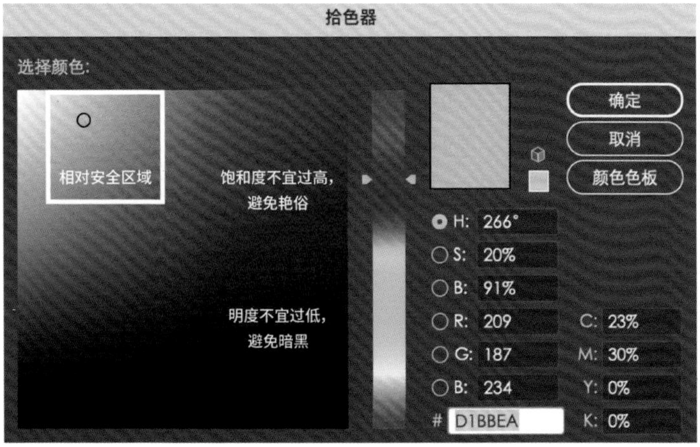

此时就衍生出了多种配色方案，我们可以先从最简单的单色系开始尝试，把所有液体颜色都定为紫色。但这样的画面效果略显单调，只能通过文字标识对形状相同的不同元素加以区分，颜色没有最大化地发挥用途，故而这不是最令人满意的方案。

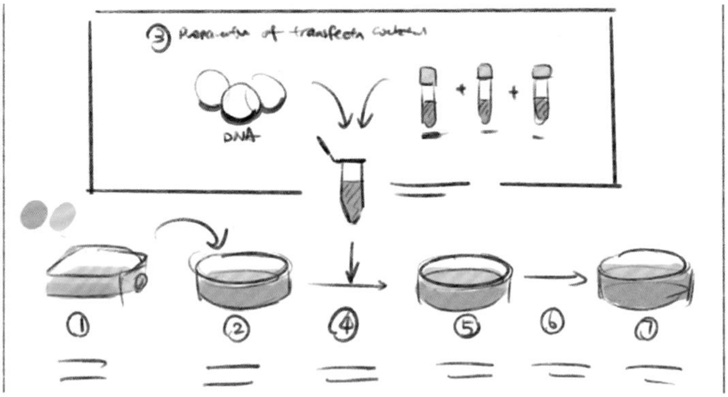

于是我引入了第二种色系，以区分步骤③和其余步骤。最先想到的是紫色的互补色黄色。把 DNA 以及所有试剂都定为黄色后，画面的两大主色调就定好了。

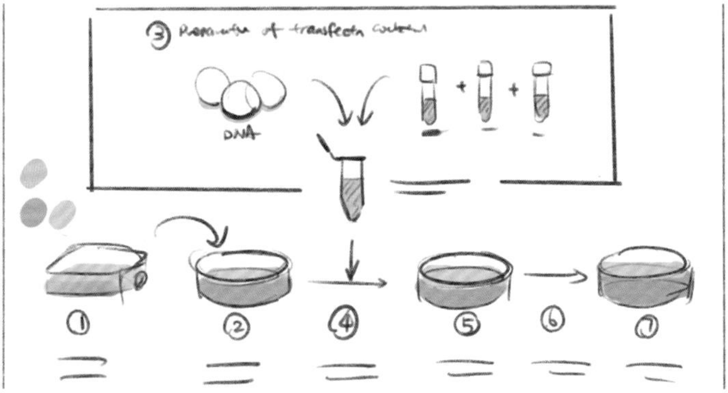

接下来在主色调的约束下丰富颜色。我习惯用相近色映射连贯的信息。比如可以在橘红色到淡黄色这个颜色区间内按顺序分配步骤③中转染复合物的各成分颜色。

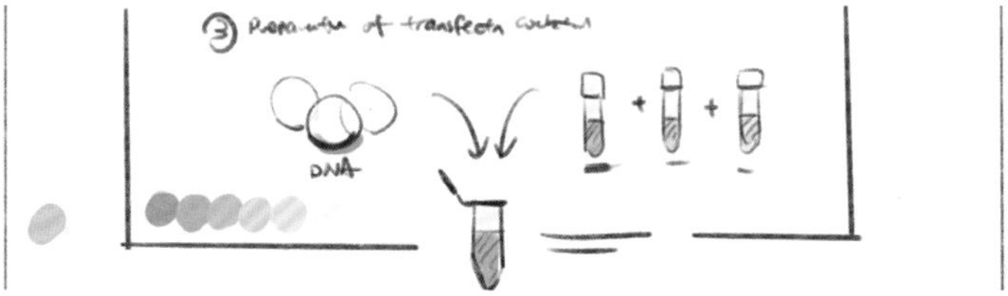

下方细胞培养液颜色的安排可以根据具体的反应变化来分析：步骤②为步骤①的紫色，步骤③产物的颜色为橘红色，步骤⑤的颜色可以取色环上两个颜色中间的粉色。步骤⑥对培养液进行了替换，所以步骤⑦回归紫色。从整体来看，步骤①、②、⑤、⑦中的细胞培养液为粉紫色系，保证了视觉连贯性。

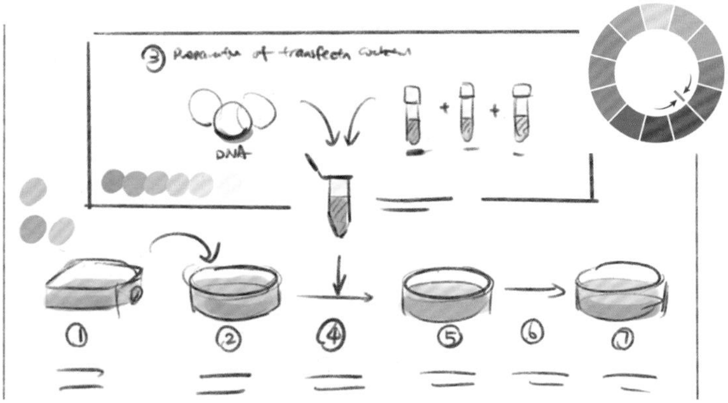

4.1.2 绘制过程全记录

1. 准备工作

- 新建文档：初步设置为 500 像素 ×500 像素，颜色模式为 RGB。
- 创建画板：分别创建 4 个素材画板（500 像素 ×500 像素，每个画板上放置一个图形元素）、1 个主图画板（拖入草图，并根据草图比例创建主画板，初步设置为 1500 像素 ×1000 像素，后续按需微调）、1 个色板画板，并分别进行重命名。
- 图层管理：ref 图层置于最下层，用于放置草图和参考图，建议先将其锁住，以防误触；素材图层用于放置图形元素，比如此处的细胞培养皿和培养瓶。

正式绘制前的准备工作不可忽视。建立好图层和画板，置入草图和素材元素，提前设置好色板，让后续的绘制更加高效顺畅！

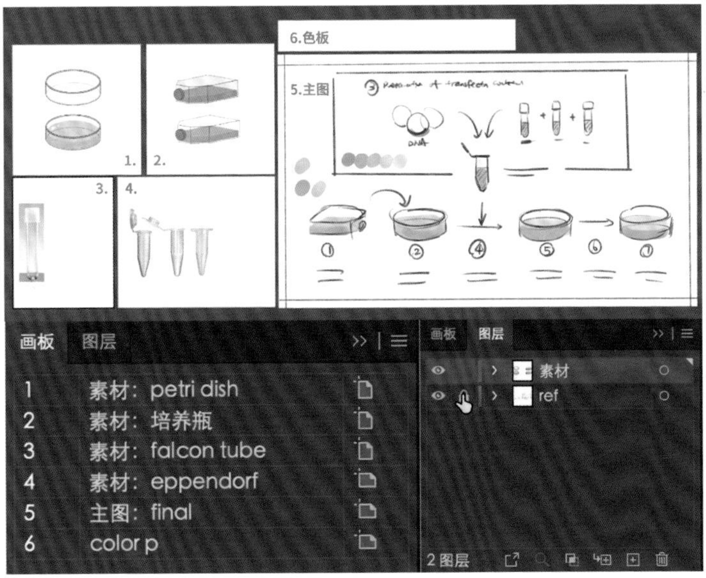

2. 绘制图形元素

2.1.4 小节中提到过“图形符号的设计可以基于实际物体，比如烧瓶、试管、老鼠、人体的外观形态”。技术流程图中涉及的大部分元素设计就属于纪实性的图形设计。设计重点在于保证形态的高还原度，能让观者快速辨识出图形所代表的物体信息，同时也要让绘制处于可控范围内，用鼠标就能完成。

这时，图形简化思维就显得非常重要了，即使用二维基础图形对三维物体结构进行提炼与概括。关键在于耐心观察，找到三维物体结构中的几何图图形规律。常见的几何图形包括矩形、圆形、三角形，根据这些基础图形又可以衍生出圆角矩形、椭圆形、梯形等一系列丰富的图形。下面以例图所示的实验材料为例，具体介绍如何使用这些图形对物体结构进行有效归纳。总的来说可以分为两种设计思路：平面归纳、透视归纳。

（1）平面归纳

能够使用平面归纳思路的物体的特点是：当我们平视它时，其正面或侧面的形状足以有效反映物体的形态特征，不需要通过旋转来额外表现其立体感。此时，我们可以直接用基础图形对正面或侧面视图进行拼接。下面以图中离心管为例进行说明。

- 准备参考图：在网上检索或在实验室拍摄，选择常见的外观。
- 抓住形状和比例特点：盖子是圆柱体，用矩形表示；管身可以拆分成细长圆柱体和半球体 / 圆锥体，用长矩形 + 半圆形 / 三角形表示。这一步需要做减法，舍弃不影响整体外形特征的小结构。
- 简化细节：适当润色以丰富画面，将三角形的顶部转为圆角，在盖子上增加条纹，加入液体，在管身加标识区域等。

在本案例中，考虑到画面构图的平衡，我决定适当缩短管身，呈现概念化的圆底试管样式，没有特指某一具体规格和型号。遵循画面的简单性原则，使用同样的试管形状表示增强剂、转染试剂和转染培养基，后期只在试剂颜色上加以区分。

14ml 的离心管也是典型且常用的图形元素。

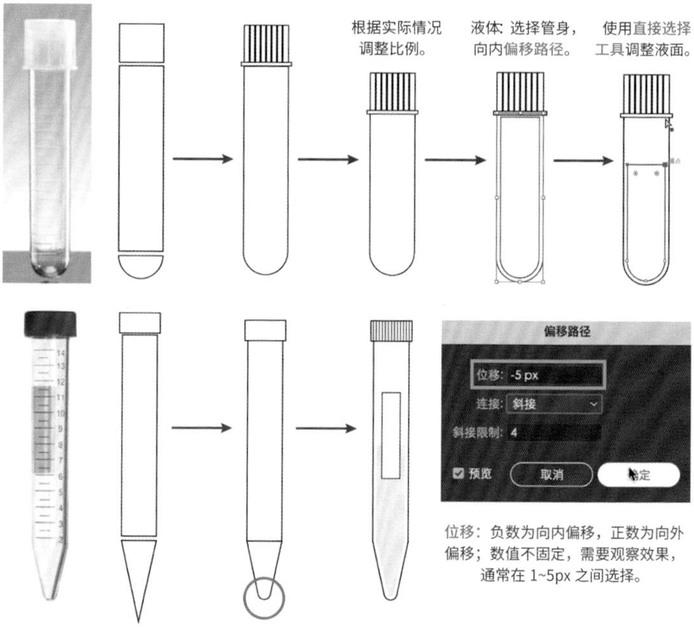
根据实际情况
调整比例。
液体: 选择管身，
向内偏移路径。
使用直接选择
工具调整液面。
偏移路径
位移: -5 px
连接: 斜接
斜接限制: 4
预览
取消
位移：负数为向内偏移，正数为向外偏移；数值不固定，需要观察效果，通常在 1~5px 之间选择。

ep 管的设计思路与 Falcon tube 极为相似，它也用矩形 + 三角形 + 圆角来表示。由于需要呈现盖子打开和闭合两种状态，因此盖子需要拆分成管口固定部分 + 顶部盖子 + 连接柄。

- 管口固定部分：矩形。
- 顶部盖子：两个矩形。
- 连接柄：有闭合和打开两种形态，用钢笔工具绘制路径，并将尖角转为圆角。
- 组装：根据打开状态下连接柄的角度，旋转盖子并组装。
- 润色处理：扩展连接柄的路径，使之图形化，使用路径查找器合并盖子的长矩形、连接柄以及管口矩形；偏移路径、绘制液体。

我的习惯是仅使用黑、白、灰 3 种颜色绘制经典图形元素（高频使用的元素），并将其存放在素材图层，方便日后调用。在实际应用中，再根据画面整体情况，调整风格和配色。

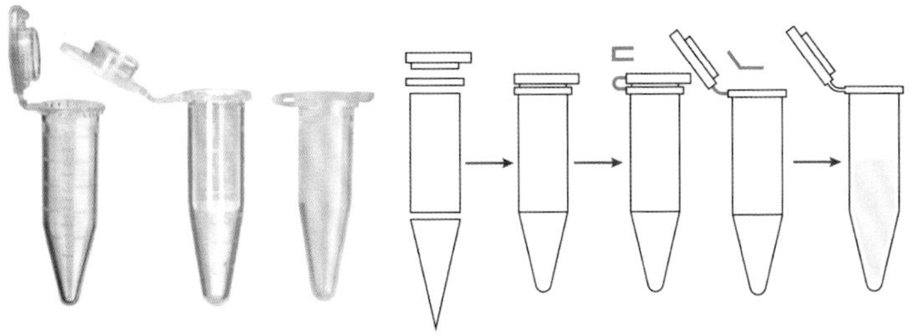

（2）透视归纳

当然并非所有的物体都适合用上面的方法进行扁平化概括，当一些物体的平视图不具备高辨识度的时候，我们则需要通过表现物体的立体感来有效地呈现其结构形态。比如图中的细胞培养瓶和培养皿，对于这一类图形的设计，我们需要采用透视归纳法。

透视是绘画理论术语，源于拉丁文"perspclre"（看透），指在二维平面（画布就是这样的平面）上画出有景深效果的三维物体，使其在空间上具有可信度和真实感。找准透视是绘画中的难点，但在科研插图中用到的透视并不复杂，主要有圆柱体透视和立方体透视。

培养皿的绘制采用最常见的圆柱体透视。忽略盖子，俯视角度下能看到培养皿外侧面、内侧面、底面和顶面的厚度。

简易版本：忽略顶面厚度，只体现材料的透明属性。使用形状生成器对椭圆形和矩形进行拼接，形成外侧面，删除多余线条。复制顶面椭圆形并向下拖曳，将其作为底面并调整其不透明度。基于底面椭圆形绘制更矮的圆柱体代表培养液。

精致版本：体现材料厚度及透明属性。将上层椭圆形路径向内偏移，得到顶面材料厚度；使用形状生成器创建圆环，并将圆环填充为白色，遮挡和底面椭圆形的交叉线。同理，将底面椭圆形路径向内偏移同样距离，并删除一半外层椭圆形路径，得到内侧底面。基于该内侧底面绘制矮圆柱体代表培养液。

操作要点：
形状生成器（Shift+M 快捷键），偏移路径。

具体绘制操作见 3.2 节练习 9。

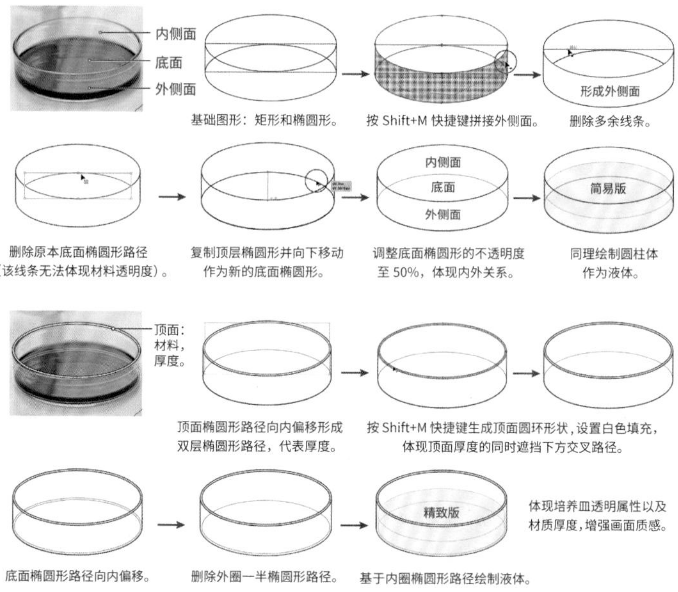

内侧面
底面
外侧面
形成外侧面
基础图形：矩形和椭圆形。
按 Shift+M 快捷键拼接外侧面。
删除多余线条。
内侧面
底面
外侧面
简易版
删除原本底面椭圆形路径
（该线条无法体现材料透明度）。
复制顶层椭圆形并向下移动
作为新的底面椭圆形。
调整底面椭圆形的不透明度
至 50%，体现内外关系。
同理绘制圆柱体
作为液体。
顶面：
材料，
厚度。
顶面椭圆形路径向内偏移形成
双层椭圆形路径，代表厚度。
按 Shift+M 快捷键生成顶面圆环形状，设置白色填充，
体现顶面厚度的同时遮挡下方交叉路径。
精致版
体现培养皿透明属性以及
材质厚度，增强画面质感。
底面椭圆形路径向内偏移。
删除外圈一半椭圆形路径。
基于内圈椭圆形路径绘制液体。

细胞培养瓶的绘制采用立方体透视，对有基础的绘画者来说也并非易事。我们可以借助软件的 3D 效果来实现，操作如下。

- 概括瓶身正视图的特征：等腰梯形 + 矩形
- 【3D > 凸出和斜角】效果：将该图形拉出厚度，旋转瓶身将其水平放置。
- 培养液体：复制瓶身，减少凸出厚度。
- 瓶盖的圆柱体：既可以用椭圆形和矩形拼接，也可以应用凸出和斜角效果。
- 图形轮廓：备份瓶身和瓶盖，对其外观进行扩展，取消填充，调整描边，得到立体结构的轮廓线，加强物体边缘的存在感。
- 组装：【瓶身轮廓 + 瓶身 + 培养液】+【瓶盖轮廓 + 瓶盖】。

操作要点：
凸出和斜角效果。

具体绘制操作见 3.2 节练习 11。

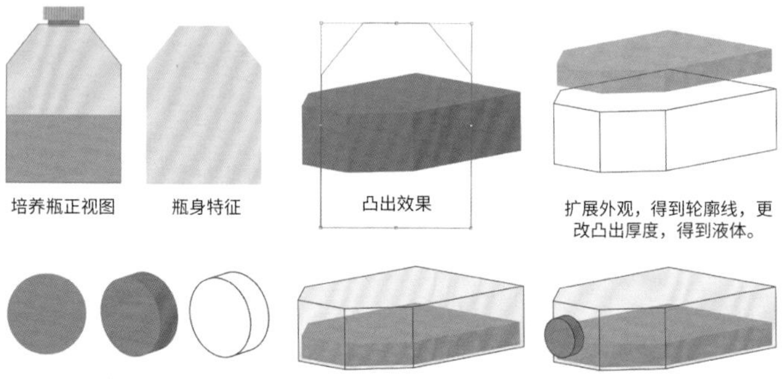

培养瓶正视图
瓶身特征
凸出效果
扩展外观，得到轮廓线，更
改凸出厚度，得到液体。

讨论：那么，什么情况需要用到透视归纳？

大原则是能用平面视角来表现的，就不加透视。如对于96孔板，可以用“矩形 + 多排对齐的圆圈 + 数字和字母序号”来表现，不需要展示复杂的孔洞立体结构。这样可大大降低绘制难度，并且方便展示实验结果。

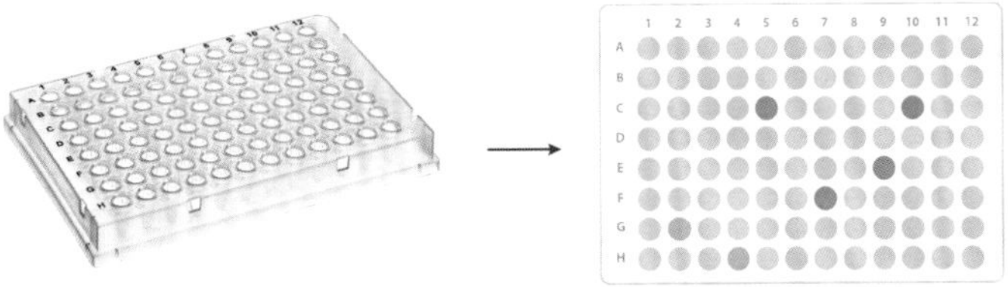

又如细胞培养瓶，如果在技术流程中只需要表现“细胞培养”（如本节例图），那么大多数情况下将其水平放置，平面侧视图的表现力较弱，此时选择立体结构为宜。如果在流程中需要表现添加制备培养液等细节步骤，则可能用到直立角度，此时平面正视图便足够有表现力。

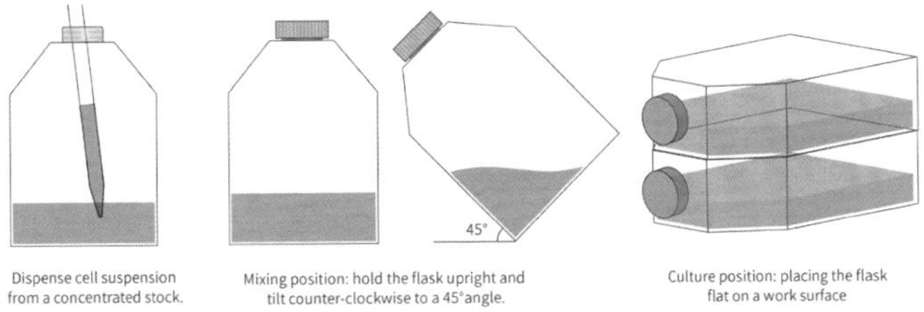

45°
Dispense cell suspension from a concentrated stock.
Mixing position: hold the flask upright and tilt counter-clockwise to a 45°angle.
Culture position: placing the flask flat on a work surface

因此，在不同的信息语境中，同一个物体也可能会有不同的表现方式。我们在进行图形归纳设计的时候，要把这些因素考虑进去，切忌一概而论，或者一开始就急着发挥自己所掌握的技巧。

更多纪实性图形归纳小练习。

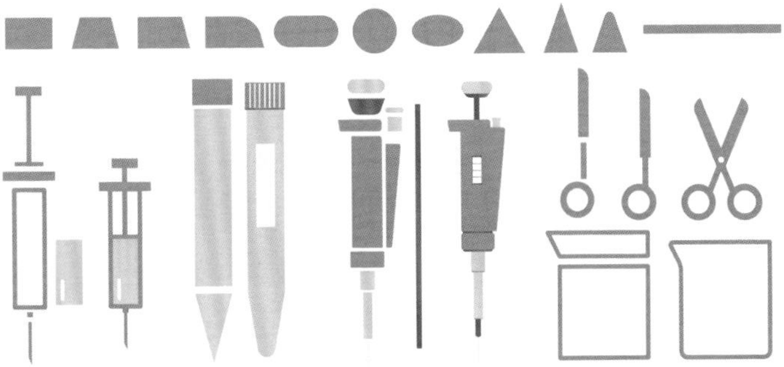

像搭积木一样，用简单的材料创造无限的可能，这也是 Illustrator 的一大魅力。建议勤加练习，丰富自己的流程图素材库。

3. 元素排布

将图形元素从素材图层复制到新建的“element”图层，并依照草图排版将各元素安排就位。

新建“arrows”图层，用曲率工具绘制箭头，根据预览效果调整描边粗细，样式选择【箭头5】，缩放比例调整至40%~60%。带有“添加”含义的箭头可以使用末端收细的宽度配置，例如1到2，3到4的箭头。箭头颜色暂时保持预设的黑色。

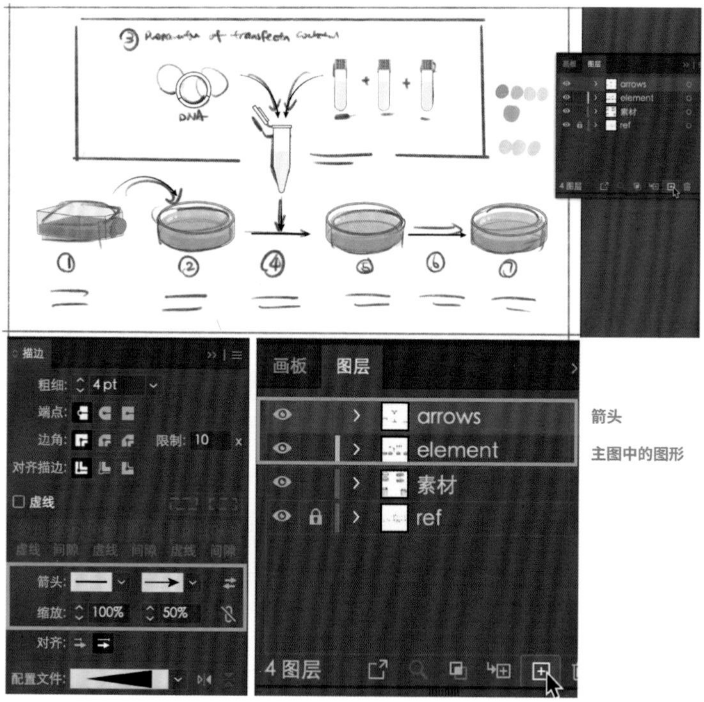

箭头

主图中的图形

新建“text”图层，创建文字标识和序号。字体使用思源黑体 CN，正文样式为 Medium，重点处使用 Bold。在1500像素×1000像素规格的文档中，思源黑体 CN 的字号可以选择24~30pt。行间距可以一边观察一边调整，适中即可。不需要记录具体数值。

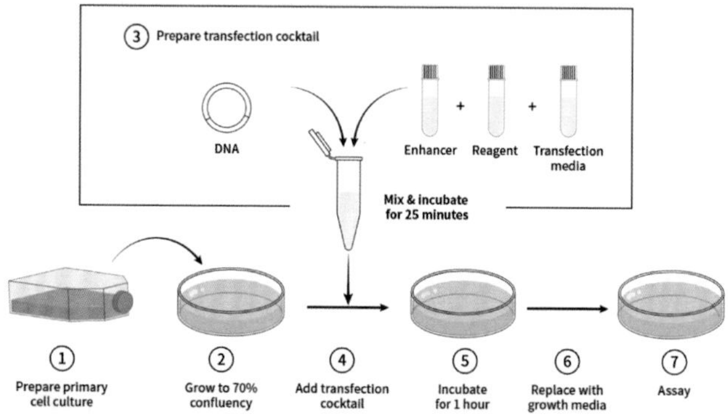

新建“frame”图层，用矩形工具绘制线框，再用剪刀工具按需切断路径，制造缺口。

文字和线框都先使用默认的黑色，后面再整体进行调整。

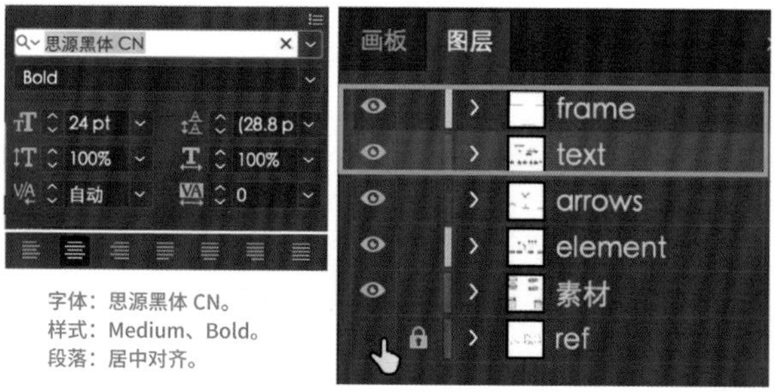

字体：思源黑体 CN。
样式：Medium、Bold。
段落：居中对齐。

线框

文字标识

4. 上色

吸取色稿中的配色，绘制一组颜色点，并全选，打开【色板】面板，单击【新建颜色组】按钮，并进行重命名操作（有时候也会在准备阶段就创建色板）。

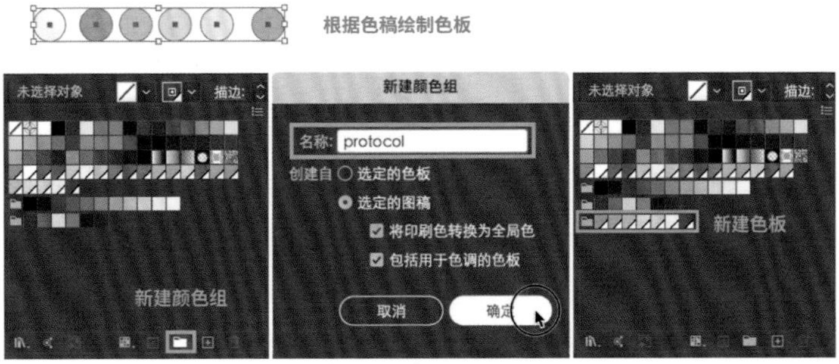

先依照草图按需调整素材颜色。此前绘制的“培养皿”中的培养液为粉色，直接应用于步骤⑤（无需调整）。步骤②和⑦的液体则需要调整为紫色：选中“液体”圆柱，使用重新着色功能调整色相。

①对素材元素进行重新着色。

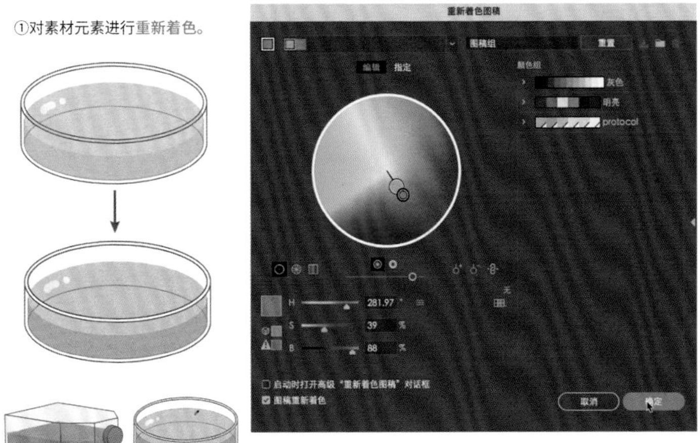

步骤①“培养瓶素材”中培养液从原先的玫粉色改为与步骤②一致的紫色，对“培养液”的3D效果进行扩展外观，并取消分组。液面部分用吸管吸取步骤②的紫色，液体厚度面则使用略深的紫色。培养瓶透明部分选择色板里最浅的紫灰色，并将不透明度设置为50%。

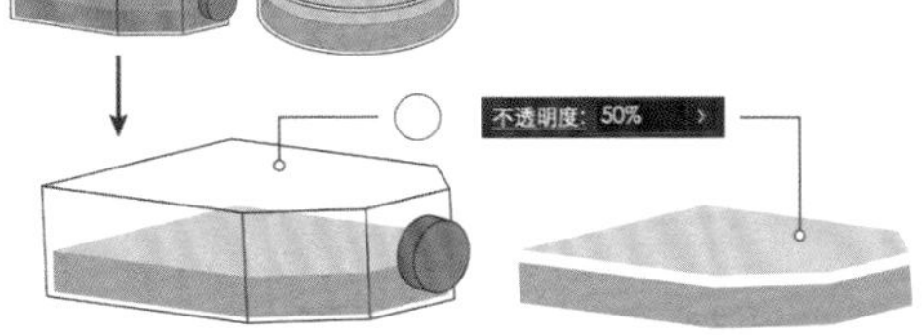

②素材元素吸色调整。

液体扩展外观，吸取紫色，取消分组，分成上下两部分，液面不透明度改为50%。

剩下的元素没有初始颜色，直接依照色稿，选择色板中对应的颜色。最后将图形轮廓、文字、箭头和序号的颜色由黑色改为紫棕色，使整体色调更统一（除非期刊严格要求使用黑色文字）。

③根据色板编辑描边和填充。

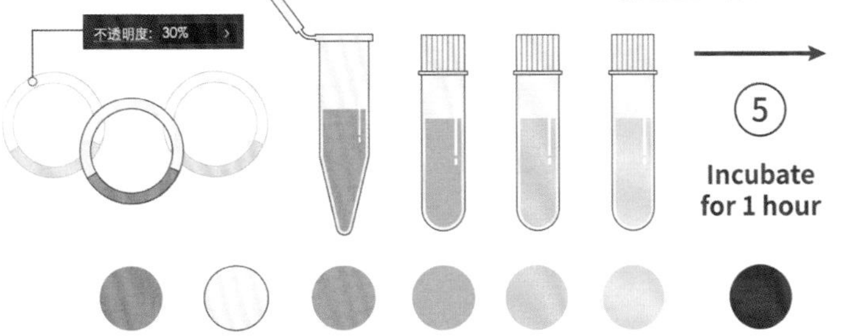

5. 调整及丰富细节

最后使用斑点画笔工具绘制一些大小不一的圆点，表现“细胞培养”，并置于培养皿的下层。

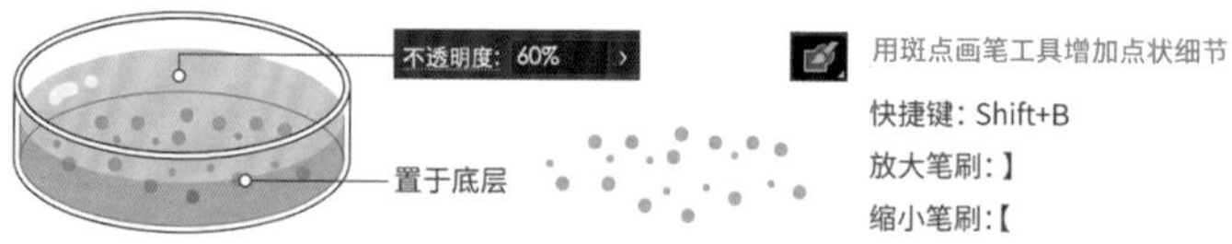

6. 导出 JPEG 格式成图

导出时一定要勾选【使用画板】，在【范围】处输入画板编号，设置格式为 JPEG，设置颜色模式为 RGB（个别期刊要求 CMYK），将品质调到最高，分辨率设置为 300ppi。

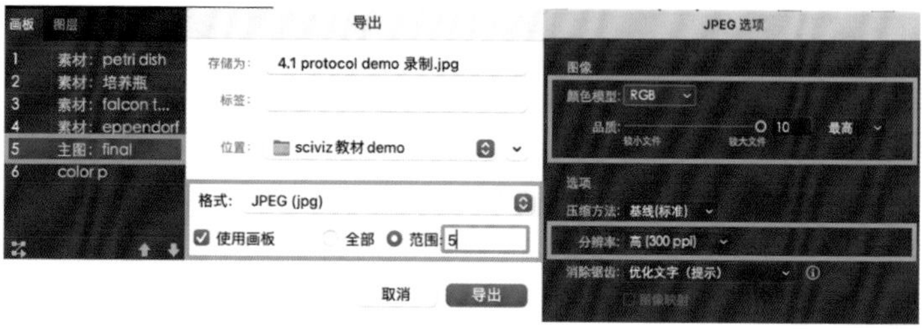

创作过程总结

- 信息梳理：厘清逻辑关系，明确信息流向，列出绘制清单。
- 排版构图：确定图形元素的大致比例和形状，从最简单的线性构图开始尝试，在出现问题的地方进行推敲，探索解决方案；根据亲密性原则，合理使用线框对信息进行分区。
- 配色方案：在画面中找到一个切入点以确定颜色 / 色系，在此基础上进行颜色的推演，从单色系开始，尝试互补色、相近色等配色方案的可行性。注意，首要目的是体现色彩和信息之间的映射关系。
- 绘制准备工作：创建文档、置入草图、创建画板和图层并重命名、导入图形素材和参考图、创建全局色色板。
- 绘制元素：根据参考图，对图形进行归纳与概括，并综合应用第 3 章所述的操作方法绘制图形，创建箭头、文字、序号。
- 排布元素：将以上元素放在主画板上，注意分图层进行管理。
- 上色：根据色稿进行上色，综合应用【色板】面板、重新着色功能、拾色器、吸管工具。
- 润色：加入一些丰富画面的细节，并微调元素的位置，使画面更平衡。

扫码观看教学视频

4.2 信号通路图创作

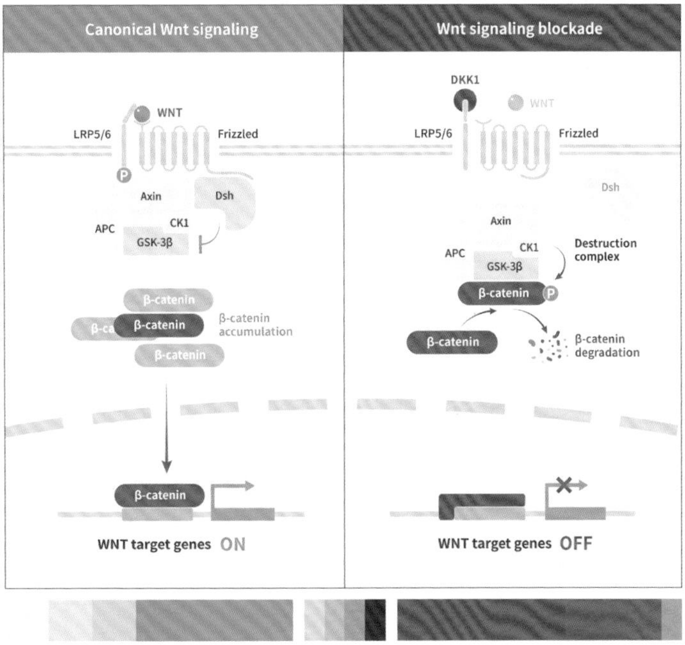

4.2.1 设计思路分析

1. 厘清逻辑关系，明确信息流向

信号通路图的设计核心是确立通路的层级关系。按照反应发生的地点，先纵向梳理：①细胞表面接收信号（膜）；②细胞内的信号传导（质）；③终极细胞反应（最常见的一类是细胞核中的基因表达变化）。

再进行横向 Wnt ON/OFF 对比，并对其中的变量，如抑制促进、络合物变化、磷酸化、基因表达等信息进行标记。

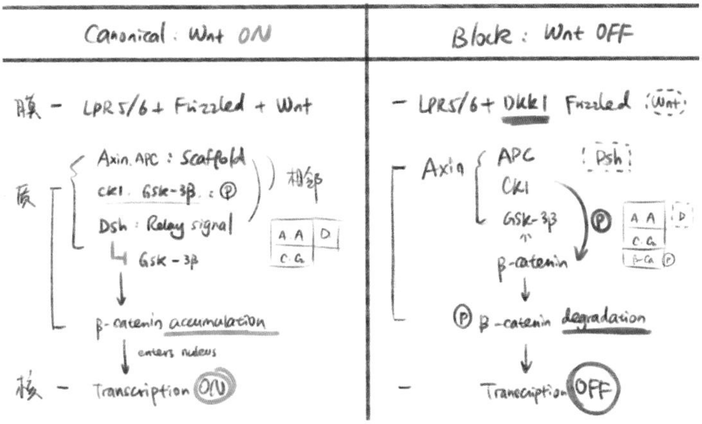

2. 列绘制清单

受体蛋白类型决定了蛋白的形态特征，这一步要进行确认。蛋白类型混淆是通路图中最常见的一类错误。

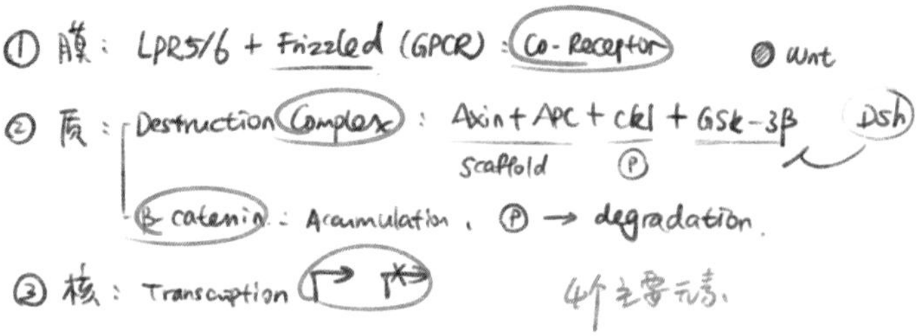

3. 草图设计·排版构图

信号通路图的构图并没有给我们留下太多发挥创意的空间。从观者的角度出发，简洁明了的经典模型比标新立异的模型更友好易懂。

根据信号传递发生的场所，将画面分为细胞外、细胞膜、细胞质、细胞核 4 个部分，构建起典型通路环境。再基于此模型进行调整，如横向对比 (最常见)、多个细胞间交流、引入宏观元素等。

这里，我们先以“Wnt ON”为标准，完成构图。然后进行复制，并将其拖动至右侧，降低不透明度。再在上层标记出“Wnt OFF”时变化的元素，最大程度突出“变量”的存在感。

尽量保证所有蛋白的形状处于各自分区的中轴线位置，避免单侧留白太多，或过于拥挤而导致画面失衡。

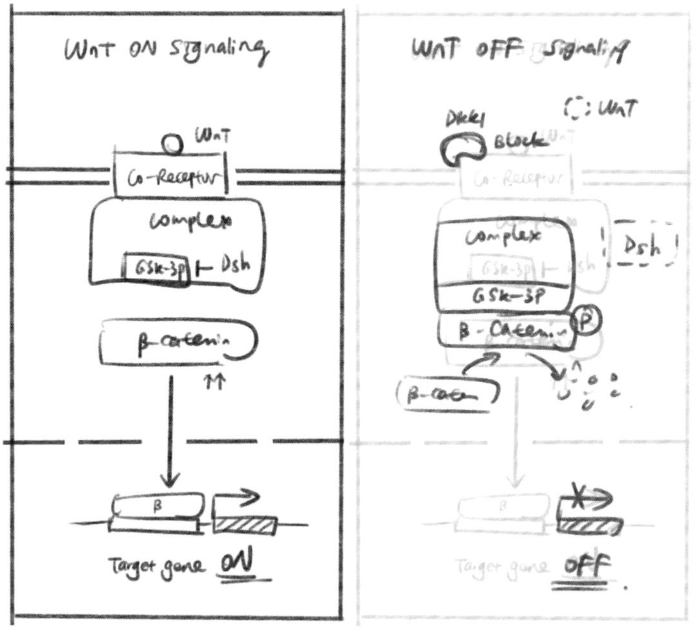

在上述框架内细化通路蛋白。注意不同信号状态下蛋白之间的结合关系和游离状态。

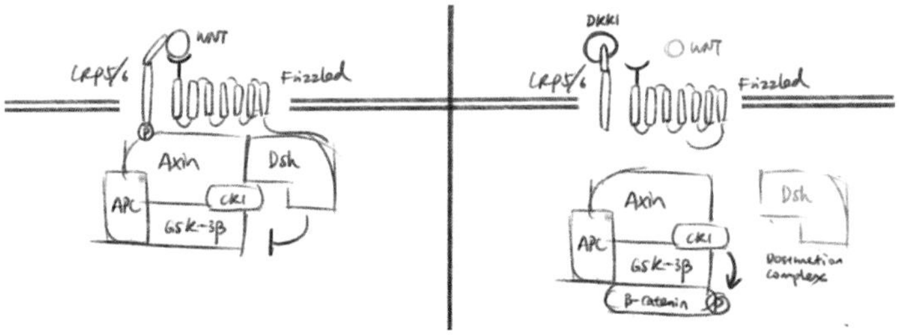

蛋白形态设计

信号通路图中涉及的蛋白种类繁多，形态各异。但在设计时，大致可以分为两种：细胞表面受体，以及细胞内的通路蛋白。

细胞表面受体

首先需要明确所画通路的受体属于哪种类型，再根据该类型的结构形态特点进行细化设计。常见的细胞表面受体可分为以下 3 类。

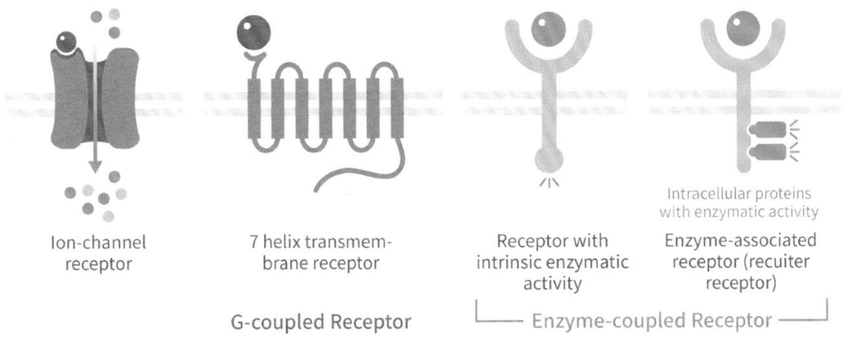

①信号关联的离子通道（Ligand-Gated Ion Channel）：“桶状”或“闸门状”形态是它最大的特点，非常形象地展示了通道的功能。在此基础上，我们可以加入一些细节来丰富画面，比如结合配体的凹槽、表示离子的小圆点，以及代表离子运动方向的箭头。

② G 蛋白偶联受体 (G Protein-Coupled Receptor，GPCR)：它的最大特征是 7 条跨膜螺旋体结构。从肾上腺素受体（Adrenergic Receptor，GPCR 家族经典成员之一）的表面结构图以及骨架结构图中可以看出，7 条跨膜螺旋体由 loop 依次相连，折叠卷曲在一起，并在信号传导过程中发生形态变化，以启动 / 关闭下游通路。但我们在设计时通常会对跨膜螺旋体结构进行简化概括，螺旋体竖直摆放，依次排开。N-tail 在细胞外结合信号；C-tail 在细胞内起调控下游通路的作用；loop 用短弧线表示，分别命名为细胞外的 E1~E3，以及细胞内的 C1~C3。其中，C3 通常较长并带有下游蛋白的结合位点。很多时候为了构图的合理与美观，我们会选择性忽略 C3 的这一属性，只通过 C-tail 的设计来表现“激活”状态。

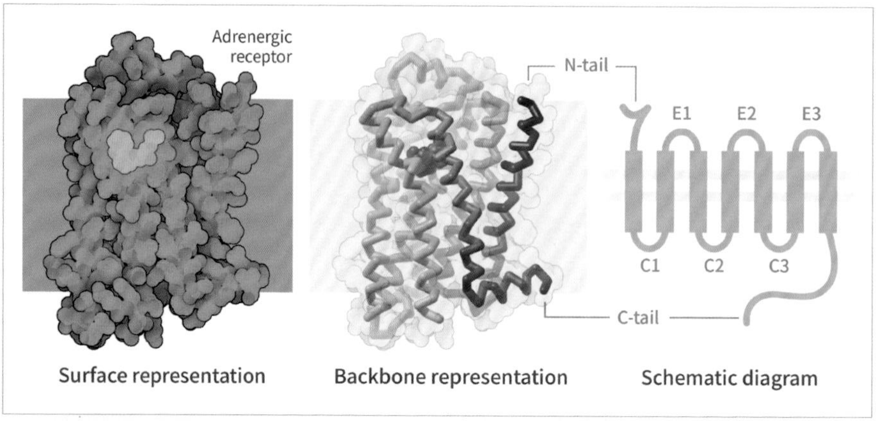

左：肾上腺素受体蛋白表面重建。中：肾上腺素受体蛋白骨架重建。右：GPCR 模型化设计。

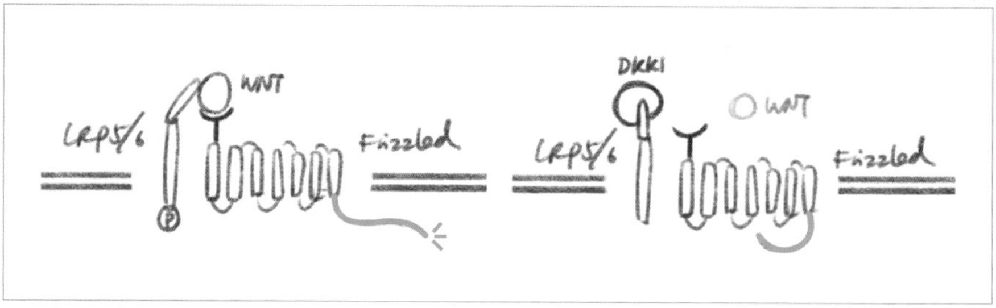

在上图所示的 WNT 信号通路中，细胞表面蛋白 LRP5/6 和 Frizzled 组成共受体（Co-receptor），其中 Frizzled 就是 GPCR 家族成员，故而采用 GPCR 模型。在此基础上，N-tail 和 C-tail 的设计可以根据实际通路的情况进行灵活的调整。比如，WNT 信号激活时，通路开启，C-tail 结合并激活下游蛋白质络合物，此时尾巴可以延伸出去，包裹贴合下游蛋白，或配合辐射状的短直线以表达“激活”状态。WNT 信号被阻断时，C-tail 尾巴收起，和下游蛋白不互动。N-tail 的路径形状可以任意调整，和信号分子的形状贴合即可。大多数情况下，信号分子被简化概括成圆形，因此 N-tail 头部也经常用一段短圆弧表示。这里 LRP5/6 的设计则相对简化许多，只分为结合 WNT 信号和跨膜两部分，由两个长矩形组成，通过调整上面的长矩形的角度来表达信号的接收状态。

③激酶偶联受体（Enzyme Coupled Receptor）：与信号分子结合形成二聚体，激发激酶活性，继而发生自体磷酸化反应。磷酸化的位点可进一步激活下游蛋白，调控通路。激酶偶联受体又可分为：自带激酶结构域，如受体酪氨酸激酶（Receptor Tyrosin Kinase，RTK），介导 RAS/MAPK 激酶级联反应，参与调控细胞生长分化和凋亡；自身无激酶属性，需要与细胞质中的蛋白激酶形成络合物，如细胞因子受体 gp130，结合 JAK 激酶，介导 JAK/STAT 通路。

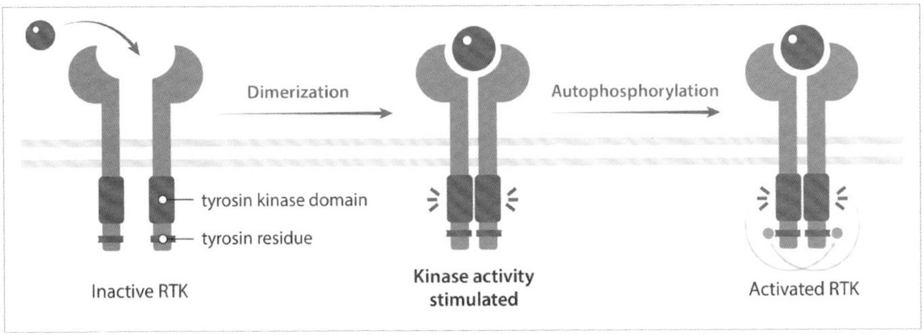

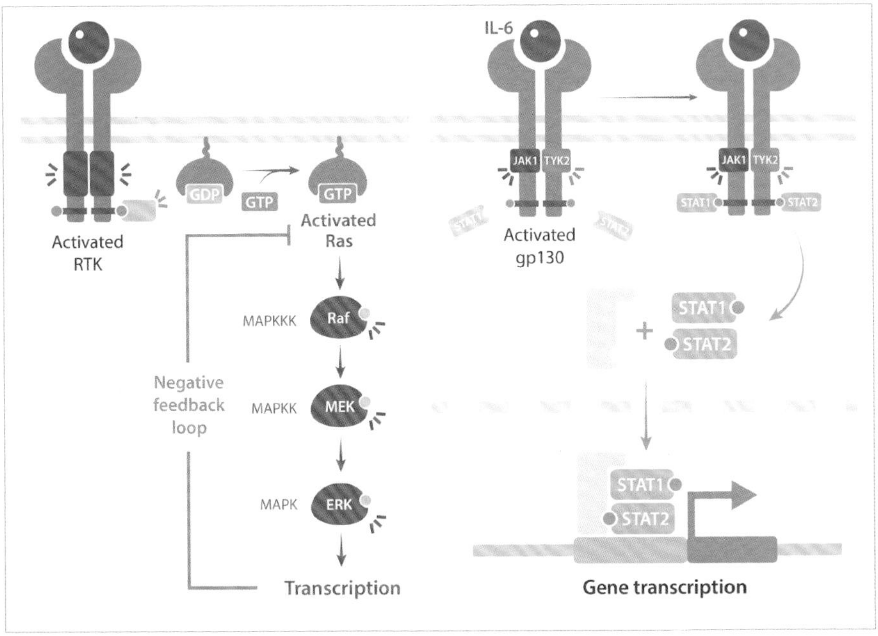

细胞内的通路蛋白

①基础图形：细胞内通路蛋白的图形设计以整齐、简洁、易读为重点，可以忽略其真实的蛋白结构，使用基础图形进行概括与归纳。矩形、圆角矩形、椭圆形等为最常用的图形。在信号通路网络中（下图左），搭配使用长矩形和圆角矩形能够轻松建立起整齐的层级关系，并且方便在图形内部进行标注。MAPK 级联激活机制中（下图右）的激酶则使用变形的椭圆形进行表示，搭配以代表磷酸的小圆圈，能够增加视觉上的趣味性。需要注意的是，此处 Raf/MEK/ERK 这 3 个激酶的简称较短，在形状内有充足的空间进行文字标识。但当蛋白名称较长时，如果直接拉长图形，会造成椭圆形长短轴的失衡，破坏图形美感。在这种情况下，不建议将文字堆积在图形中，以免造成局部拥挤甚至与图形边缘叠压，建议在图形下方或一侧就近放置文字，或改用矩形。总的来说，矩形更加“百搭”，椭圆形更具趣味性，设计时要根据实际情况进行合理的取舍和搭配。

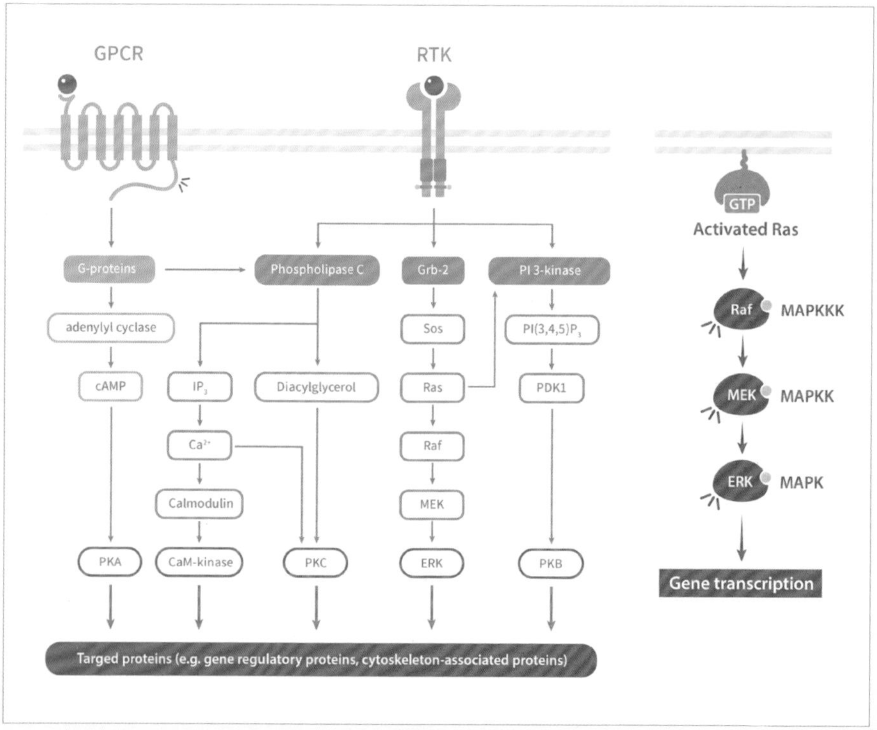

②用基础图形进行拼图：对蛋白质络合物以及支架蛋白的图形可以使用基础图形进行拼接，以体现蛋白质之间的结合关系。在设计时没有标准答案，只需要发挥“搭积木”的想象力。

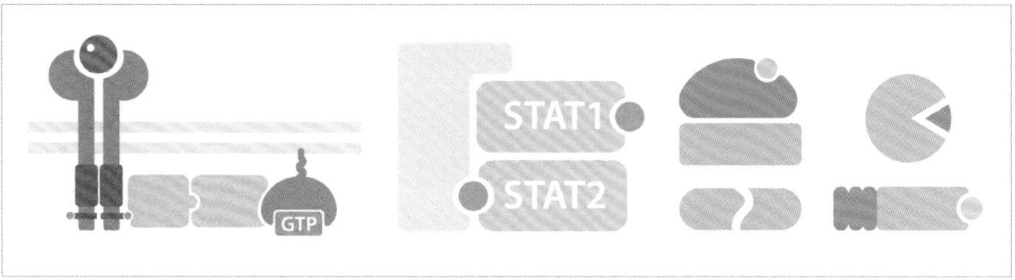

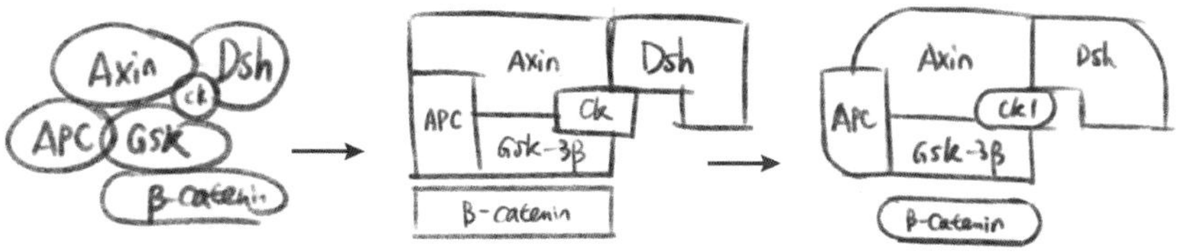

椭圆形堆叠　　矩形拼接　　圆角润色

WNT 信号通路图中 destruction complex 的草图设计经历了 3 个版本的迭代。用“胖瘦”统一的椭圆形概括所有成员，并体现它们之间的结合关系。这是一种比较简单、方便的常用表达方式。但如果想尝试将整个复合物表现得更为整齐，可以将椭圆形改为矩形，将矩形拼接在一起，使边缘尽量平齐。此时整体感有了，但略显呆板。可以尝试将一些直角变为圆角，增加图形整体的平滑感。这个设计可以通过实时转角构件轻松地实现。

③其他约定俗成的小设计：“磷酸化”这一信息通常用黄色的小圆圈和字母 P（Phosphorylate）表示。如果空间不够，也可以省略字母。在 ATP/ADP 摩尔开关中，也会用小圈圈代表磷酸基团。“激活”则会用辐射状的小短线表示，有一种“喇叭在广播”的感觉，好像在朝下游蛋白“喊话”。这些通路中的小设计非常形象，在一定程度上可增添观赏性。

4. 草图设计·色彩搭配

通路图的配色相比于偏纪实性的技术流程图更加主观，没有太多限制，选择空间更大，但也因此容易没有头绪。从何处下笔？如何避免画面色彩杂乱？不妨按照以下顺序来思考。

- 确定环境信息的颜色：细胞主色调。
- 使用重点色突出核心逻辑：对比关系，考虑使用互补色。
- 确定各层级通路蛋白的颜色：关联关系，考虑使用相近色。
- 确定文字和箭头的颜色：保证可读性。
- 检查整体配色有无“抢镜”或看不清的地方。

细胞环境作为背景元素，在通路图中面积占比大，但却并不是画面重点。那么如何避免喧宾夺主呢？早期我经常会通过降低颜色的不透明度来削弱环境的存在感，或使用饱和度低的浅色，如浅蓝、浅粉、浅绿。但需要严格控制色彩的饱和度，否则会令画面太亮。后来我在一次双色教材插图创作中发现灰色是一个“宝藏颜色”，可以作为环境信息色。首先，灰色能最大程度地避免抢镜，创造极简背景。其次，灰色的明度范围很大，浅灰色用于细胞质/细胞核，中灰色用于细胞膜/基因片段，深灰色用于箭头、文字等，能够满足画面对比度需求。而且灰色作为十足的中性色，能让后续蛋白的配色更加容易，毕竟多引入一种颜色，配色时就要多考虑一分。

在每一个环节中，我们可以借助以下思路判断用色。

①善用灰色交代环境信息。

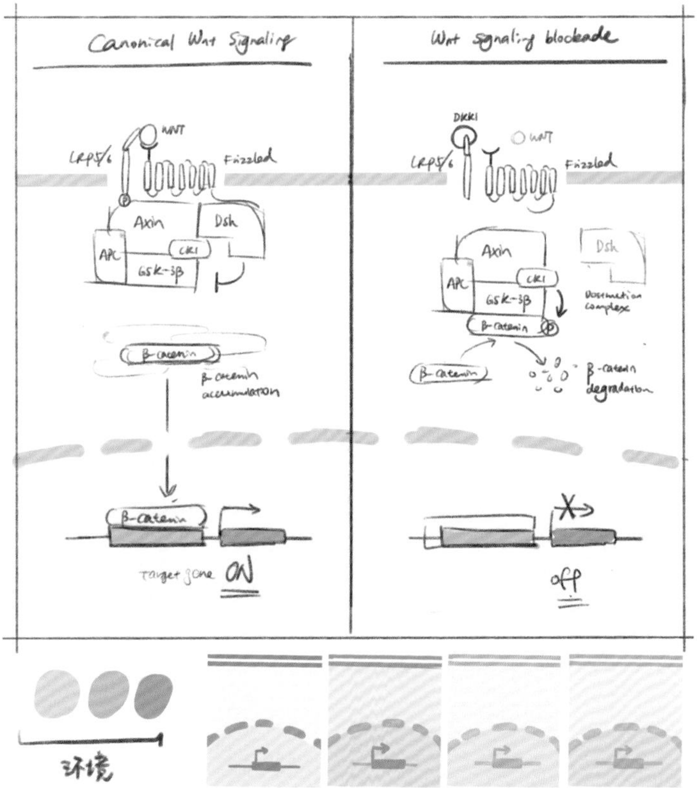

②使用互补色突出对比关系。

横向对比 Wnt ON/OFF: Wnt 信号和阻断蛋白 DKK1 形成一组变量对比，导致信号传导差异，并决定了最终基因表达状态的启动或关闭。

我们可以使用一组重点色突出这一系列信息。重点色的特点是比周围其他颜色都更鲜艳。这里我优先考虑用红色系代表“阻断、抑制”等含义。再根据互补关系，使用绿色代表“启动”等含义。和红绿对比类似的还有红蓝、橙蓝等搭配。

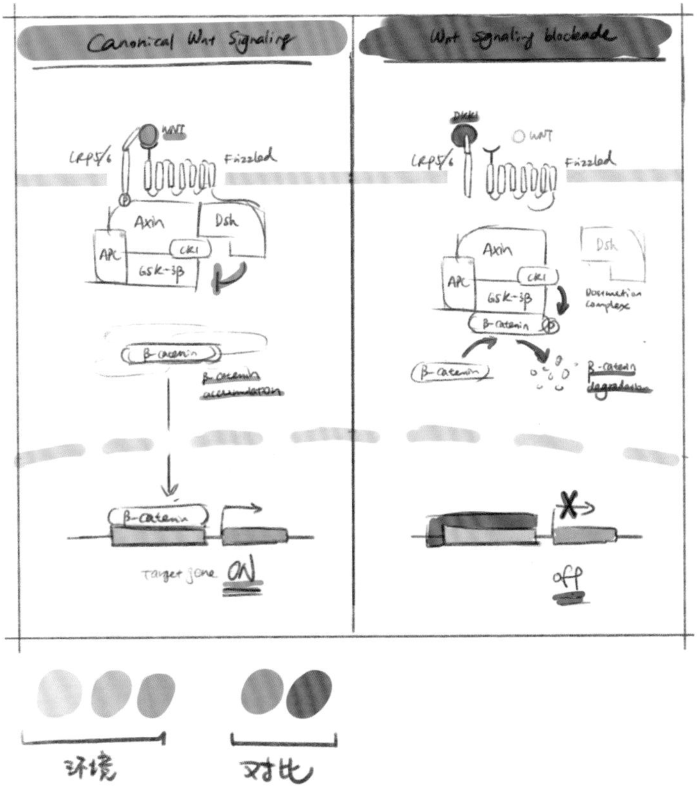

③使用同色系 / 相近色系让上下游关系连贯。

从上至下对细胞膜、细胞质、细胞核这 3 个部分进行分区颜色归纳。优先考虑使用单色系和相近色系，让上下游关系连贯自然。比如由深绿色的 Wnt 延伸出受体蛋白的灰绿色。这里 LRP5/6 和 Frizzled 共受体可视为一体，不做颜色上的区分。同理，Destruction complex 也可视作一个整体，先选定浅绿色，再使用略深的颜色强调 Dsh 和 GSK-3β 这两个反应核心区域。

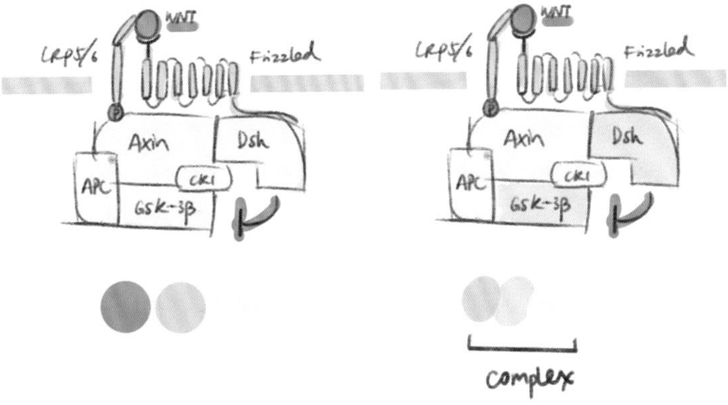

细胞质中的 β-catenin 在左右两个通路中都属于核心元素。如何让它同时出现在绿色和红色环境中且没有违和感？可以在色环上找到一个折中的颜色。紫色处于红绿之间，与两者都有一点距离，能够突出 β-catenin 元素，同时三种颜色又相对连贯。

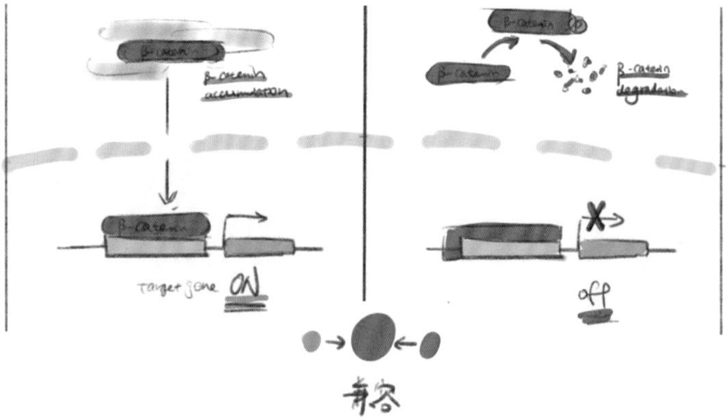

④时刻保证可读性。

在蛋白图形上加文字标注时，应遵循深色图形 + 白色标识或浅色图形 + 深色标识的搭配原则，以保证可读性。

如果期刊没有规定使用黑色文字，则文字和箭头均可以使用深灰色或与蛋白图形同色系的重色。深灰色比黑色更柔和，而与蛋白图形同色系的重色能加强视觉上的连贯性。这里说的重色是指在图形颜色基础上降低明度的颜色。由于文字和箭头比元素图形小很多，如果直接使用和图形一样的颜色（尤其是草绿色和黄色这类颜色），会导致看不清。这是很多初学者常犯的错误，往往顾着颜色的配套统一，而忽略了画面的可读性。这也是一些期刊要求"避免使用彩色文字"的主要原因。

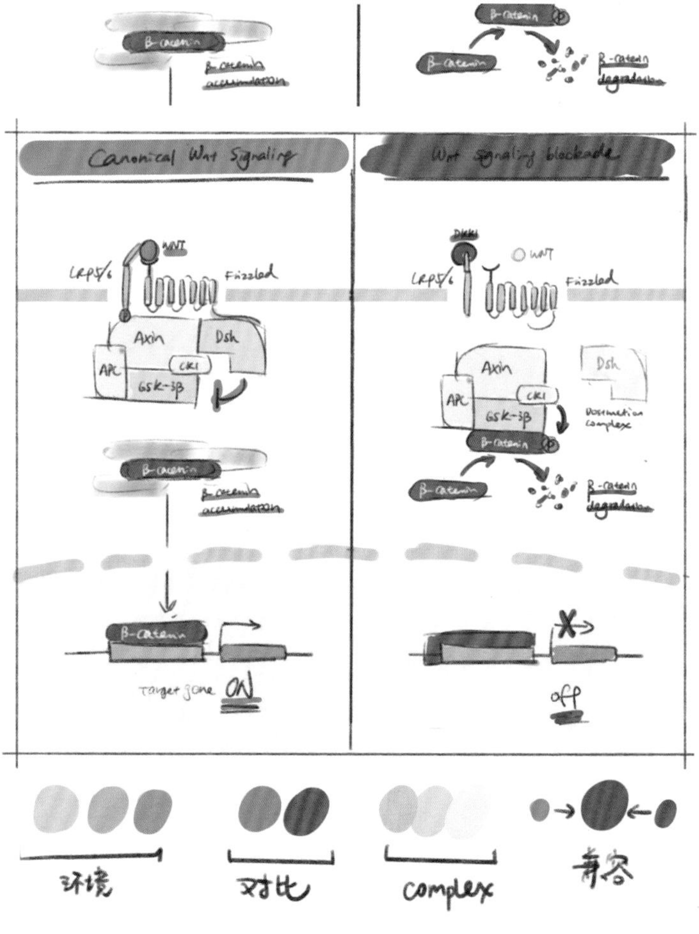

4.2.2 绘制过程全记录

1. 准备工作

- 新建文档：初步设置为 500 像素 ×500 像素，颜色模式为 RGB。
- 创建画板：1 个素材画板（500 像素 ×500 像素）、1 个主图画板（拖入草图，并根据草图比例创建主画板，初步设置为 1000 像素 ×800 像素，后续可按需微调）。
- 图层管理：将 ref 图层置于最下层，用于放置草图，调整不透明度至 35% 左右；复制一个草图放在旁边，其不透明度保持为 100%。

画板 1 用于放置素材色板，画板 2 是主画板，用于放置草图。降低草图不透明度至 35%，以便于在绘制过程中观察上层元素的形态和排布方式；复制草图，置于旁边，保持 100% 的不透明度，以便于在上色阶段与色稿做对比。

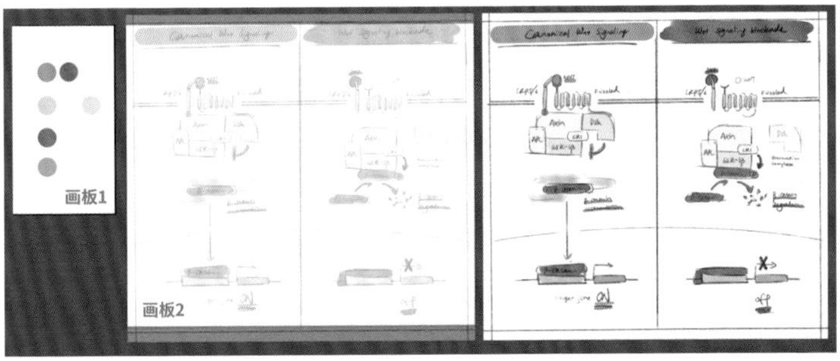

2. 绘制图形元素

使用直线、椭圆、剪刀工具和虚线功能，绘制细胞膜和核膜。虚线段和间隔长度依具体情况而定。

为方便后期调整，将“element”图层重命名为“cell envi”，将其作为背景元素层。细胞膜、核膜均放置于此图层。

创建“protein”图层，用于放置通路蛋白。

用基础图形、曲率工具和剪刀工具搭建蛋白结构域。

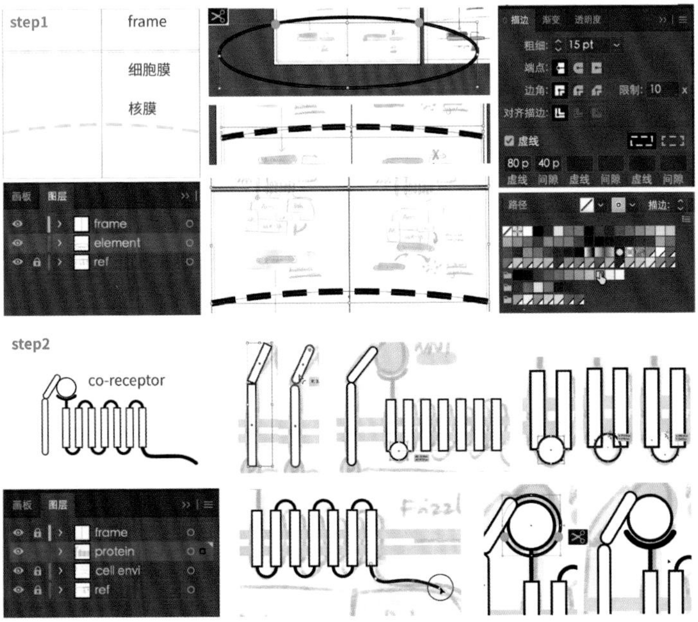

继续使用矩形搭建蛋白质络合物结构，选中后使用形状生成器去除图形之间的重叠部分，生成无重叠的蛋白质形状。使用实时转角构件将所有直角微调为圆角，再使用直接选择工具对特定边缘的锚点进行大幅度调整。

使用矩形工具和钢笔工具绘制“基因表达”。注意旋转元素时长按 Shift 键，可转 45° 及其倍数，保证整齐对称。

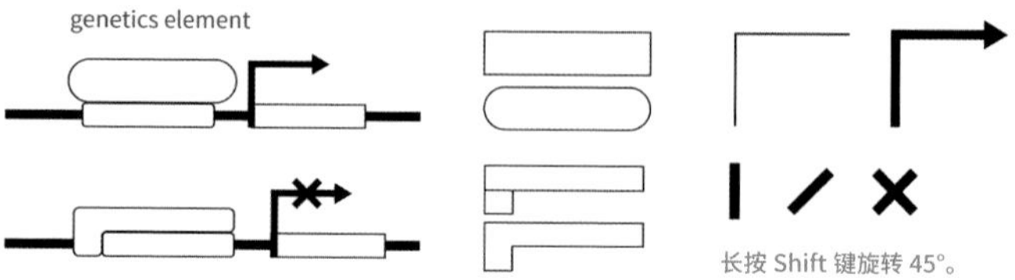

3. 创建箭头、文字并放在相应位置。

创建“arrows”图层，放置箭头；创建“text”图层，放置文字。

左侧元素就位后，将其复制至右侧，并做局部改动。使用斑点画笔工具绘制“β-catenin 降解”。

抑制箭头缩放：145%。
促进箭头缩放：40%。
抑制箭头比例小于 100% 时，头部的“丁字”非常不明显，显得单薄，没有分量，所以增加缩放比例至 140%~150% 来突显头部的设计；而促进箭头头部的三角形本身就显得比较厚重，为了避免头重脚轻，缩放比例一般保持在 30%~50%。

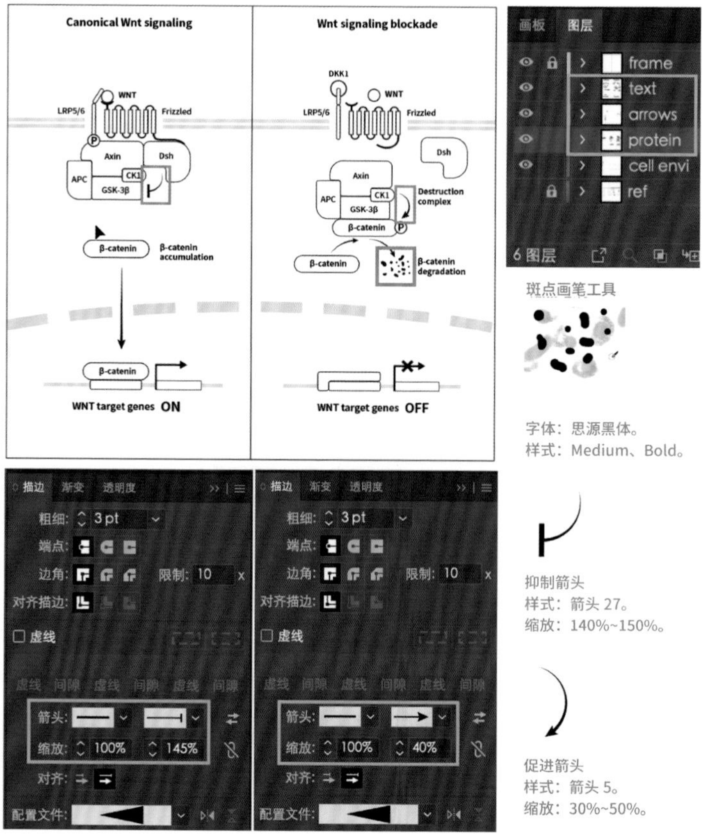

4. 上色

根据色板进行上色。灰色系背景元素可直接使用色板预设的黑白色阶。建议将文字设置为左数第三个深灰色，膜元素设置为右数第三个浅灰色。细胞核填充色则在此基础上将不透明度降低至 50%。

给“蛋白质络合物”和“磷酸”添加描边（颜色与画面背景色相同，此处为白色），制造图形之间的视觉空隙，让画面更有透气感。

当多个元素堆积出现时，将后方元素的不透明度降低至 30%~60%，制造空间上的前后关系，减少视觉压力。

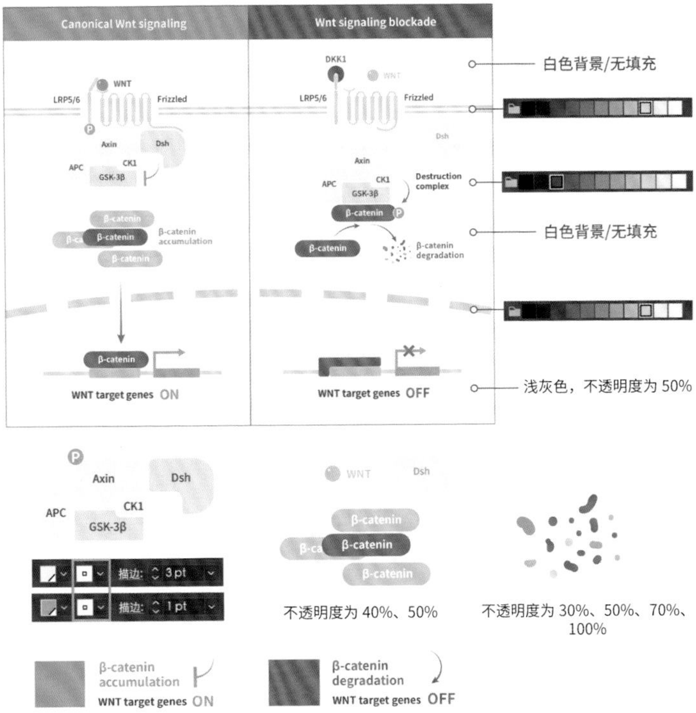

创作过程总结

- 信息梳理：按信号传导发生的场所，梳理上下游关系。
- 罗列绘制清单的注意事项：虽然通路中大多数元素都会被高频重复使用，但建议每次都对受体类型加以确认，避免出现通路图最常见的形态错误。
- 排版构图：根据信号传导发生的场所，将画面从上至下分为细胞外、细胞膜、细胞质、细胞核 4 个区域。根据每个区域的反应以及涉及的蛋白质的复杂程度划分空间，使用箭头对上下游关系进行视觉上的连接。如果存在通路对比关系，则在此基础上进行左右对比。
- 配色方案：①使用灰色交代环境信息；②使用互补色突出对比关系；③使

用同色系 / 相近色系让上下游关系连贯；④保证文字的可读性。

- 绘制准备工作：创建文档、置入草图、创建画板和图层并重命名、导入图形素材和参考图、创建全局色色板。
- 绘制元素：根据受体类型，在经典受体模型的基础上进行调整，可适当增加细节以丰富画面；使用基础图形绘制细胞质中的通路蛋白；绘制促进及抑制箭头，并注意调整缩放比例。
- 排布元素：将以上元素放置在主画板上，注意分图层进行管理。
- 上色：根据色稿上色。利用描边颜色制造图形间的视觉空隙，以增加画面的透气感；调整重复元素的不透明度，制造空间上的前后关系；灰色元素可直接使用【色板】面板中自带的黑白色阶。

综上所述，“如何构图能保证通路层级清晰、连贯？如何配色能做到让画面不乱不花？”是设计信号通路图时需要重点思考的问题。图形的绘制则相对比较轻松，把握好通路蛋白的形态设计，搭配合适的箭头元素和文字标注即可。

扫码观看教学视频

4.3 免疫机制图创作

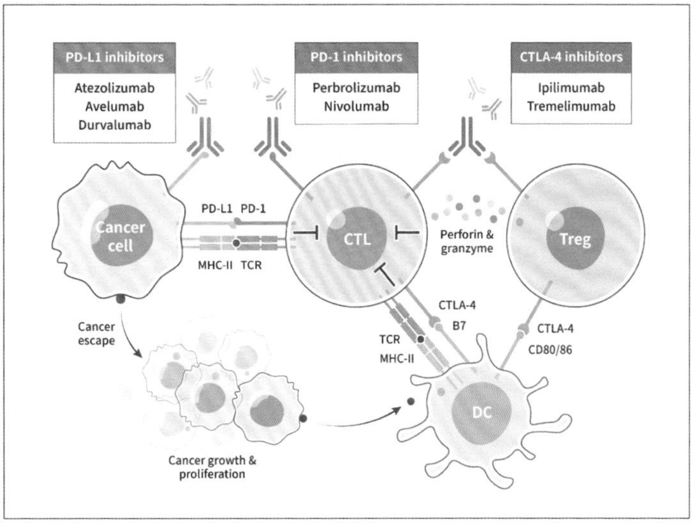

4.3.1 设计思路分析

1. 厘清逻辑关系，明确信息流向

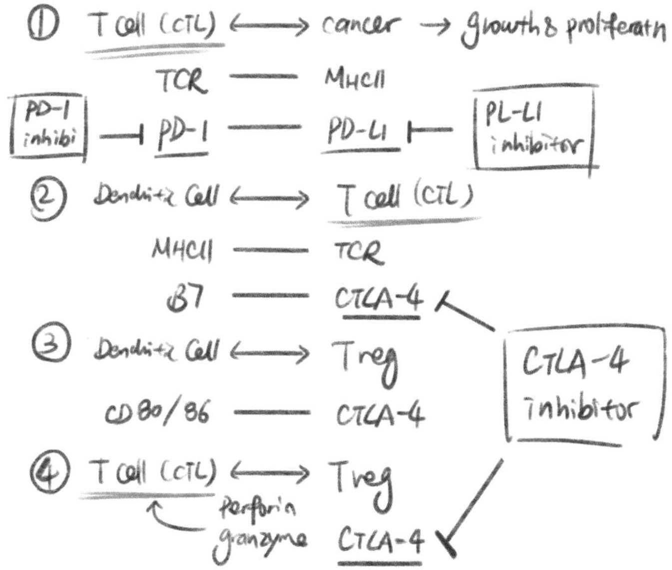

2. 列绘制清单

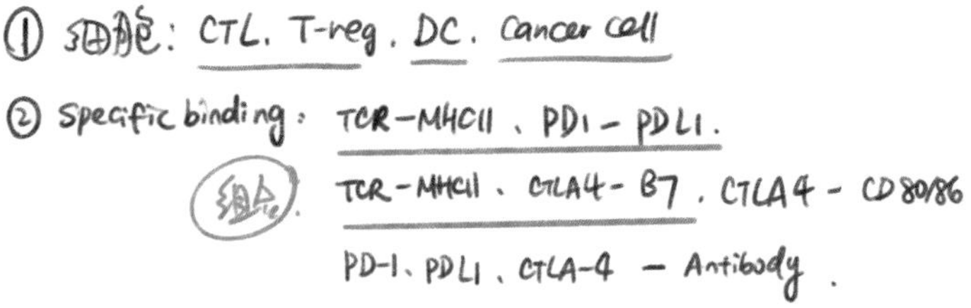
① 细胞：CTL、T-reg、DC、Cancer cell
② Specific binding：TCR-MHCII、PD1-PDL1、
组合
TCR-MHCII、CTLA4-B7、CTLA4-CD80/86
PD-1、PDL1、CTLA-4 - Antibody

常见的免疫细胞表面蛋白的特异性结合，如 TCR-MHC、PD1-PDL1 等通常成组出现，将其视作一个单元来绘制比较方便。

3. 草图设计·排版构图

建议复习 2.1.3 小节

构图目的：利用细胞的排列来引导视线，同时保证画面平衡。方法：根据细胞的数量和细胞间的关系建立连接模型，如直线形、三角形、“C”字形、“Z”字形、树突形等。构图没有标准答案，建议多探索不同方案，不断优化。

在免疫机制图的构图初期，可以先用圆形代表细胞进行占位，暂时忽略具体的细胞形态以及表面蛋白。这样能够快速且方便地进行尝试。

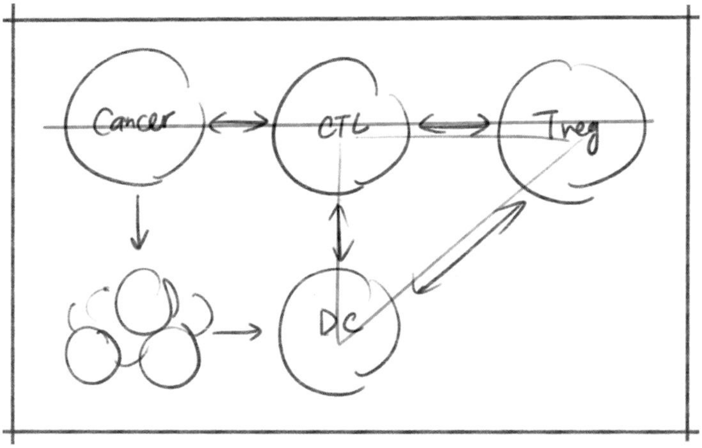

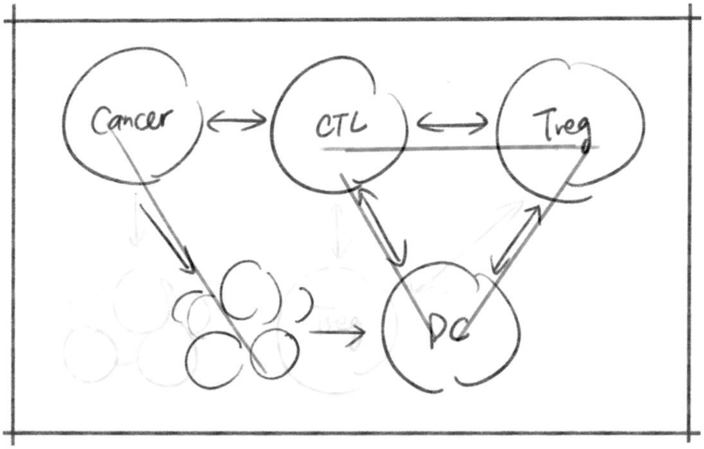

通过梳理信息得知 Cancer cell、Treg、DC 分别对 CTL 产生免疫抑制作用，因此 CTL 可以被视作该机制图的核心元素并放在中间，其他细胞放置于 CTL 的两侧和下方，形成“T”字形，这是构图的切入点。同时 CTL、Treg 和 DC 之间可以形成三角形的反应关系。Cancer growth 则就近放置在 Cancer cell 下方。此时画面清晰，但不够平衡，右下角留白过大。在此基础上，我们将 DC 和 Cancer growth 同时向右侧移动，至左右留白平衡，形成类似奥运五环的“3+2”稳定结构。

确定细胞位置后，将表面蛋白安插在细胞上。尽量水平、竖直以及倾斜 45° 排列，保持对称。

靶向信息统一置于画面顶部，以便于引导读者阅读同级信息。将 3 个靶向蛋白 PD-1、PD-L1、CTLA-4 复制并置于细胞斜上方（45°），以结合抗体、连接靶向信息。至此元素排列构图初步完成。

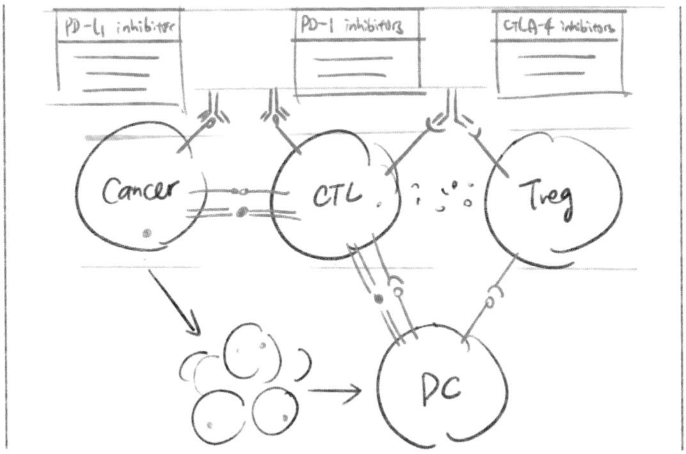

将细胞对应的形态加入以上构图中。此时涉及免疫细胞的特征化设计，可以参考真实的影像资料和约定俗成的表达方式。比如 CTL、Treg 通常被概括为平滑的圆形；DC 的多伪足结构是其最典型的特征；Cancer cell 的设计则是在圆形的基础上，加入不规则边缘，象征其不确定性和危害性。

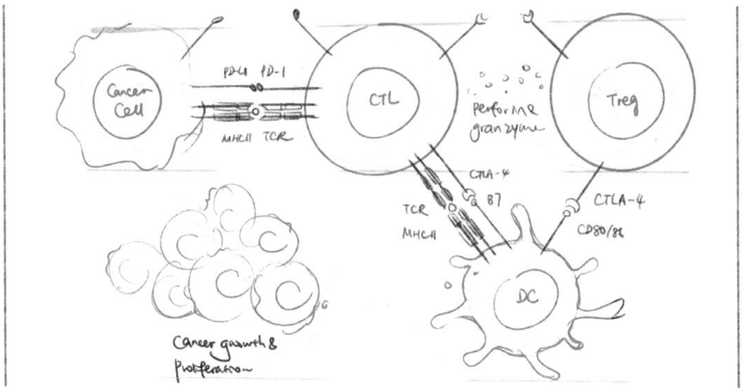

最后加入箭头和文字标识。画面中央的 3 个抑制箭头和 3 种细胞的结合方向平行，以最大化维持画面秩序。Cancer growth、抗原和 DC 通过弧线连接，为画面加入一点柔和的质感。

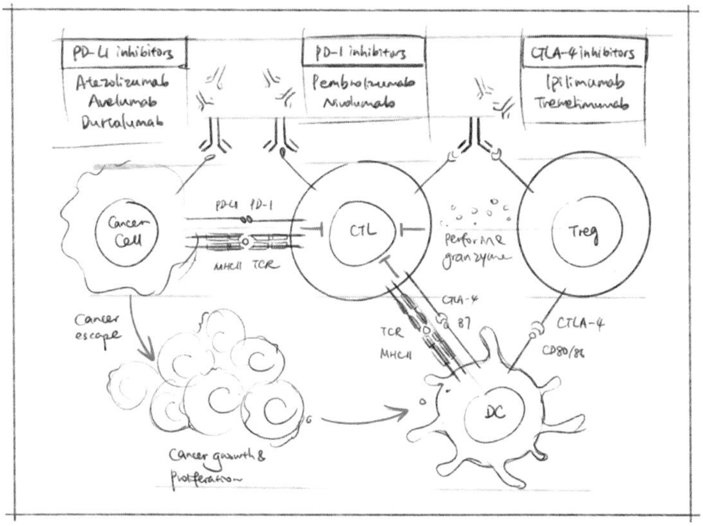

细胞形态特征

细胞形态特征主要体现在 3 个方面：①细胞核形状；②细胞轮廓形状；③内容物等特殊结构。在设计时我们往往会抓住一个特征进行表达，尽可能凸显细胞之间的区别，让观者能够快速识别。比如成熟 Neutrophil 的多叶核、Monocyte 的笑脸形细胞核、DC 的多伪足、Macrophage 的吞噬颗粒及不规则轮廓、Plasma cell 的高尔基体及分泌的抗体……这些特征的捕捉都来自对细胞染色影像的观察与概括，它们在插图设计中被广泛采用和调整。

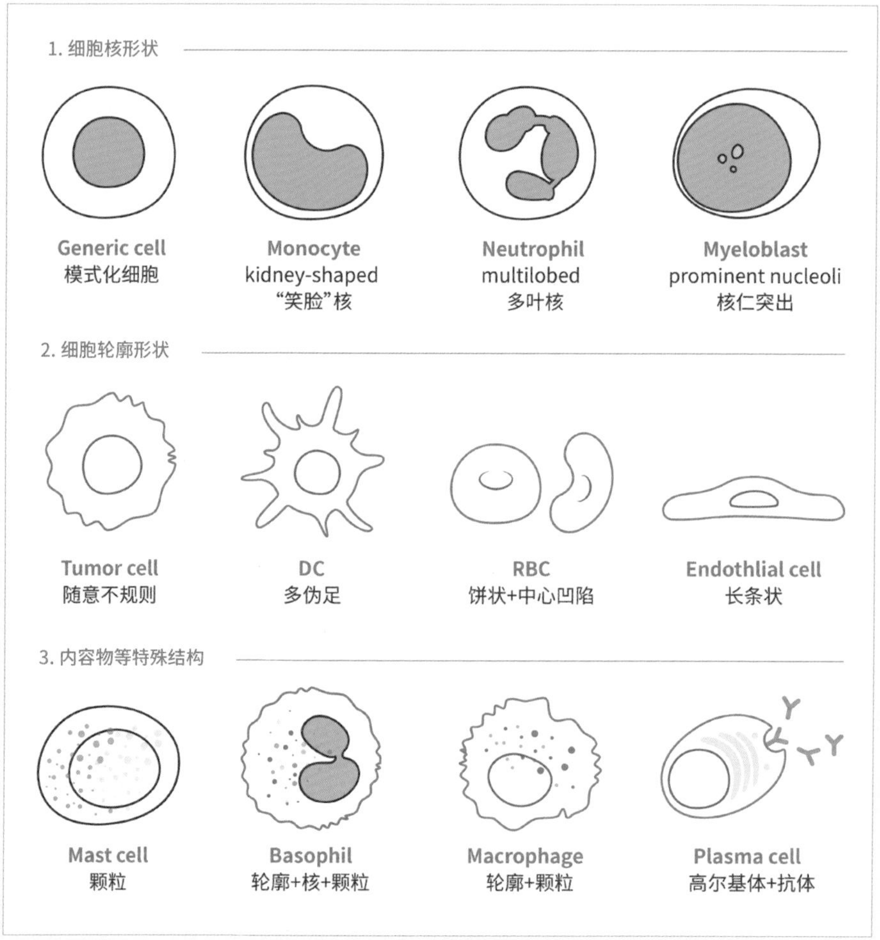

蛋白特异性结合模型化

免疫细胞表面蛋白的特异性结合，以及与信号分子 / 受体的结合都应用了模型化设计思维，其本质在于形状之间形成便于快速捕捉的视觉组合，在长期应用中被观者和创作者广泛接纳，从而提高信息的传递效率。有 3 种常见的表达形式：① Lock&Key，满足完整闭合倾向的卡槽式形状，几乎是所有特异性结合的泛化模型，比如例图中的 CTLA4-B7；② Domain，用矩形、圆形等基础图形代表蛋白结构域（可以只表现重点结构域，而非全部，如 PD-1 和 PD-L ①）；③两者结合，将头部结构域以卡槽式形状呈现，最典型的例子为 TCR-Antigen-MHC。同一组蛋白也可以有不同的表达形式以及形状风格，这并不会影响信息的传递，可以灵活应用。

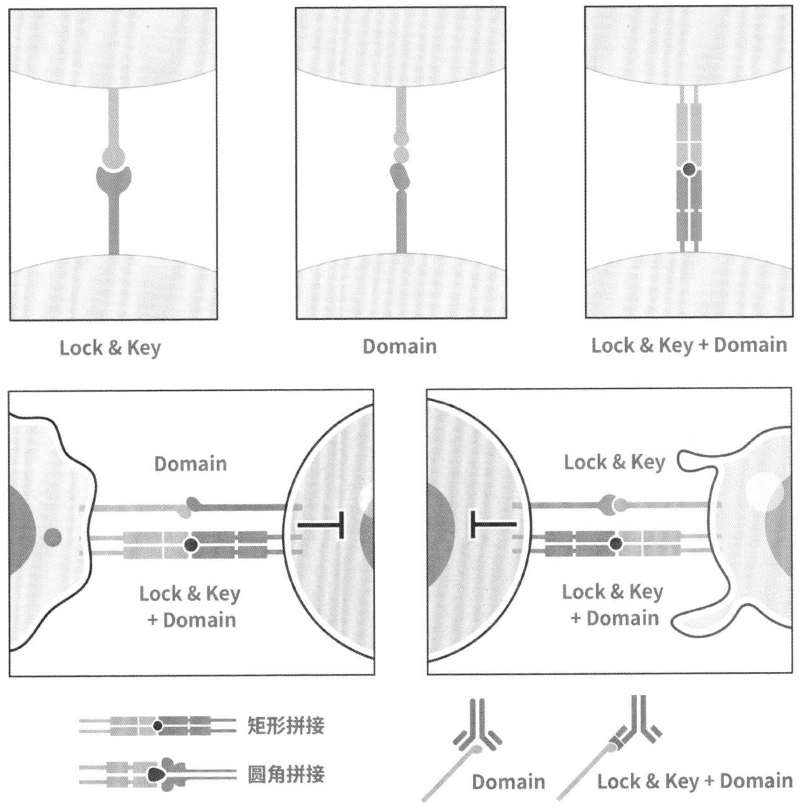

4. 草图设计·色彩搭配

在免疫机制图的配色上，除了互补色和相近色配色方案，我通常还会用到“基于感情倾向”的配色思路，并且常常以此作为配色的突破口。

- Cancer cell 使用灰色或带有灰色调的颜色（比如灰紫色），象征“邪恶”。
- Treg/Thelper 的颜色定为蓝色系，带有“克制、冷静”的视觉感受。
- CD8+ 的颜色定为粉红色系，带有一定程度的“进攻性”。
- DC 等抗原呈递细胞的颜色设定为绿色等中性色，起传递作用。

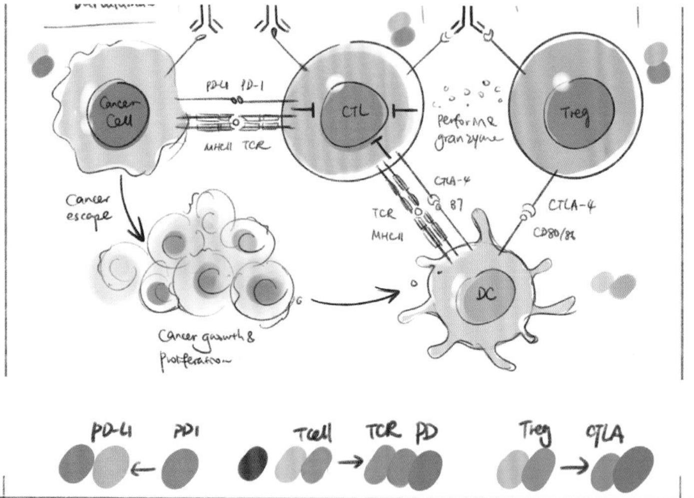

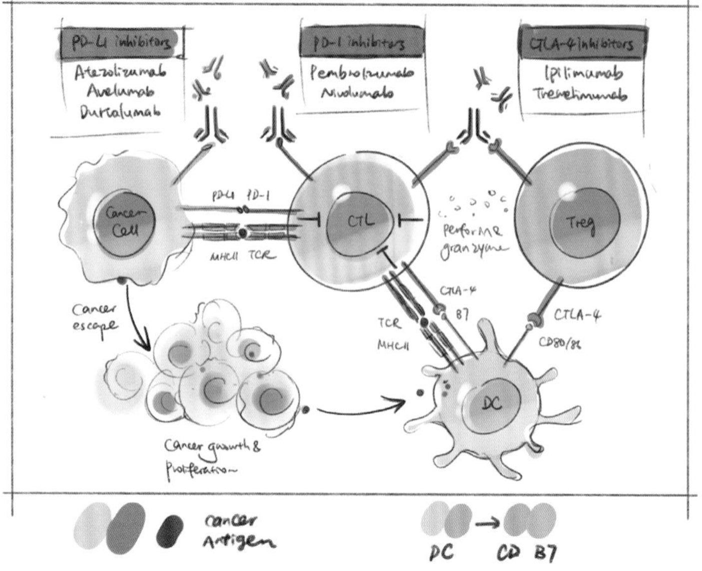

画面主色调：在“感情倾向”的基础上，调整颜色的饱和度和明度（此处使用柔和的中低饱和度），使红蓝绿三色更契合。细胞核和细胞质保持同色系。

细节颜色：表面蛋白、细胞因子和抗体可优先考虑细胞同色系或邻近色，比如 TCR 用 CTL 的粉色，PD-1 用邻近的紫色。B7 和 CD80 用 DC 的绿色，依此类推（先暂定一些颜色）。

同时可以借助排除法进行推演和验证，比如，CTLA 同时存在于 CTL 和 Treg 细胞上，可以在粉色和蓝色之间选择，由于粉色和紫色已被 TCR 和 PD1 占用，所以 CTLA 暂定为蓝色。又因为特异性结合的蛋白适合使用邻近色或互补色，所以 CTLA4-CD80/CTLA4-B7 两组蛋白蓝绿配色可行。PD-L1 则使用 PD1 紫色的互补色黄色，加以突出。

Perforin 和 granzyme 由 Treg 分泌，可以统一用蓝色，虽然和 CTLA4 撞色，但由于形状不同，不会造成混淆。最后将抗体和药物的颜色定为与靶向蛋白同色系但浓度更高的颜色。

以上是我的配色推演过程，并非唯一解，建议读者探寻更多解法。

4.3.2 绘制过程全记录

1. 准备工作

- 新建文档：初步设置为 500 像素 ×500 像素，颜色模式 RGB。
- 创建画板：1 个素材画板（500 像素 ×500 像素）、1 个色卡画板（500 像素 ×500 像素）、1 个主图画板（拖入草图，并根据草图比例创建主画板，初步设置为 1000 像素 ×800 像素，后续可按需微调）。
- 图层管理：将 ref 图层置于最下层，放置草图。

画板 1 用于放置素材。画板 2 是主画板，用于放置草图，降低草图不透明度至 35%。画板 3 放置色板（也可以在上色阶段再创建，操作顺序不固定）。画板的管理视具体情况而定，本案例涉及的素材和颜色较多，所以分开放置在两个画板上。

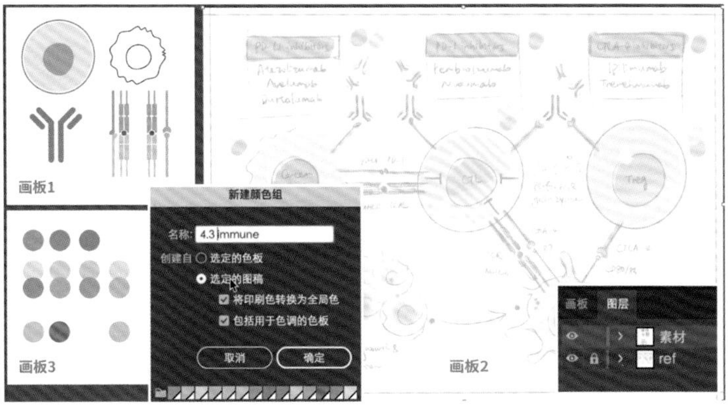

2. 绘制图形元素

新建“cell”图层，将细胞素材复制并置于草图所示位置。根据色稿调整颜色和描边样式。

采用双描边样式：在【外观】面板中设置描边、复制描边，将其改为白色并加粗，使描边内侧对齐。

修改素材颜色：可以通过吸管工具吸取色卡颜色，或在【外观】面板中编辑填色 / 描边，选择已创建的色板。

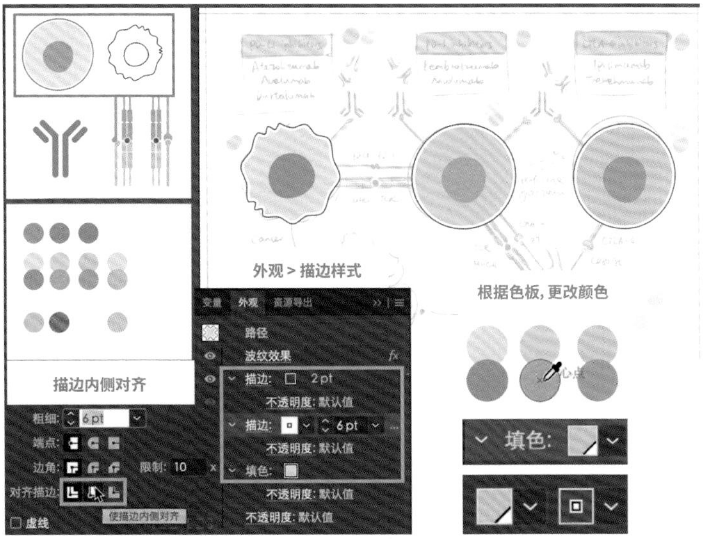

用斑点画笔工具绘制细胞高光，调整不透明度至 30%~60%。

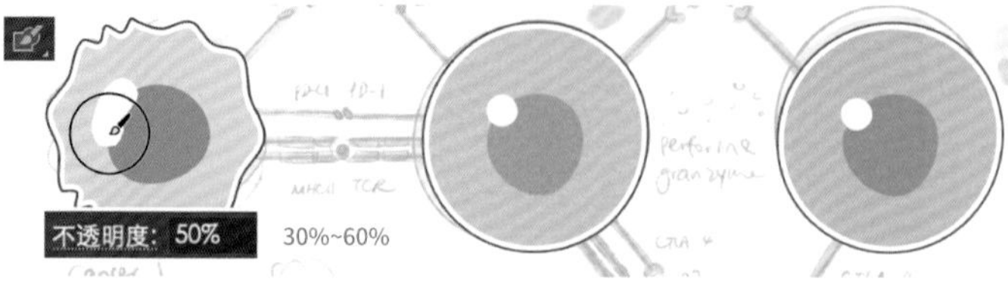

在【外观】面板中单独调整细胞填充色的不透明度（描边不透明度依然为 100%）。

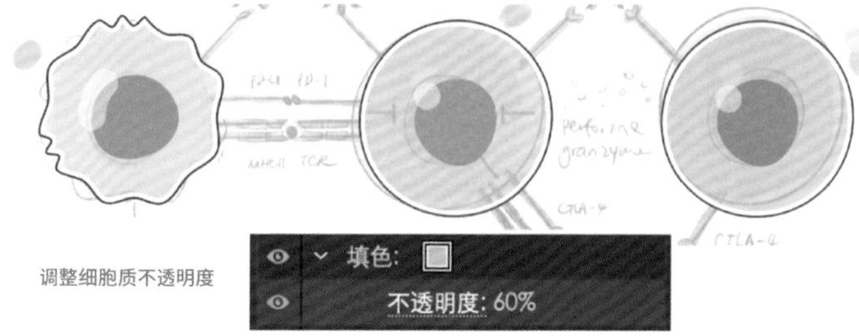

绘制 Cancer growth：复制多个 Cancer cell，适当旋转角度、调整大小和细胞整体的不透明度，制造空间关系和有机感。绘制 DC：选择曲率工具，根据草图落点，绘制闭合形状，再调整局部锚点。

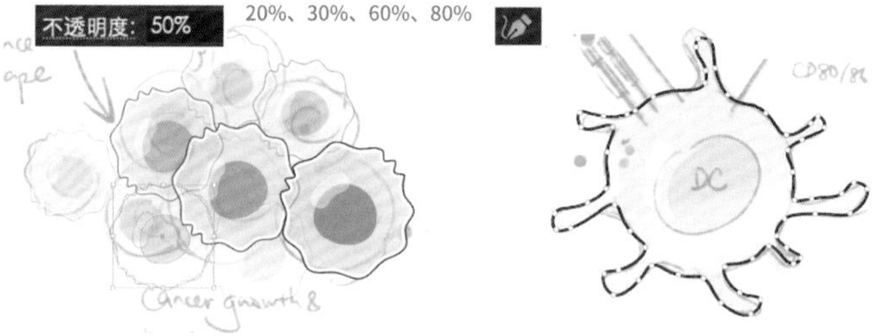

新建“protein”图层，将其置于“cell”图层下方，复制表面蛋白和抗体素材至指定位置。素材初始状态是竖直的，长按 Shift 键可将其旋转 45° 和 90°。对于斜插的图形，先将其旋转 45°，使画面中的元素保持整齐和对称，再根据实际情况，微调角度。

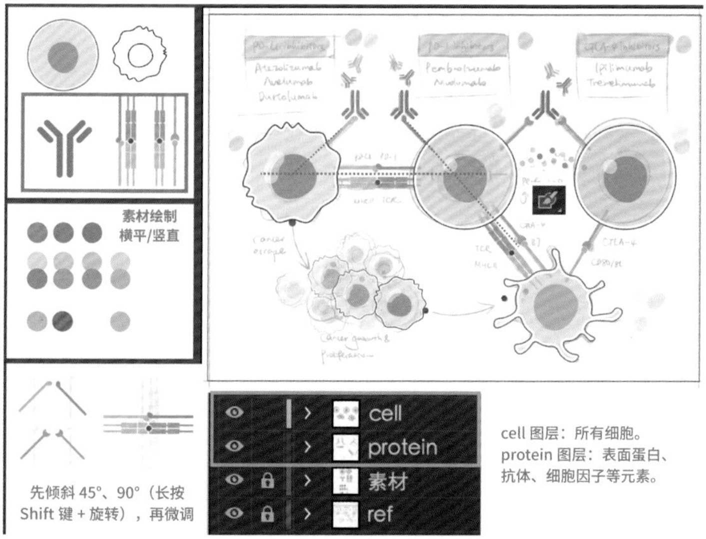

3. 创建箭头和文字，微调润色

创建“arrows”图层，绘制箭头。当箭头处于有颜色的图形上，不够醒目时，可以在箭头下方加上白色衬底。此处对丁字箭头进行原位复制（Ctrl+C、Ctrl+F），扩展并置于下方，将填充和描边颜色均改为白色，可以通过调整描边粗细来控制衬底的显著程度。绘制 Cancer cell-Cancer growth-DC 的箭头时，确保流程处于一条连贯的弧线上。此过程中按需微调 Cancer growth 中细胞的位置。

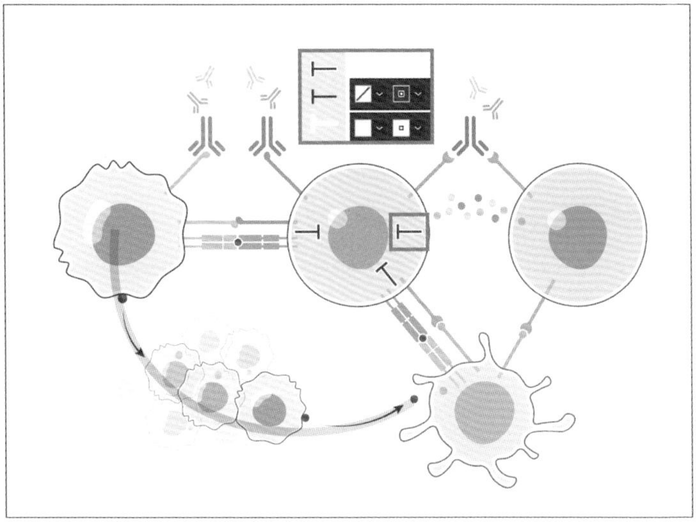

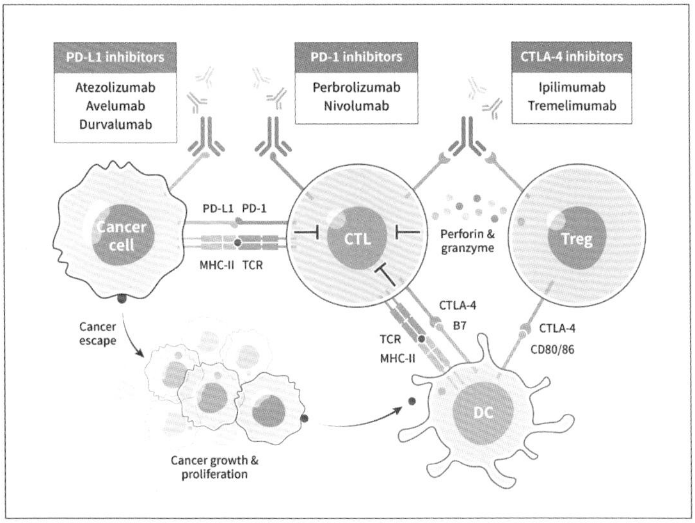

创建“label”图层，输入文字标识。创建“文字衬底”图层，置于“label”图层下方，放置文字衬底及文本框。分层管理文字和衬底元素，以方便调整。

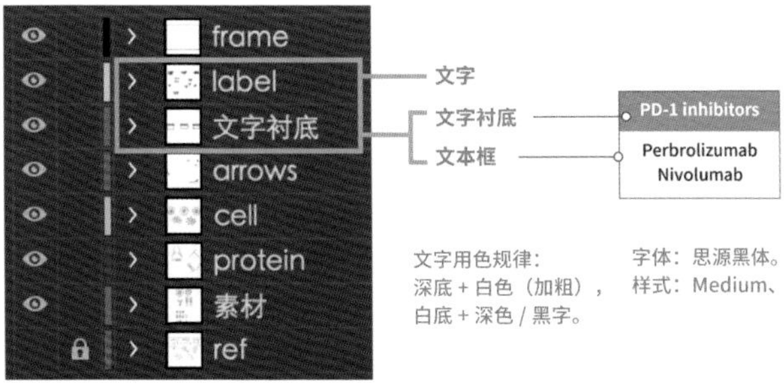

文字用色规律：
深底 + 白色（加粗），
白底 + 深色 / 黑字。

字体：思源黑体。
样式：Medium、Bold。

创作过程总结

- 信息梳理：梳理细胞之间的关系网，按层级拆分信息。
- 绘制清单：细胞、表面蛋白、细胞因子等。
- 排版构图：以细胞为单元，根据细胞间的关系安排位置，保证画面清晰、平衡。可以先用圆形进行占位，再加入表面蛋白，最后安排靶向治疗等信息。构图完成后，再置入具体的细胞形态。
- 配色方案：基于感情基调确定细胞色调，再结合互补色、相近色对画面细节进行调和，这是免疫机制图的试色技巧。配色初步完成后，观察画面整体，检查是否有杂乱、串色或突兀、不连贯的地方。注意“基于感情基调”的配色并非一成不变，而是具有一定的主观性，并且只能在一定程度上帮助我们找到突破口，并以此进行尝试，以避免毫无头绪。切忌形成思维定式，建议在实践中形成有序的思路，并根据合理的判断择优试色。
- 绘制准备工作：创建文档、置入草图、创建画板和图层并重命名、导入图形素材和参考图、创建全局色色板。
- 绘制元素：绘制细胞、表面蛋白、细胞因子；如果使用素材，则按需调整其颜色、描边样式、不透明度等属性（也可在绘制完成后统一上色）。
- 绘制箭头：如果箭头不够醒目，可调整其描边粗细和颜色，并考虑增加衬底，使其区别于背景颜色。
- 文字标识：可以给重要的关键词或小标题增加文本框或文字衬底，使其更加突出。分层管理文字和衬底，以便于调整。

扫码观看教学视频

4.4 基因遗传学插图创作

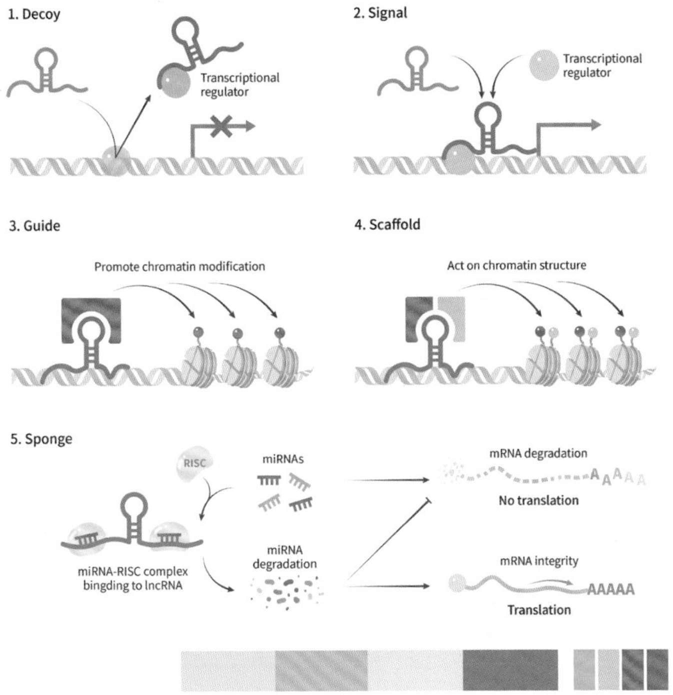

4.4.1 设计思路分析

1. 厘清逻辑关系，明确信息流向

Long non-coding RNA（lncRNA）在遗传信息调控中起到 5 个作用：Decoy、Signal、Guide、Scaffold、Sponge。梳理信息时，着重厘清关键行为。我倾向于使用偏口语化的动词，便于形象地解释事件、涉及的关键分子，以及基因表达状态。

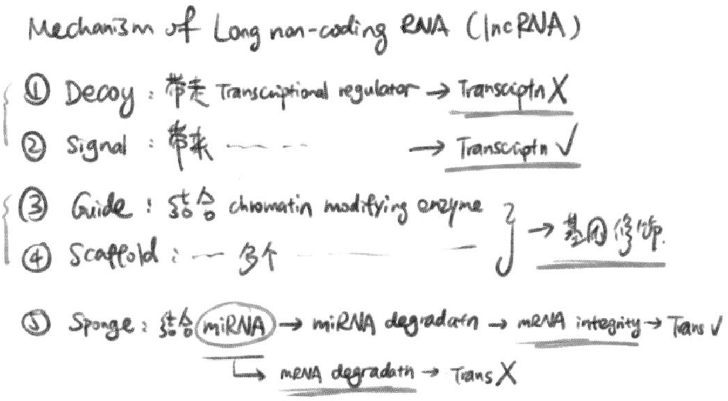

2. 列绘制清单

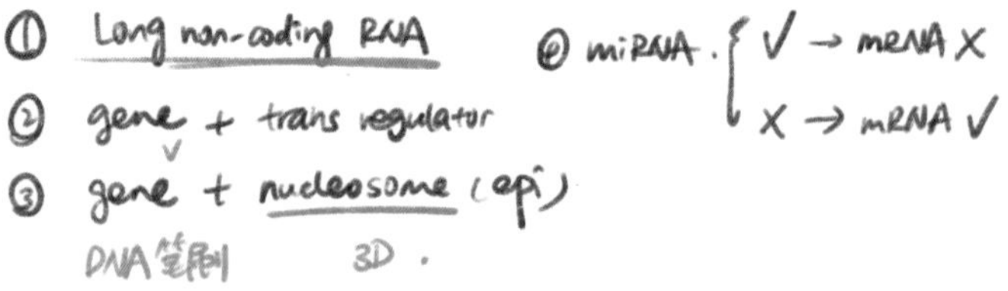
① Long non-coding RNA
② gene + trans regulator
③ gene + nucleosome (epi)
DNA笔刷
3D.
④ miRNA
√ → mRNA X
X → mRNA √

3. 草图设计·排版构图

基因遗传学插图通常包含连续步骤或多个Panel，且元素重复性高。构图在很大程度上取决于画面所需的基因序列的长度。

本案例中，我们可以先根据“角色 - 事件 - 结果”的顺序来大致安排每个 panel 的内容：lncRNA +/- Protein - 作用于基因序列 - 基因表达停止 / 启动 / 改变。Panel1~4 均可以 DNA 序列为载体，将元素和事件从左到右按顺序排列；Panel5 可以暂时按照转录结果的两种情况上下排列 mRNA。

此时比较自然的思路是纵向安排 Panel1~5，但发现所占篇幅较大。在实际文章排版中，一张插图占整个页面的情况并不现实。因此我们需要在此基础上优化构图，使长宽比更为平衡。

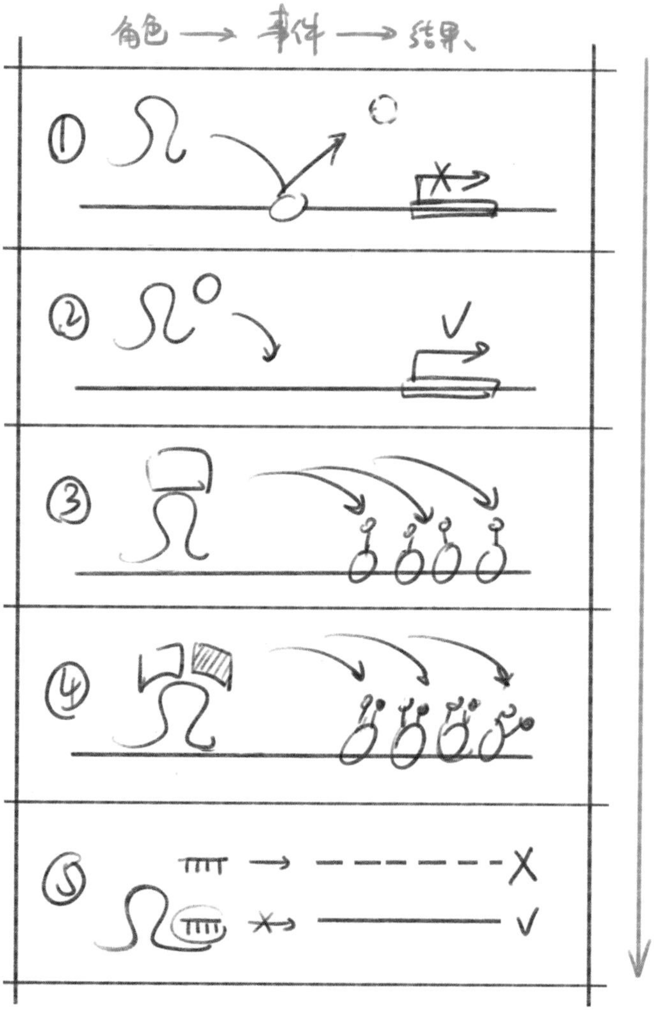

如何调整？依然从信息框架中找答案：Panel1&2 讲的是 lncRNA 对转录因子的行为，可并行置于第一行；Panel3&4 讲的是 lncRNA 对核小体的修饰作用，可并行置于第二行。

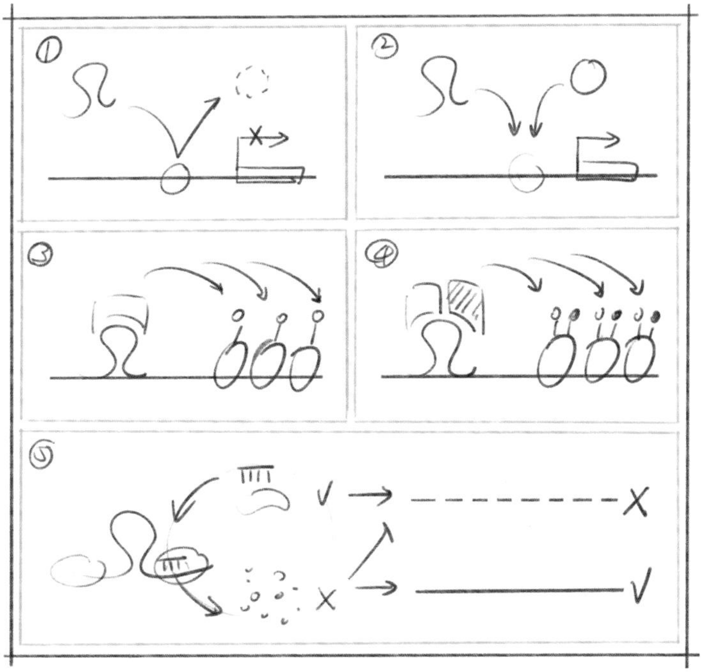

Panel 的横向空间缩短，因此我们需要利用好垂直空间，缩短元素之间的横向距离，并保持每个 Panel 画面平衡。比如将 Panel2 中 lncRNA 和转录因子由原本的“从左上角斜向下结合基因序列”，改为“一左一右 + 对称箭头”，依然可以将视线引导至 Panel2 的画面中心。

Panel 5 的内容较多，单独占用第三行空间。左半区域放置 lncRNA-miRNA 的反应，并用弧线将反应平滑地串联起来，并最大化地利用空间。在右半区域将 mRNA 的两种结果上下对齐排列，两种结果分别和 miRNA 以及降解的 miRNA 平齐。

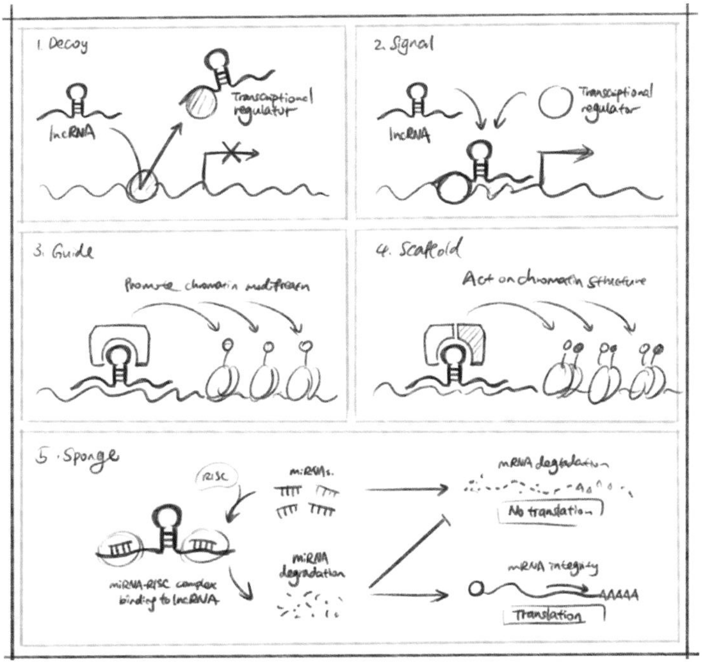

如此，空间上的横纵比得到了平衡，信息框架和构图之间也保持着对应关系。

位置定好后，将文字和图形元素置入草图，并按需微调。

基因的表达样式

“基因”元素的表达样式多种多样，主要有 3 种。①序列片段：用长矩形进行拼接。这是最为简单的表达样式，多用于表达概念化的基因表达调控等机制，常出现于信号通路图中。②碱基互补：使用小短线表示互补碱基对，更具体的情况下使用碱基缩写“ATCG……”。这是表达突变 / 剪切 / 编辑位点时常用的样式。③双螺旋：DNA 最经典的结构形态，可用于表现偏“宏观”的基因信息或“解旋”。切记不要过度使用，其复杂的图形构成可能会造成画面杂乱。总之，表达样式的选择需要具体情况具体分析，不可一概而论。

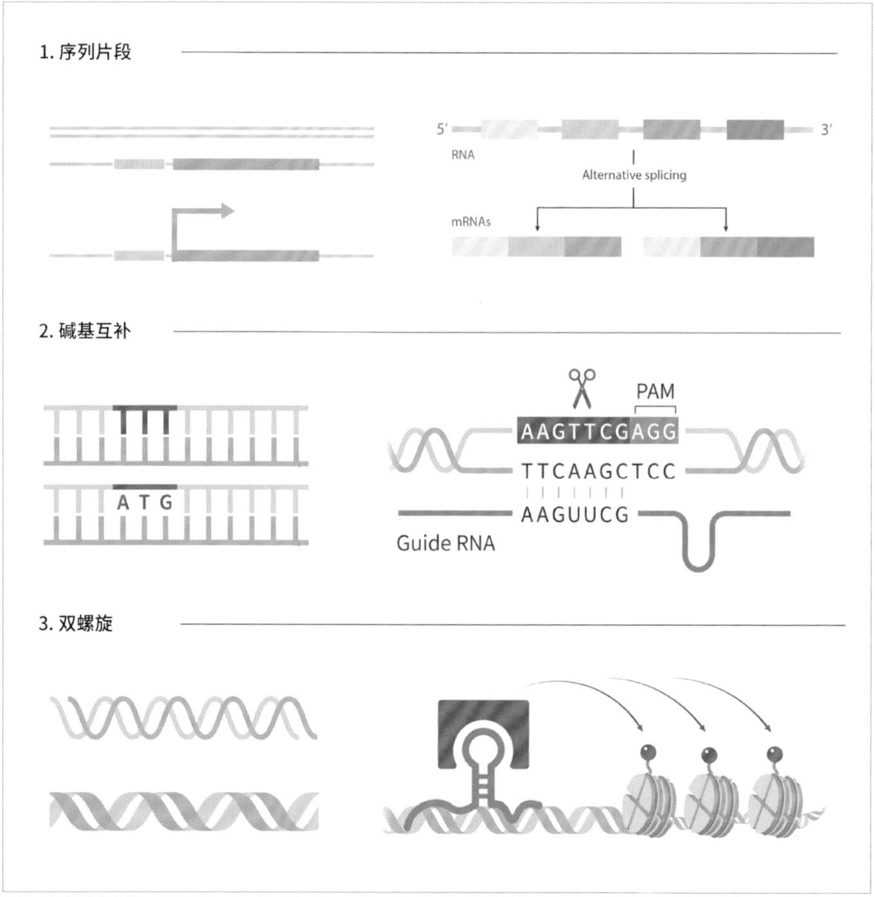

遗传学插图中常见的设计元素

在遗传学插图中，我们可以看到各种有趣的设计元素，包括约定俗成的箭头符号，它们用来辅助表现遗传机制中的行为事件。此外，还给创作者留下自由发挥的空间。在本案例中，代表基因转录的箭头和不转录的叉子属于约定俗成的符号，而 Decoy 中的用折线箭头模拟 lncRNA 的跳跃轨迹则是自由创作的产物，为画面增加了律动感。除此之外，闪电、星形、小旗子、小剪刀，甚至“吃豆子”等图形符号都可以出现在画面中，用于“修饰”元素，表示基因损伤和突变、各种蛋白酶 / 核酸酶的行为等，成为画面中生动有趣的加分项。

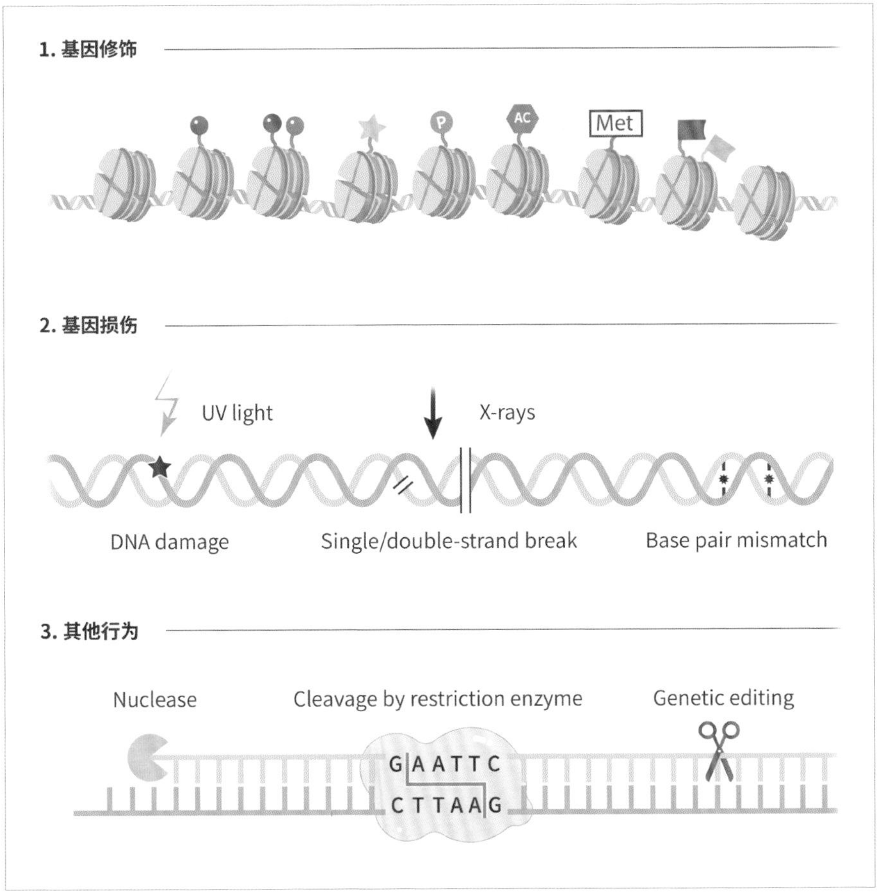

4. 草图设计·色彩搭配

首先使用浅灰色作为背景色，对 5 个 Panel 进行区域划分。在画面元素较多时，背景色在一定程度上能够起到统一画面的作用。另外，应用背景色比用网格线进行区域划分更加柔和，距离比较近的线条会在一定程度上吸引观者的注意力，使其偏离主要信息。

DNA 双螺旋（主要环境元素）：选择偏中性的绿色，给其他蛋白颜色留有选择空间。

lncRNA（主要角色）：青紫色是比较吸引目光的颜色，但要控制好饱和度，避免艳俗。

Panel1 和 Panel2 的转录因子分别用黄色和蓝色。黄色和 lncRNA 的青紫色为互补色，可以传递“相抗”的视觉感受，二者结合，转录停止；蓝色和青紫色为邻近色，二者结合，转录正常。Panel3 和 Panel4 的修饰蛋白分别用红色和蓝色，这两种颜色均为 lncRNA 青紫色的相近色，搭配使用画面协调。

Panel5 的 miRNA 是非编码 RNA，可选用和 lncRNA 同色系的颜色。在青紫色的基础上向暖色方向调，得到略微偏红调的紫色。最后在此基础上提高明度，降低饱和度，得到 RISC 淡粉紫色。

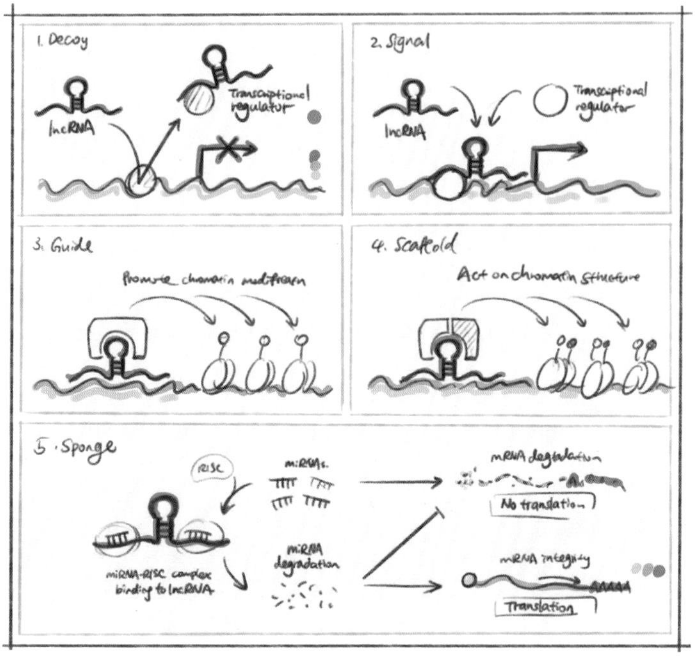

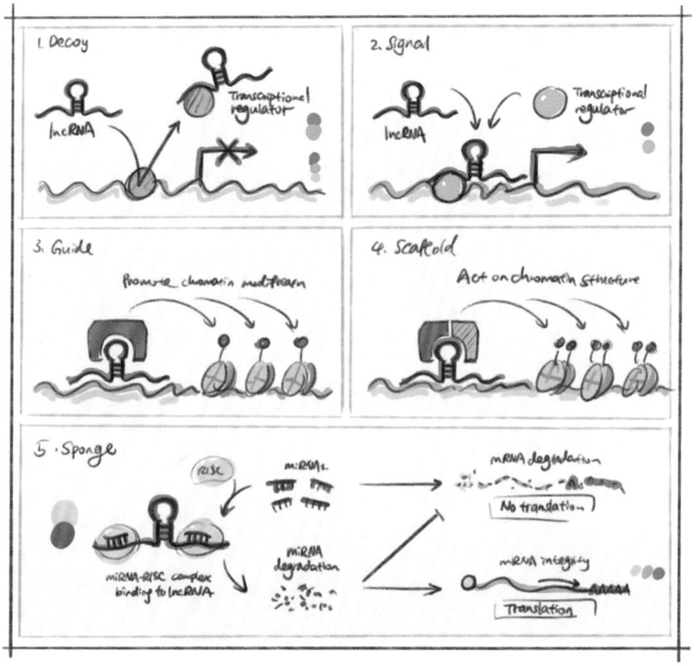

4.4.2 绘制过程全记录

1. 准备工作

画板 1 放置素材和色卡。DNA 双螺旋为预先制作的笔刷，复制到文档后，会自动进入画笔库。画板 2 是主画板，置入草图并降低不透明度至 35%。

创建“bg”图层，绘制临时线框（最后会改成背景色，现阶段为方便观察，不进行填色）。

创建“element”图层，绘制并选中直线，打开【画笔】面板，选择【DNA 双螺旋】，按需调整描边粗细。

- 新建文档、创建画板和图层、复制素材、拖入草图、创建色卡。
- 创建画框（或临时画框及分隔线），将已有素材放到合适位置。

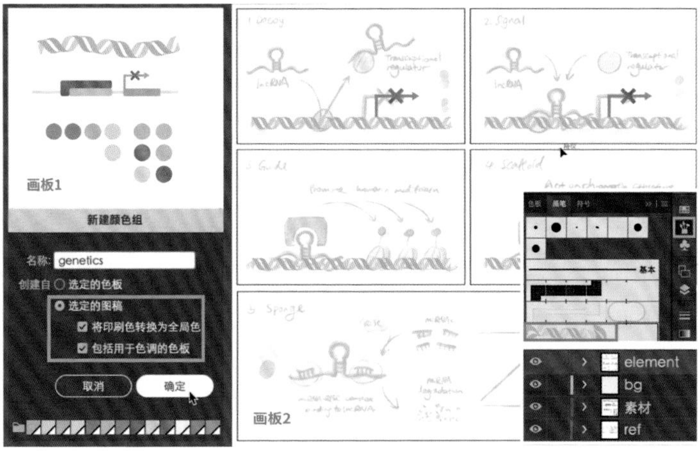

2. 绘制图形元素

条状图形的绘制思路是综合使用基础图形和曲率工具。lncRNA 可以分成：①头部非互补的 loop；②碱基互补段；③非互补的尾巴。

① loop：为保证对称，可以画一条直线与圆形相交，剪切交点即可。剩余路径分左、右两侧分别绘制。②互补段：用曲率工具单击圆弧端点，同时按住 Alt 键，得到角点，同理在下方继续添加角点，得到直线。③非互补段：用曲率工具添加锚点，默认为平滑点，得到曲线路径。最后绘制平行短直线，置于互补段之间，代表碱基。

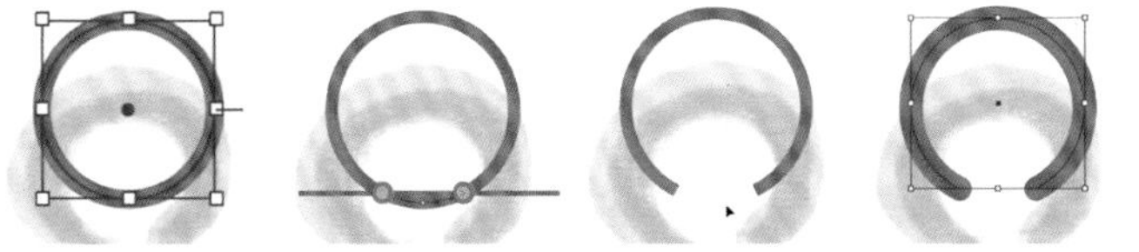

1. 圆形 + 直线，剪切相交点。　　2. 描边加粗、端点改为圆头。

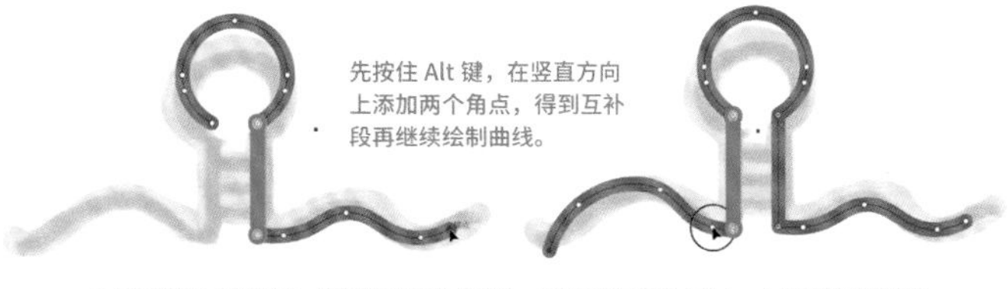

先按住 Alt 键，在竖直方向上添加两个角点，得到互补段再继续绘制曲线。

3. 以圆弧端点为起点，使用曲率工具绘制 lnvRNA 剩余序列（分左、右两侧分别绘制）。

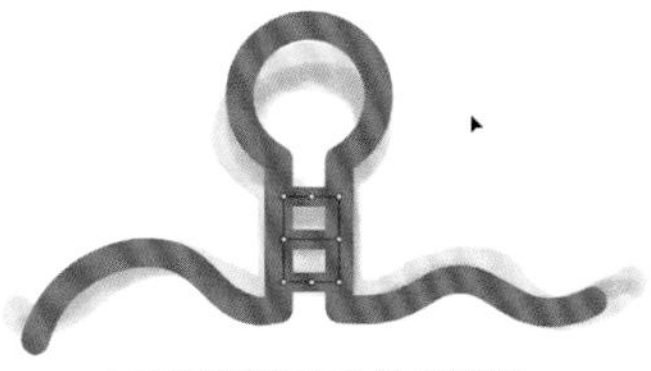

4. 使用直线段工具绘制互补碱基。

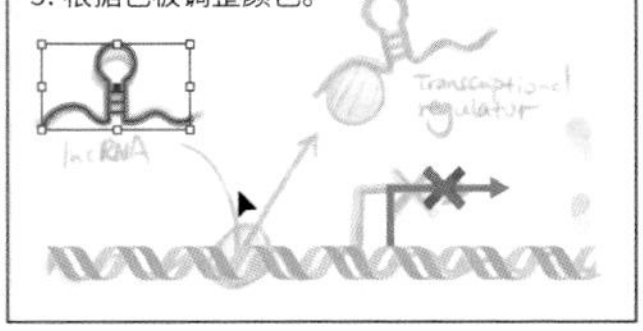

5. 根据色板调整颜色。

Panel1 和 Panel2：lncRNA 以及转录因子就位并填色。

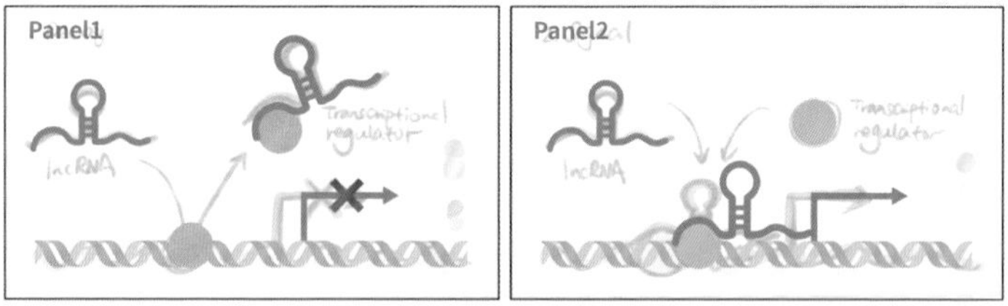

Panel3 和 Panel4：lncRNA 与双螺旋结合，尾部按需调整，使形状之间更贴合。

蛋白图形的绘制使用“图形剪切”的思路：在矩形上减去 lncRNA 头部。这里使用偏移路径对 lncRNA 进行等距向外扩大，使减去后得到的图形与原 lncRNA 之间存在一定的空白间隙，增加透气感。

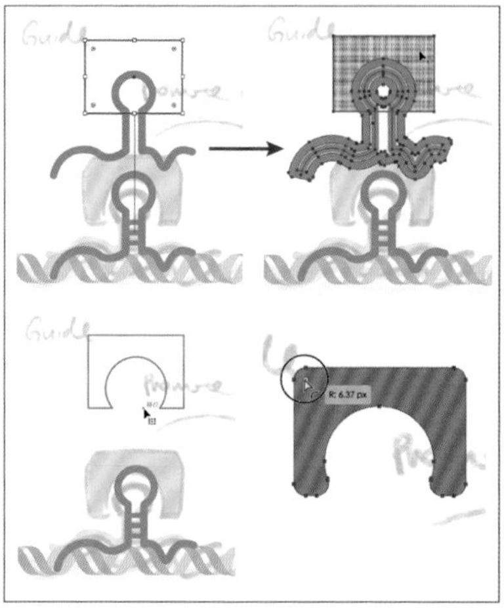

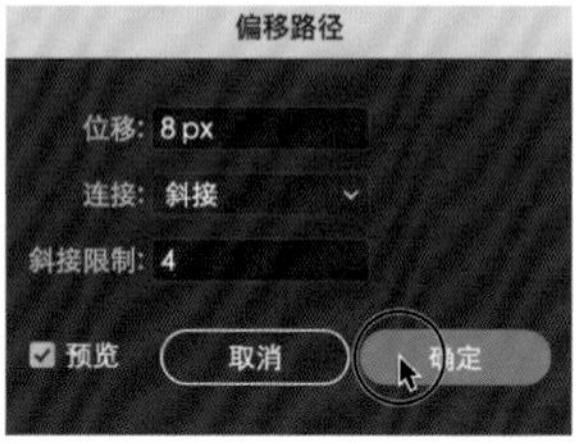

Panel3：创建 lncRNA+ 蛋白。

1. 复制 lncRNA 至双螺旋上方，调整曲线使之贴合双螺旋。

2. 复制 RNA 曲线，绘制矩形，选中 RNA 曲线，使其向外偏移 8px。

3. 选中曲线和矩形，按 Shift+M 快捷键，创建蛋白形状，填色并制作圆角。

Panel4 的蛋白是将 Panel3 蛋白一分为二，依然采取“图形剪切”的思路。注意，使用形状生成器（Shift+M 快捷键）时，创建的图形颜色为拾色器当前颜色，这里是细长矩形的灰色。此时不用担心没有创建成功，删除中间的细长矩形，并更换图形颜色即可。

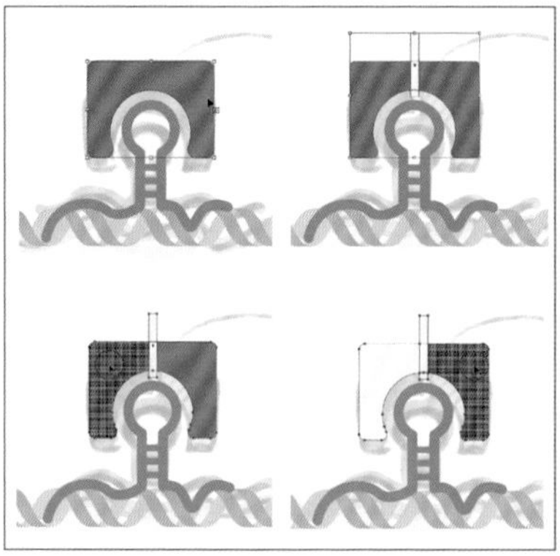

Panel4：创建 lncRNA+ 双蛋白。

1. 复制 lncRNA+ 蛋白至 Panel4。

2. 绘制细长矩形，让其与蛋白居中对齐。

3. 选中蛋白和矩形，按 Shift+M 快捷键创建蛋白形状，删除多余形状，根据色板填色（左红右蓝）。

Panel3 和 Panel4：lncRNA 以及修饰蛋白就位并填色。

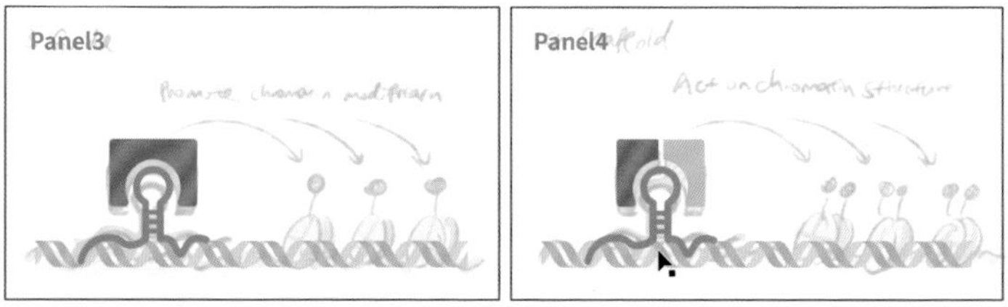

核小体由具有 8 个亚基的组蛋白，以及环绕在上面的 DNA 双链构成。组蛋白的绘制思路有多种，比如 8 个圆形重叠摆放或用一个扁圆柱体概括示意。这里我选择将圆形平分成四等份，然后用【3D 凸出和斜角效果】快速创建其厚度及透视角度。

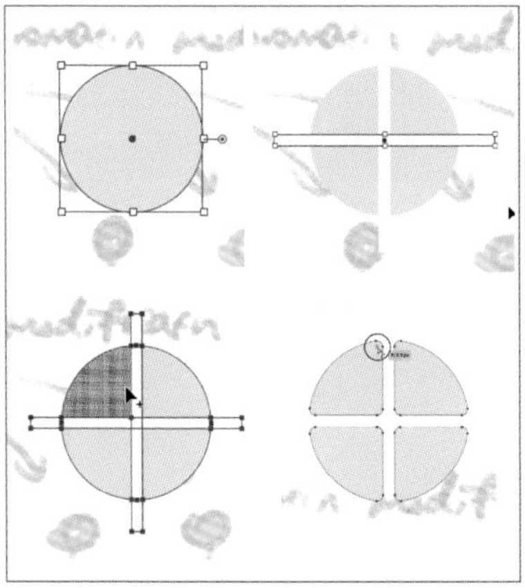

Panel3 和 Panel4：绘制核小体。

绘制核小体的组蛋白：

1. 绘制圆形 + 两个长矩形，并居中对齐；

2. 选中所有图形，按 Shift+M 快捷键，创建 4 个组蛋白亚基，删除多余形状，并制作圆角；

3. 编组并选中，执行【效果 >3D> 凸出和斜角】命令，根据草图调整倾斜角度，凸出厚度 :12~15pt，表面 : 扩散底纹，环境光 :25%~35%，底纹颜色 : 蓝绿色（设置参考左图）。

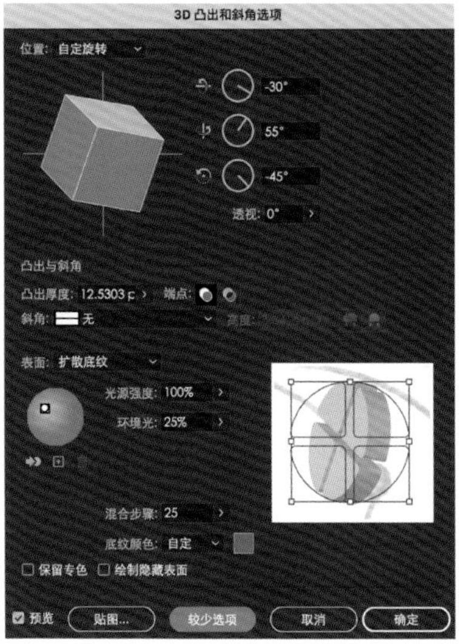

绘制与组蛋白弧度贴合的 DNA，最好的办法是再次应用上述操作中的【3D 凸出和斜角效果】，生成透视角度相同的圆柱体；扩展外观，得到顶面椭圆形；取消填充，设置描边粗细和颜色，得到椭圆轮廓，即为 DNA 单链；平移复制 DNA 单链并设置为浅色，得到 DNA 双链，置于组蛋白上层，调整至合适的位置，剪切 DNA 路径，删除组蛋白遮挡的DNA 部分，或将其置于下层。

绘制核小体的 DNA 双链：

1. 复制初始圆形，执行【效果 >3D> 凸出和斜角】命令；

2. 得到圆柱体，扩展外观，取消编组；

3. 选中椭圆形，设置描边，取消填充，将其置于组蛋白上层，移动至合适位置；

4. 调整描边粗细，选择深绿色；水平复制椭圆形，选择浅绿色；

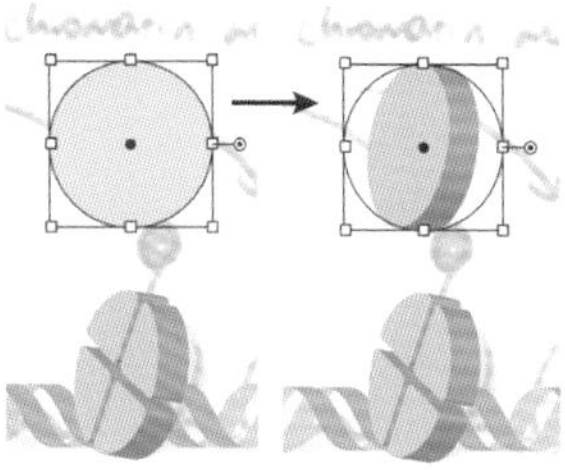

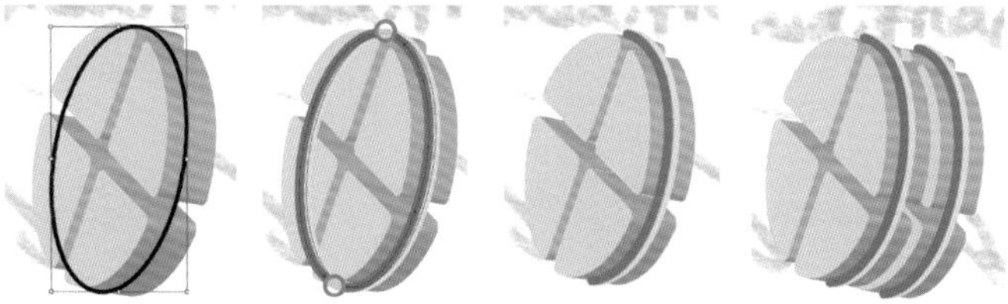

DNA单链路径　DNA双链样式　DNA双链剪切　核小体单元组装完成

5. 使用剪刀工具剪切椭圆形和组蛋白相交的锚点，删除左半边椭圆形路径（即删除 DNA 应该被组蛋白挡住的部分）；

6. 组装核小体，即让 DNA 双链与组蛋白成组，水平复制，并调整叠放顺序。

这部分元素的绘制步骤略微繁琐，需要有耐心和清晰的思路。

表现基因修饰时，通常根据画面空间呈现 3~5 个核小体。Panel3 和 Panel4 中，虽然 DNA 双螺旋和核小体中的 DNA 属于不同比例下的形态，但我们依然将 DNA 从左至右连在一起。为了使其自然过渡，可以以第一个核小体为界，将路径分为两部分，左侧不变，右侧描边调细至 0.7pt 左右，并修改宽度配置文件，使其右侧末端收细，产生“远离观者”的纵深感。由于路径的突然变化藏于核小体元素之后，所以在视觉上并不会显得突兀，这也是我们时常会借助的“视觉欺骗”。

Panel3 和 Panel4

1. 水平复制 3 个核小体，并置于 DNAl 螺旋上层。

2. 调整双螺旋路径，将尾部描边收细，并用曲率工具调整弧度。

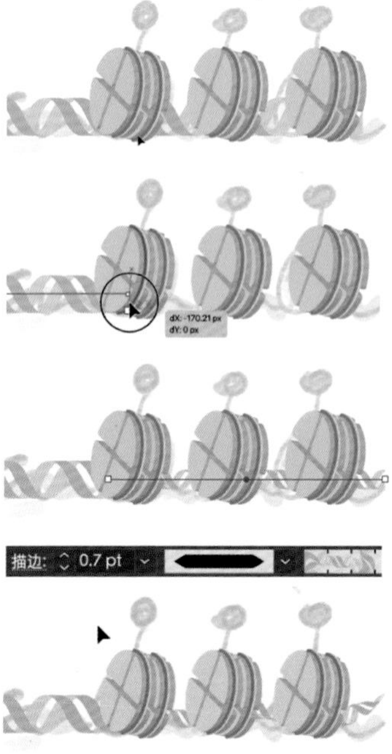

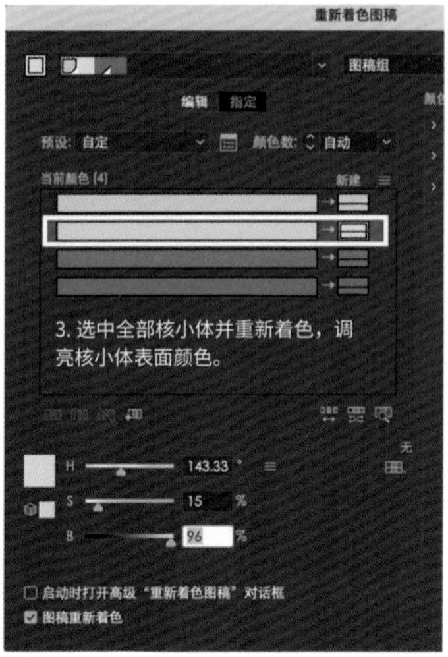

“修饰”元素由组蛋白尾巴（用曲率工具绘制）和修饰部分（用椭圆工具绘制）构成。尾巴使用与组蛋白同色系的深绿色，修饰图形与修饰蛋白的颜色一一对应。

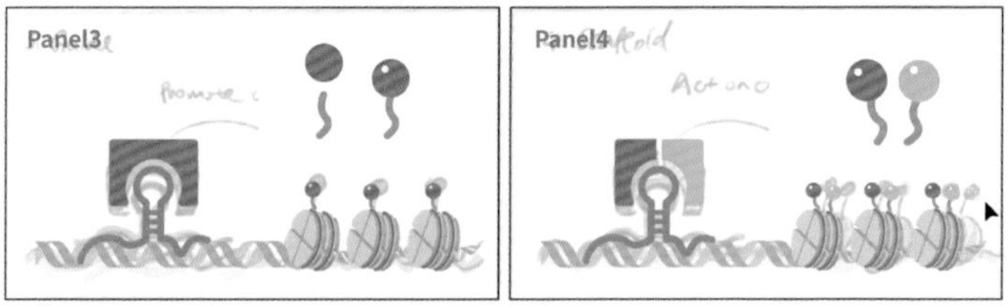

Panel5 中的 lncRNA 需要结合 miRNA，所以其尾巴部分要调整伸平。

降解后的“小点点”通常用斑点画笔工具绘制，绘制过程中，可按] 和 [键调整笔刷大小。条状图案也可以设置成虚线，以表示“降解”。最后调整重复元素的不透明度，创造有机质感。

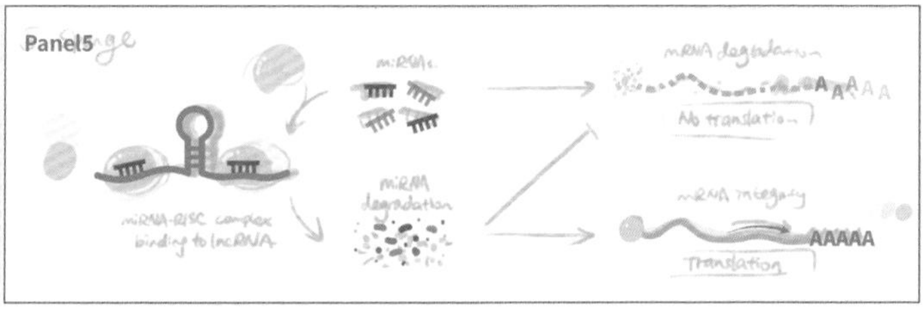

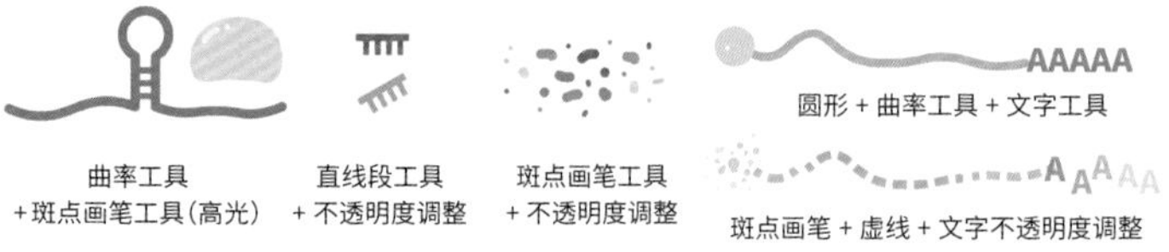

3. 创建箭头和文字，微调润色

创建“arrows”图层，绘制箭头；创建“text”图层，输入文字标识。

草图中手绘的箭头并不十分规整，所以此阶段可以时常关闭草图，根据现有画面效果调整箭头弧度和位置。

最后将一开始绘制的线框改为“浅灰色填充，无描边”模式，并将矩形顶点适当转为圆角。

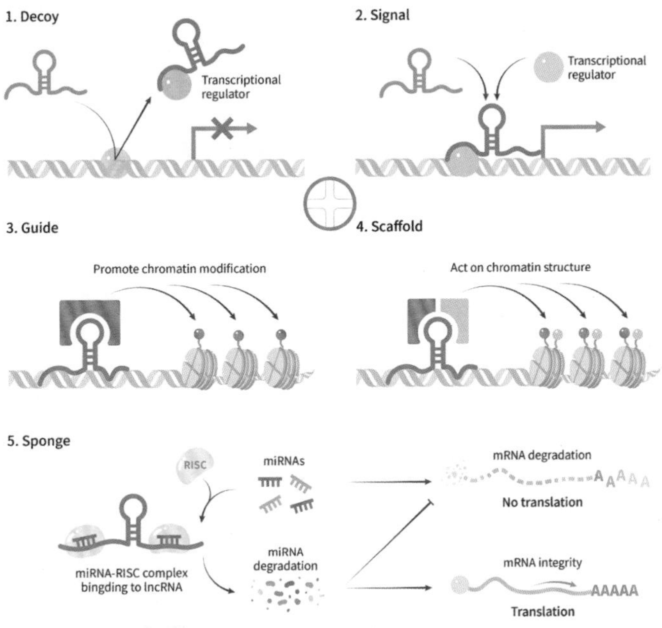

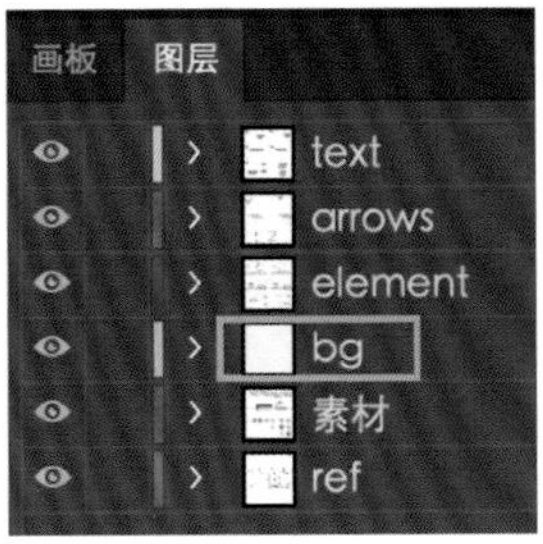

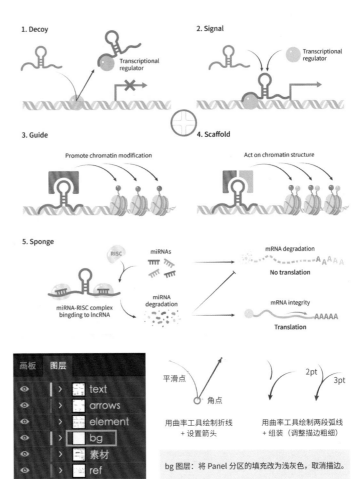

用曲率工具绘制折线 + 设置箭头

用曲率工具绘制两段弧线 + 组装（调整描边粗细）

bg 图层：将 Panel 分区的填充改为浅灰色，取消描边。

创作过程总结

- 信息梳理：厘清每个机制中 RNA 和蛋白质的活动状态，以及最终的基因表达状态。
- 绘制清单：非编码 RNA、DNA 双螺旋（制作笔刷）、核小体、修饰蛋白。
- 排版构图：分区构图。①每个区域按信息逻辑及从左到右的阅读顺序进行排布。在此过程中，可暂用直线代表基因序列，用简单符号和图形代表 RNA 和蛋白质。②先从上至下罗列区域，再根据实际情况进行调整，以保证画面长宽比的平衡。在实际应用中，偏方形的画面构图更为保险。
- 配色方案：①使用浅灰色作为区域背景色，比用线框进行分区更柔和；②环境元素如 DNA 双螺旋使用中性色；③主角元素使用重色，如饱和度适中的青紫色；④根据相近色及互补色原理，分别安排蛋白的颜色。
- 绘制准备工作：创建文档、置入草图、创建画板和图层并重命名、导入图形素材和参考图、创建全局色色板、绘制分区（临时）及环境元素（笔刷）。
- 绘制元素：综合应用曲率工具、基础图形、斑点画笔工具、剪刀工具、3D 凸出和斜角效果、形状生成器等进行路径的绘制和图形的剪切。
- 排布元素：将元素放在主画板上，注意对分图层进行管理。
- 绘制箭头：使用曲率工具绘制弧线、折线箭头、双尾箭头等。
- 调整润色：加入文字后，进行局部元素位置的调整，使区域内留白平衡，使元素在区域之间尽可能平齐。最后加入区域背景色，调整区域边角弧度或保留直角。

遗传学插图创作是一个复杂的系统，涵盖分子遗传学、表观遗传学、基因工程技术、基因编辑等方方面面的知识运用，但所有内容究其根本都是围绕遗传学中心法则，即“遗传信息的流向”而展开的。在设计表达各种遗传调控机制时，只需牢牢抓住“DNA - RNA - 蛋白质”这个大框架，在此基础上调整相关蛋白和非编码 RNA 在复制、修复、转录等过程中起到的作用即可。

扫码观看教学视频

4.5 病毒生活史插图创作

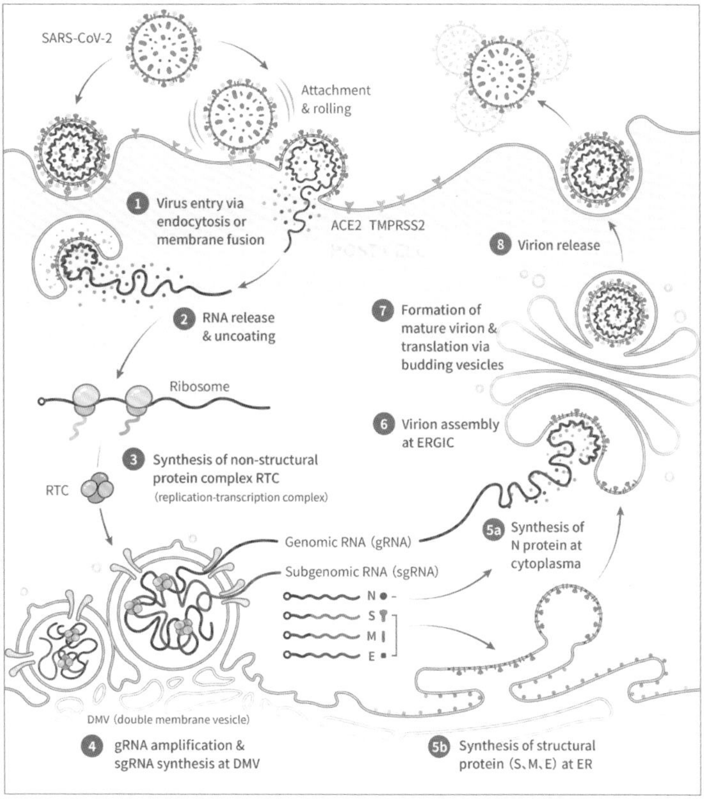

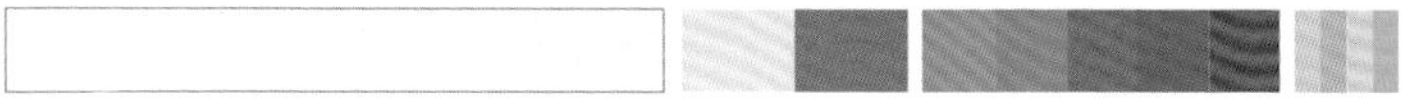

4.5.1 设计思路分析

SARS-CoV-2 的生活史可以分为五大阶段：Entry、RNA Release、Synthesis、Assembly、Release。其中 Entry 有两种方式，Synthesis 又分为病毒蛋白表达（结构 / 非结构）和 RNA 复制。最后标注出每个阶段 / 行为发生的场所。

1. 厘清病毒从进入宿主到释放的主要阶段

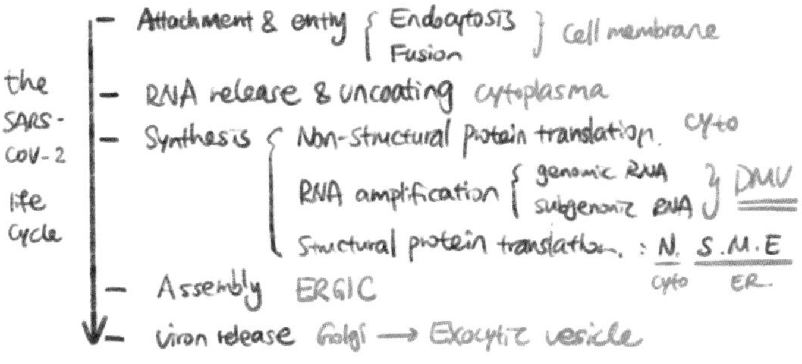

2. 列绘制清单

① Virus: RNA+N. Envelop: S+M+E.

② DMV+. ER system

③ ERGIC + Golgi

3. 草图设计·排版构图

病毒生活史的构图目标是将各阶段顺畅地串联在画面中。我习惯将“C”形弧线作为构图初始模型，不仅能引导读者视线，还具有柔和、圆润的动感。

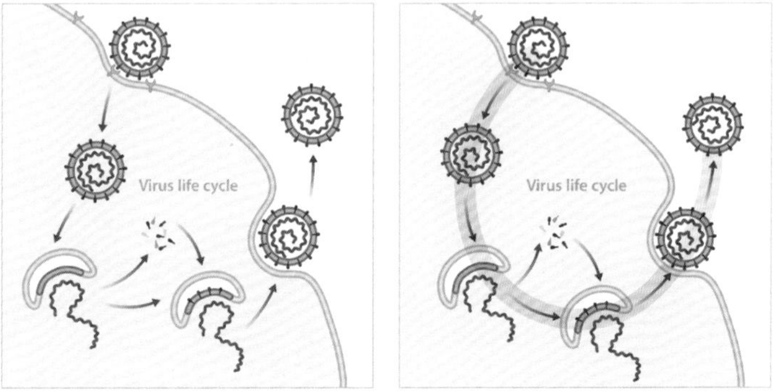

根据 SARS-CoV-2 的实际行为，对“C”形弧线加以变形：①Entry 有两种方式，可以用一个小圆形轨迹进行串联；②蛋白表达为两个分支，分别发生在细胞质和内质网上，之后再进行组装，所以出现了分流和汇合现象，但不影响整体的弧线感。

在这个过程中，可以用圆形代表病毒颗粒，用小短线代表病毒被膜蛋白，快速地进行排布和试错，可暂时忽略蛋白的种类和具体形状。

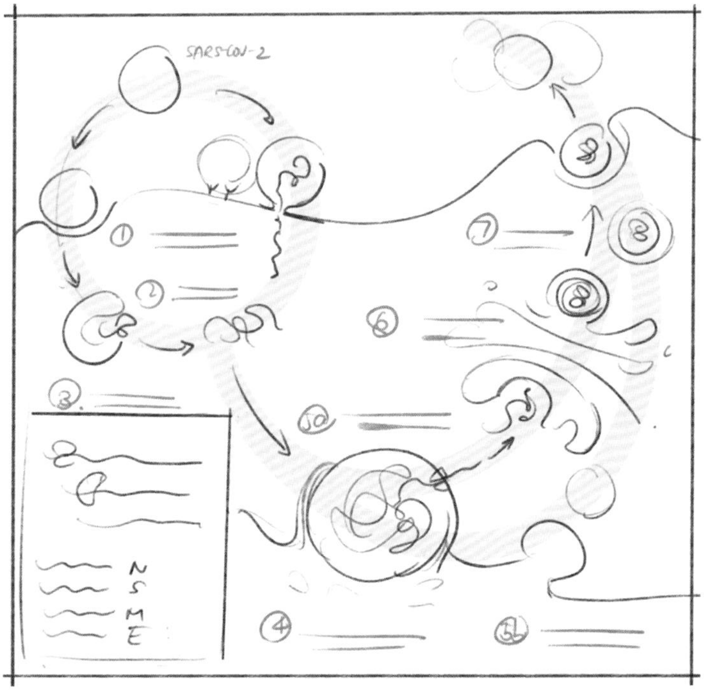

为了将病毒的非结构性蛋白表达、RNA 复制、结构性蛋白表达分阶段交代得更清楚，并且对应在指定的反应场所，需要对下半部分进行修改：①在 DMV 上开两个小孔，分别穿出 gRNA 和 sgRNA；②去掉原本在左下角的小窗口，将 DMV 向左移动，腾出 DMV 和 ER 之间的空间，用于放置 sgRNA（N、S、M、E）；③用箭头明确表现出 NSME RNA 的分流表达；④非结构性蛋白的表达发生于细胞质，将其置于第 2 步（RNA Release）以及 DMV 结构之间，作为单独的第 3 步，在时间和空间上区别于结构性蛋白表达。

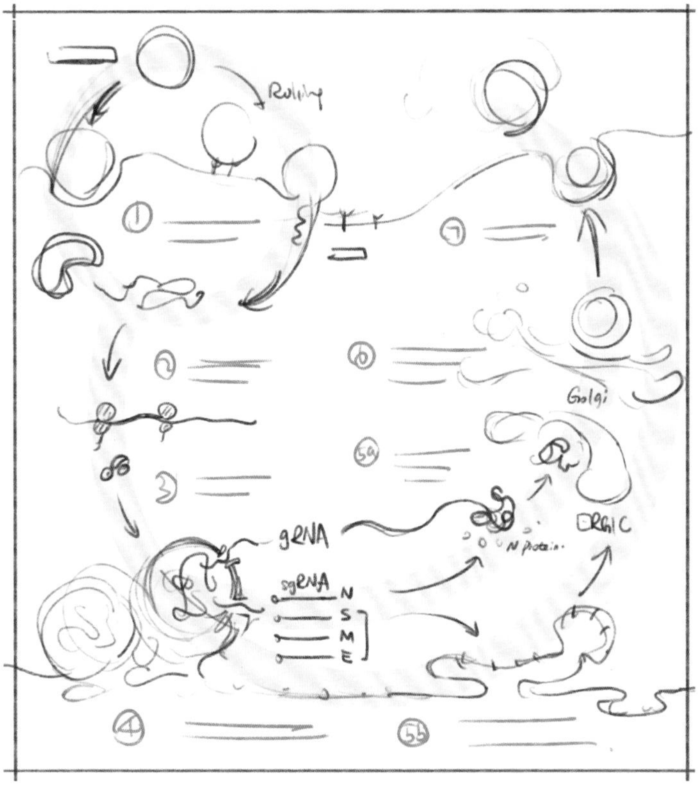

元素设计：病毒结构及各状态下的膜结构。

注意：① SARS-CoV-2 的核衣壳蛋白包裹在病毒 RNA 上；②刺突蛋白的三聚体结构可以突出表现；③膜蛋白和包膜蛋白形态可简化表现；④被膜蛋白的数量可根据实际画面效果调整。

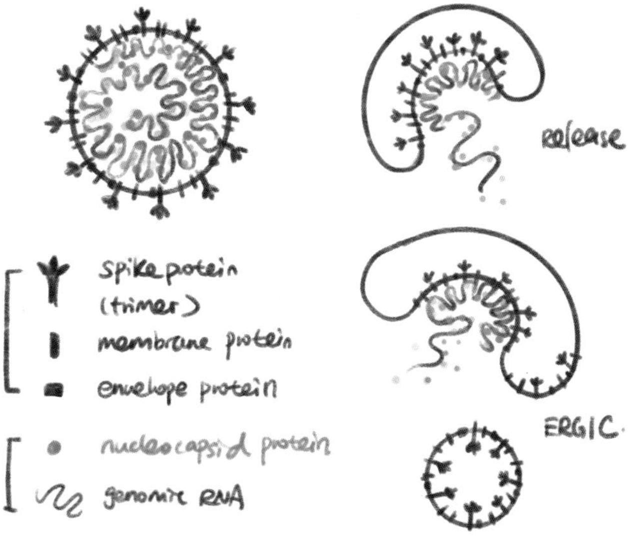

细化草图：明确病毒结构、细胞器形态以及文字标注。随着图形的细化，元素间距可能会有所调整。在一开始的草稿中，最好能预留出一点调整空间，以免细化后画面太过拥挤。

注意，这里 N 蛋白的绿色只是用于区分结构，不是实际用色。

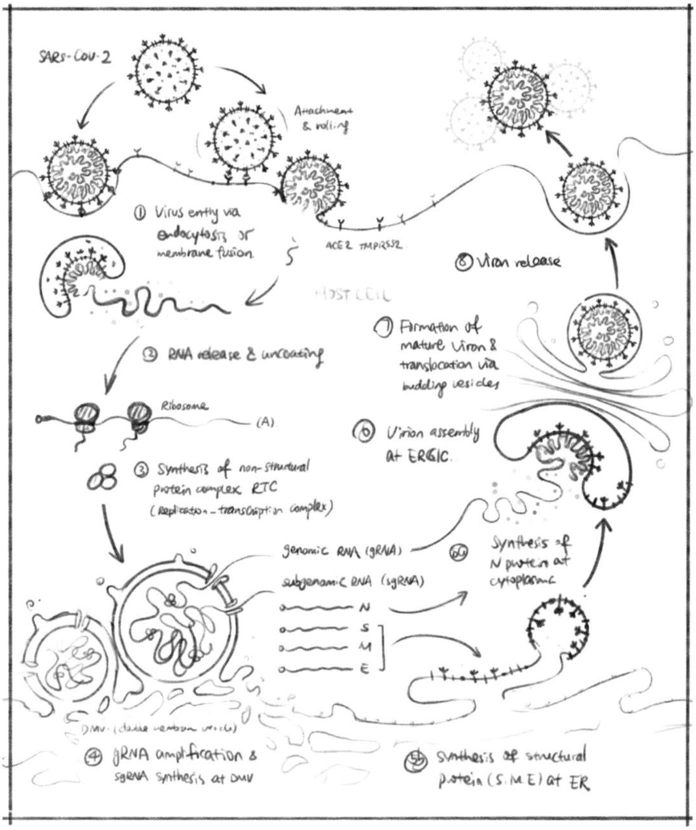

虽然画面元素很多，但仔细观察不难发现，需要确定颜色的元素只有①病毒被膜蛋白；②病毒 RNA 和 N 蛋白；③宿主细胞；④宿主膜蛋白。

病毒为重点元素，宿主为环境元素，因此对后者先使用浅灰色打底，前者的 3 种被膜蛋白可以使用相近色，如绿色、蓝色、紫色，使被膜蛋白看起来连贯；内部的 RNA 和 N 蛋白结合紧密且分布密集，它们的颜色不宜太相近，但最好与被膜蛋白颜色有所关联，因此使用青紫色和玫红色。

4. 草图设计·色彩搭配

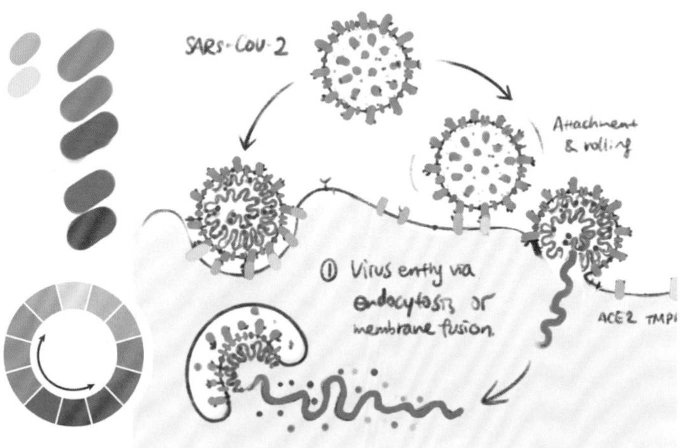

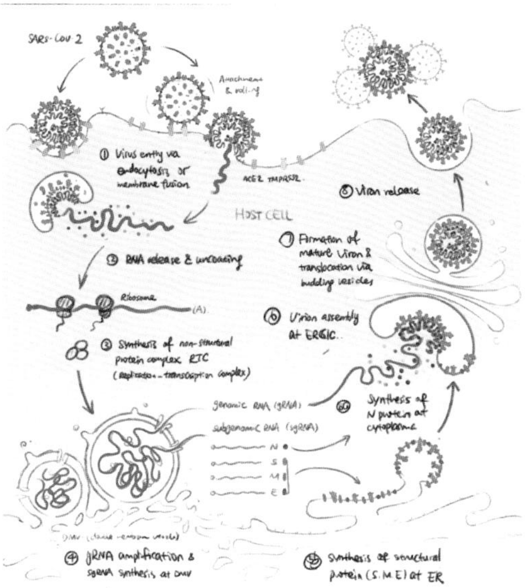

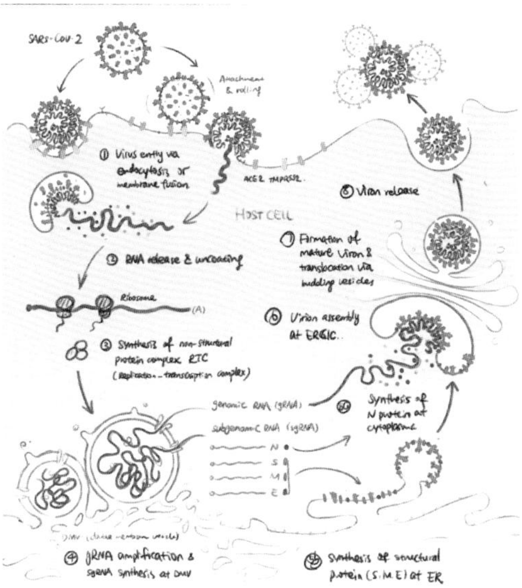

配色方案对比：当 RNA 颜色为青紫色时，整体色调很统一，但可能略显沉闷；当 RNA 颜色为玫红色时，RNA 更亮眼，并且能作为引导观者视线的元素。因此我选择玫红色 RNA+ 青紫色 N 蛋白这组搭配。

宿主细胞膜蛋白与病毒 spike 蛋白结合，优先考虑邻近色搭配。可以从绿色系中选择草绿色和黄绿色。

RTC 作为病毒第一步生成的蛋白，进入 DMV，与 RNA 结合，应选择玫红色和蓝绿色系之外的颜色，防止串色，因此黄色是个不错的选择。

最后，宿主细胞膜结构可留白，避免画面颜色显得沉闷。

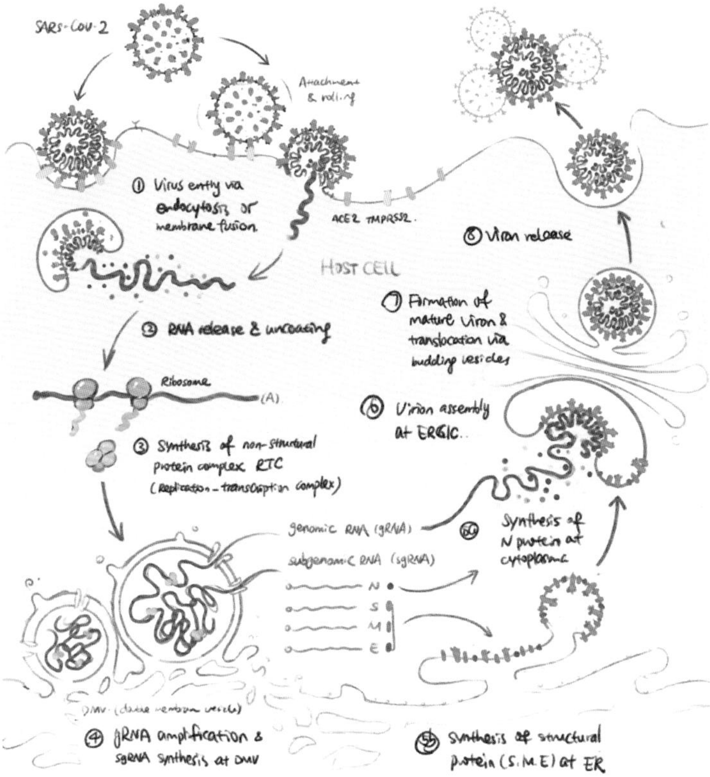

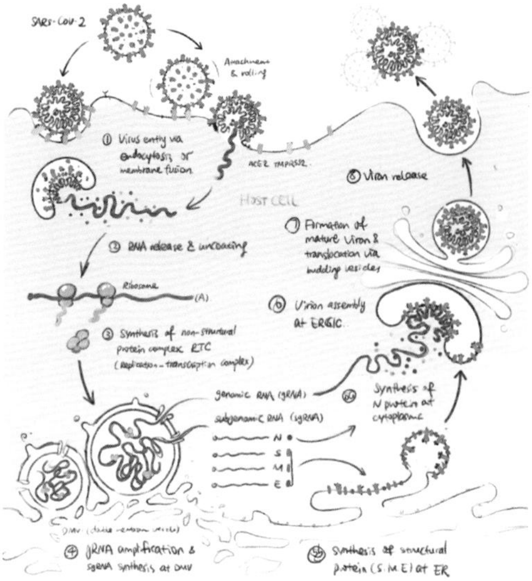

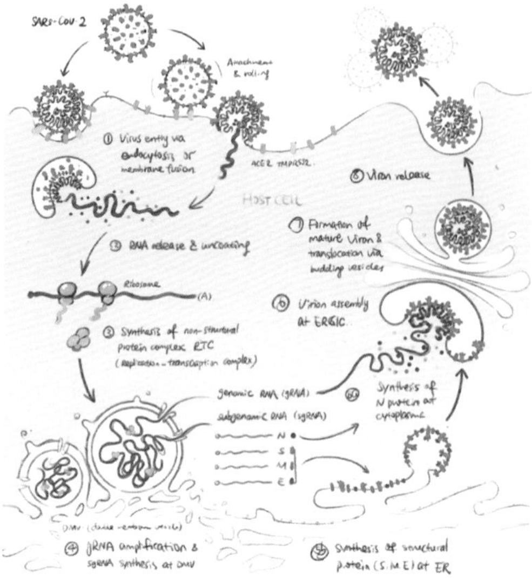

背景对比：纯灰色稍显单调，我们可以加入一点色调进行比较。【青灰色】是非常保险的背景色，和整体的冷色系匹配。但我想让宿主细胞色调与病毒色调有所区别，同时让画面有些新意，于是尝试了中性偏暖一点的【驼色】，这是我比较少用到的颜色，非常有新鲜感，但也担心观者觉得“不够传统”。每一次新的尝试都有可能遇到这样的难题。百般纠结后，我决定折中一下，将驼色往青灰色方向调整一点，调整成【灰绿色】。

虽然我清楚青灰色最为保险，但最后依然选择了不常用的【灰绿色】，进行一些新的尝试！

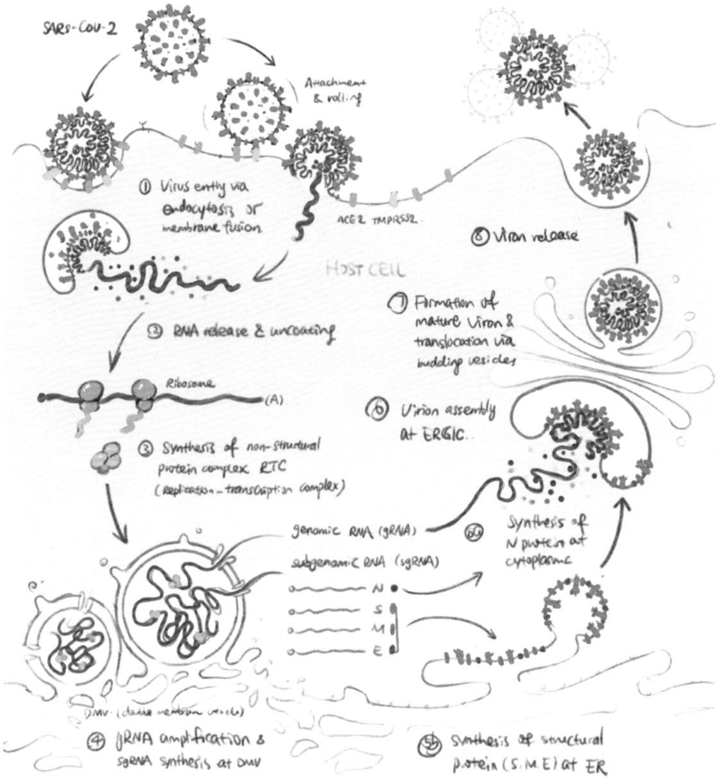

4.5.2 绘制过程全记录

1. 准备工作

- 新建文档、创建画板和图层、拖入草图、创建色卡。
- 根据草图添加文字标识，确保布局合理。

主画板置入草图并复制一份放在画板外，用于参考配色效果；将画板中草图的不透明度设置为 30%。

绘制顺序并非一成不变，当画面文字较多时，可以先输入文字，检查空间是否合适。如果局部显得拥挤，则需要调整构图。

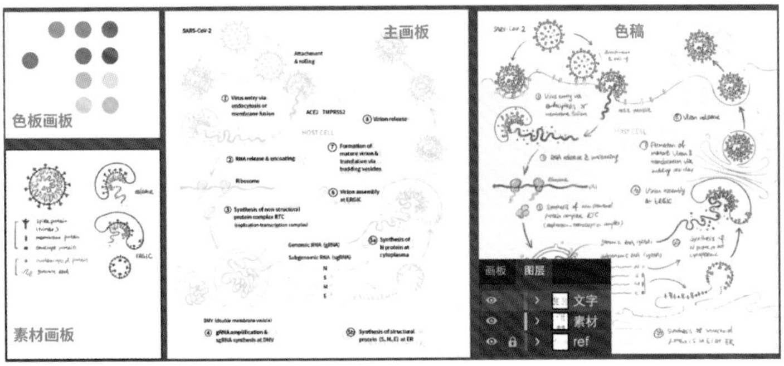

2. 绘制图形元素

- 绘制病毒：被膜蛋白 + RNA。

新建“virus”图层，用于放置病毒颗粒及相关元素。绘制被膜蛋白：参考草图的大致效果，但不用完全一致，体现出 S 蛋白的三聚体特征即可。

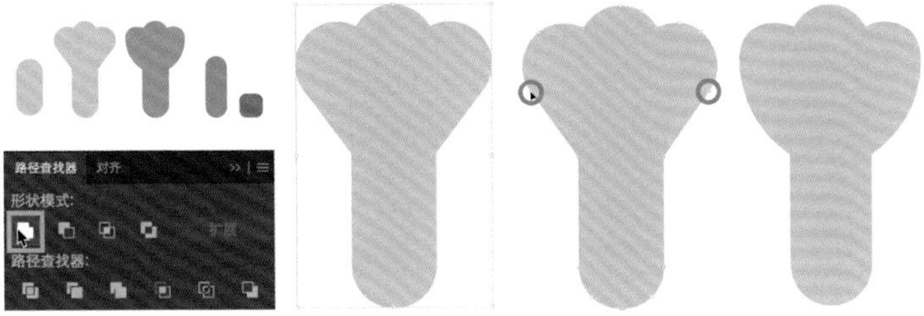

病毒被膜蛋白

spike protein：拼接圆角矩形 > 用路径查找器合并 > 转圆角。

“沿中心点旋转排列”是绘制圆形病毒时的常用操作。注意：①初始元素要与圆形居中对齐；②按住 Alt 键后，鼠标指针在圆形中央移动，直至出现“中心点”提示再单击，否则旋转排列后会偏离圆周。

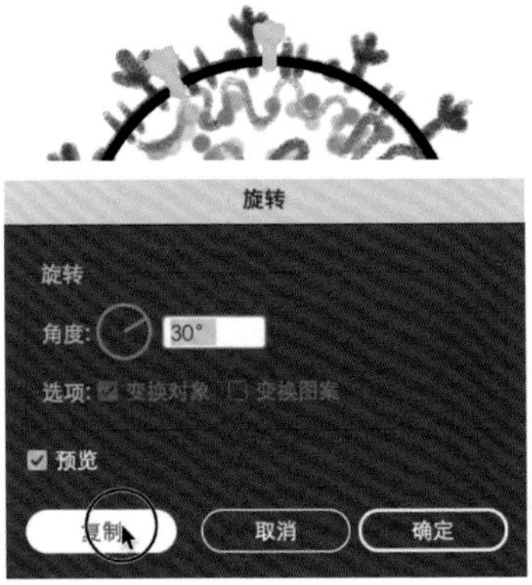

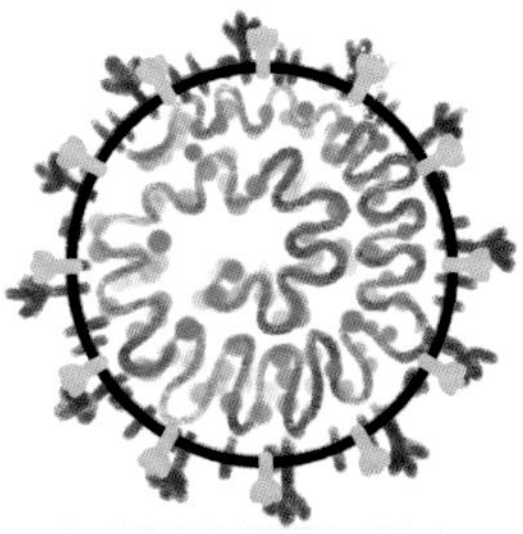

旋转排列图形：选中元素，按快捷键 R 调用旋转工具，长按 Alt 键，同时单击圆心，调用【旋转】对话框，勾选【预览】，输入 30°，单击【复制】按钮，按 Ctrl+D 快捷键复制排列，绕圆形一周。

旋转排列 M、E 蛋白时，不需要严格平均分布，可以先旋转，再删减，制造一些局部变化。

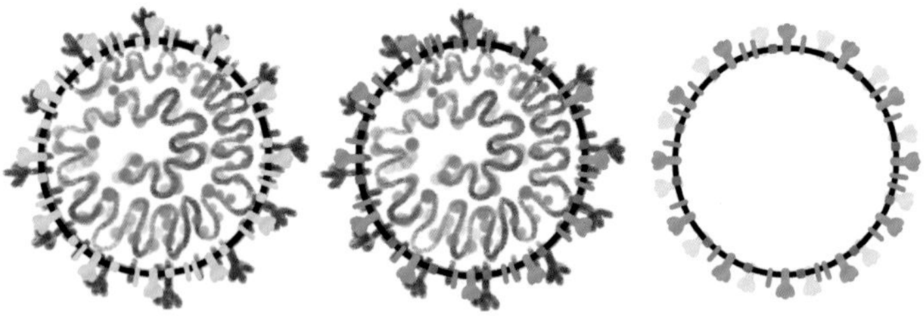

同理旋转排列 M、E 蛋白，根据色稿给蛋白填色，复制 spike 并旋转，将不透明度设置为 30%。

绘制 RNA：先尝试用曲率工具根据草图绘制（如下图所示），局部效果还可以，但放在画面中略显杂乱；最后决定采用波纹效果，得到更为规律的波浪线，同时减少 N 蛋白数量，优化病毒内部疏密节奏。

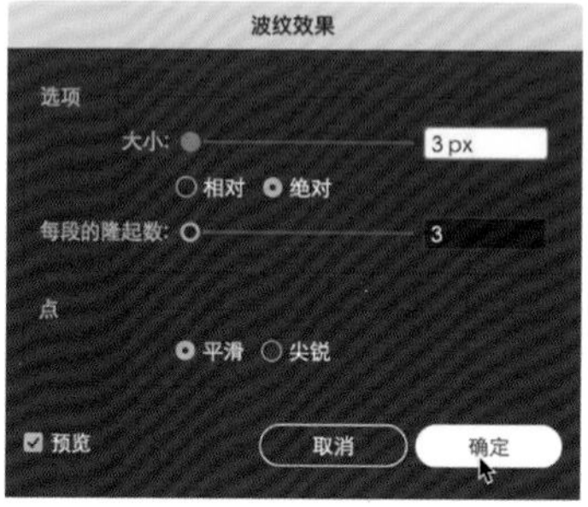

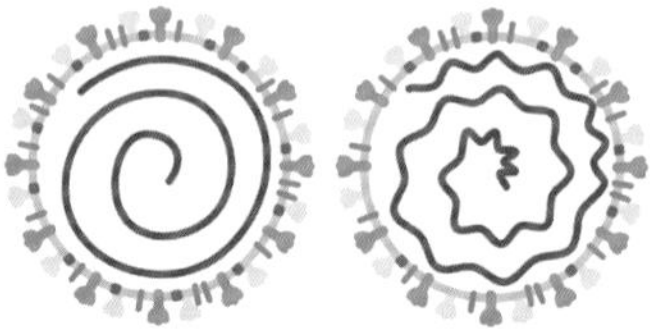

绘制 RNA+N 蛋白：用曲率工具绘制螺旋线，选中螺旋线，为其应用波纹效果，设置【大小】为 3px，【每段的隆起数】为 3，选择【平滑】，得到 RNA 基本形。

在 RNA 螺旋线上按需增加锚点。

用斑点画笔工具绘制 N 蛋白，将笔刷不透明度设置为 40%，再次绘制。

绘制病毒颗粒外观：需要体现病毒的球状表面，用斑点画笔工具绘制呈中心辐射状的被膜蛋白即可，形状不需太细致。

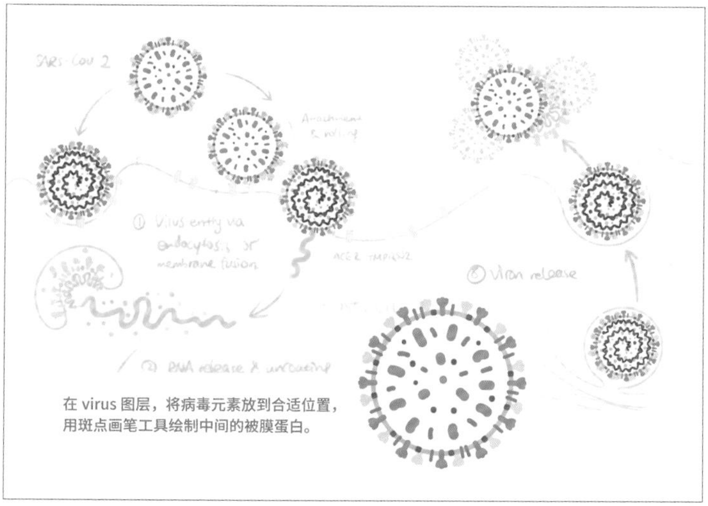

在 virus 图层，将病毒元素放到合适位置，用斑点画笔工具绘制中间的被膜蛋白。

绘制释放和合成的RNA：先使用波纹效果绘制折叠部分，扩展外观后，使用曲率工具从末端锚点开始，继续绘制RNA展开部分曲线。

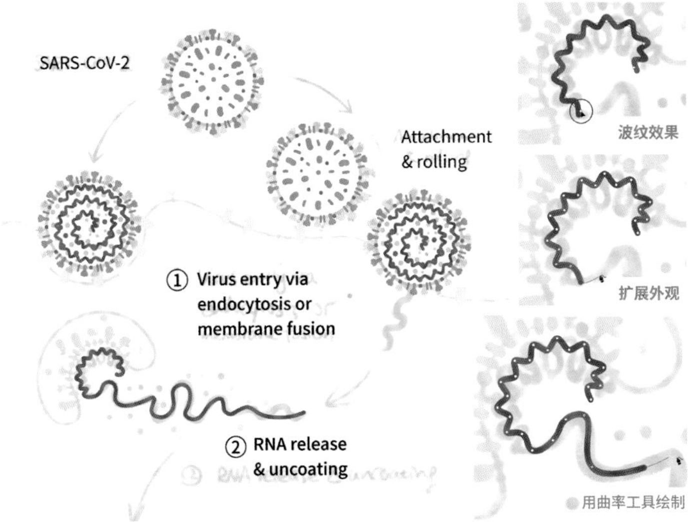

- 绘制宿主细胞膜。

新建“cell”图层，用于放置宿主细胞轮廓等环境元素。

绘制宿主细胞膜：使用曲率工具根据草图绘制起伏的曲线。这里的关键操作是将端点处于画布之外（画面导出后不会显示画布外的部分），并将图形封闭，以方便后续为背景的细胞质填色，否则填色时需要再画一遍形状。

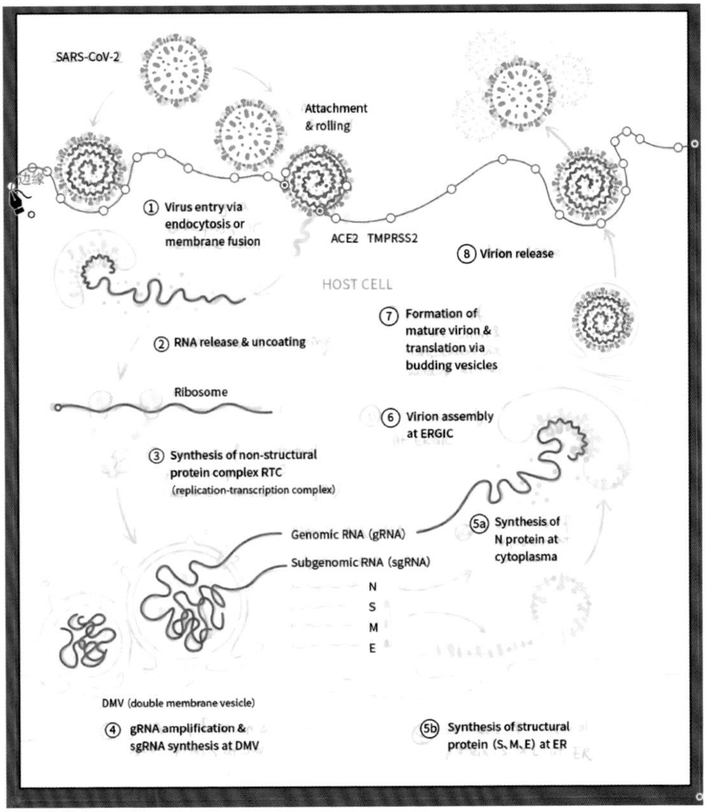

- 绘制细胞器：内质网、DMV、高尔基体。

新建“organelle”图层，用于放置宿主细胞的细胞器：内质网、DMV、高尔基体。

绘制内质网和 DMV：均使用曲率工具绘制。在拐角处可以先添加角点，形状确定后，再将其转为平滑点。

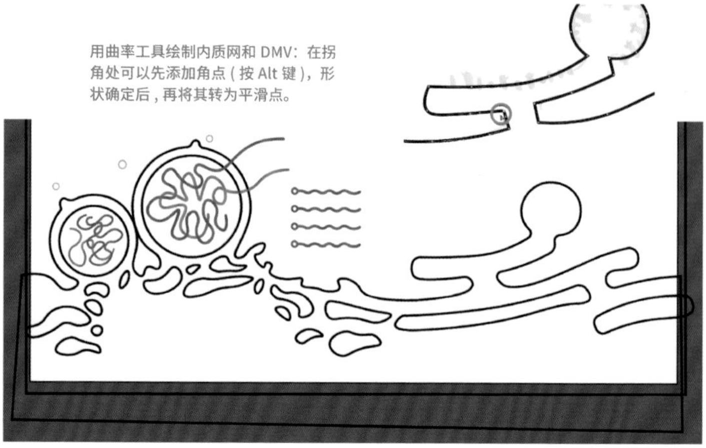

用曲率工具绘制内质网和 DMV：在拐角处可以先添加角点（按 Alt 键），形状确定后，再将其转为平滑点。

绘制高尔基体：条状的图形可以通过曲线变形而成。先绘制出大致走势，再使用宽度工具（Shift+W 快捷键），将曲线两头加粗，中间适当收细，根据高尔基体的形态特征进行细致调整。对形态满意后，再对曲线进行扩展，将路径转化为封闭图形，方便后续编辑上色。

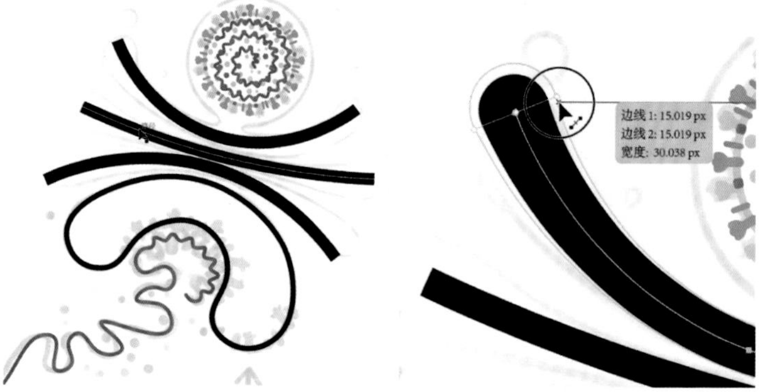

用曲率工具绘制曲线，调整粗细，并设置圆头端点，用宽度工具将曲线两端加粗。

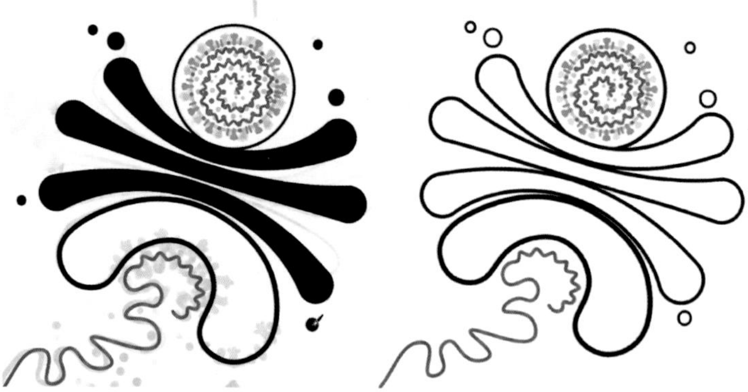

用斑点画笔工具绘制囊泡，对高尔基体曲线进行扩展，按 D 键，得到黑色描边、白色填充的图形。

处理边缘：对内质网和 DMV 的下方，以及高尔基体的两侧进行渐隐处理。使用【蒙版 + 黑色图形 + 高斯模糊】的组合操作。

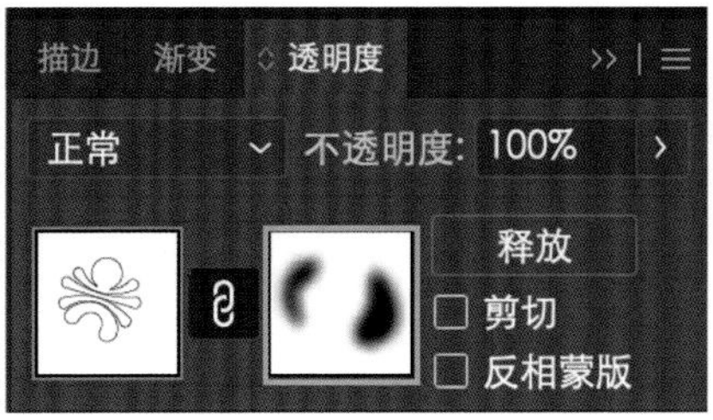

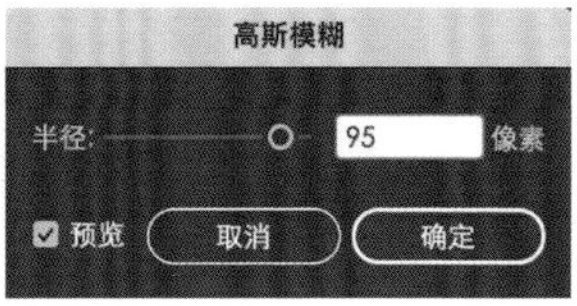

对内质网、DMV 和高尔基体进行边缘处理：设置不透明度，创建蒙版，绘制黑色图形，选择蒙版图形，为其应用高斯模糊效果。

处理 DMV 膜孔：将膜孔蛋白结构摆放到合适位置，创建蒙版，绘制黑色图形，隐藏蛋白所在处的膜结构。

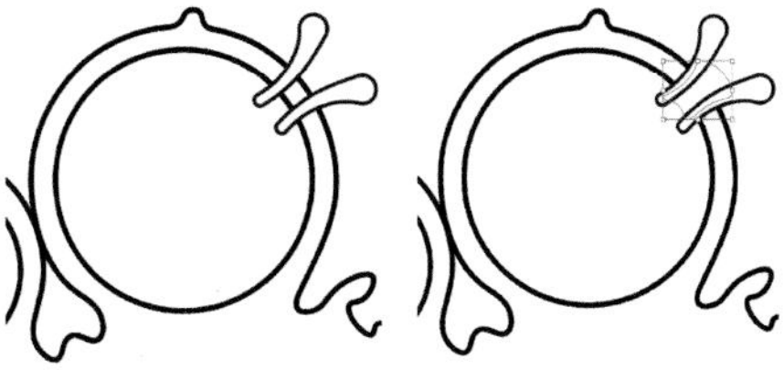

创建 DMV 膜孔：绘制膜孔蛋白，将其放置于 DMV 上，创建蒙版。

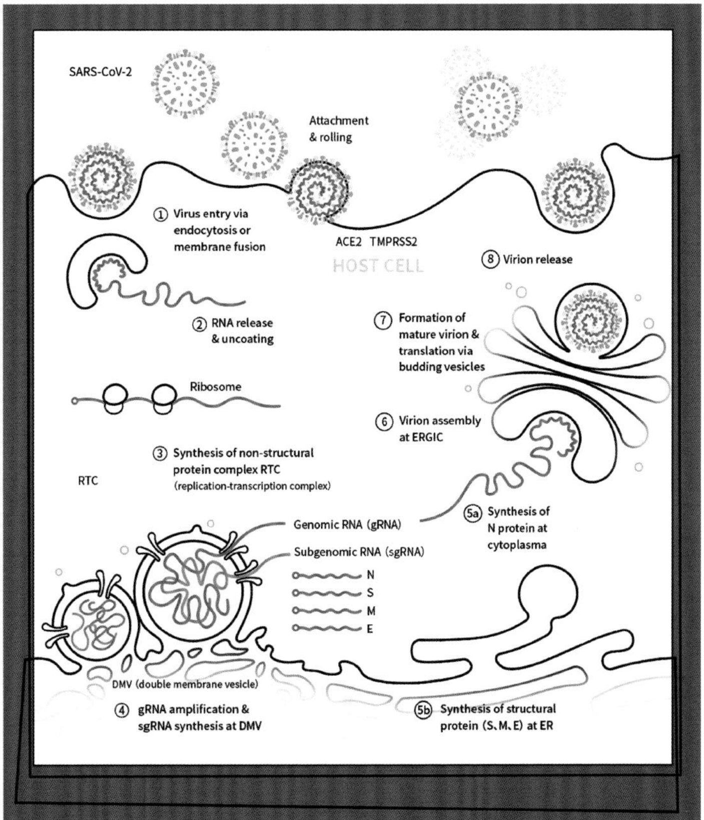

回到“virus”图层，添加病毒结构细节：释放和生成的被膜蛋白及 N 蛋白。

在“organelle”图层添加宿主细胞膜蛋白 ACE2、TMPRSS2。虽然膜蛋白不属于细胞器，但这里不需要再分一层单独放置它们，它们和细胞器没有空间重叠，因此可以合并管理。

- 添加细节结构。

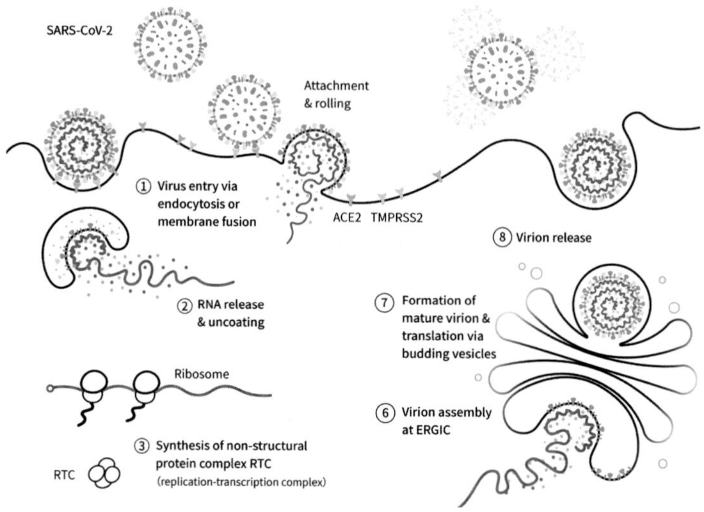

新建“arrows”图层，添加箭头。注意，草图是手绘的，箭头的弧度不够准确，绘制时可以根据实际情况调整，着重确保箭头的连续性，并相应微调箭头两侧及周围元素的位置。

至此，元素绘制完成。图层管理如下图所示。

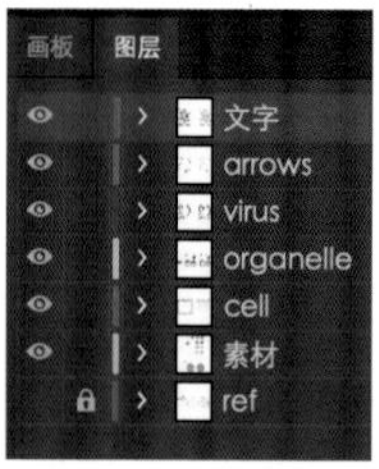

- 添加箭头，微调元素位置。

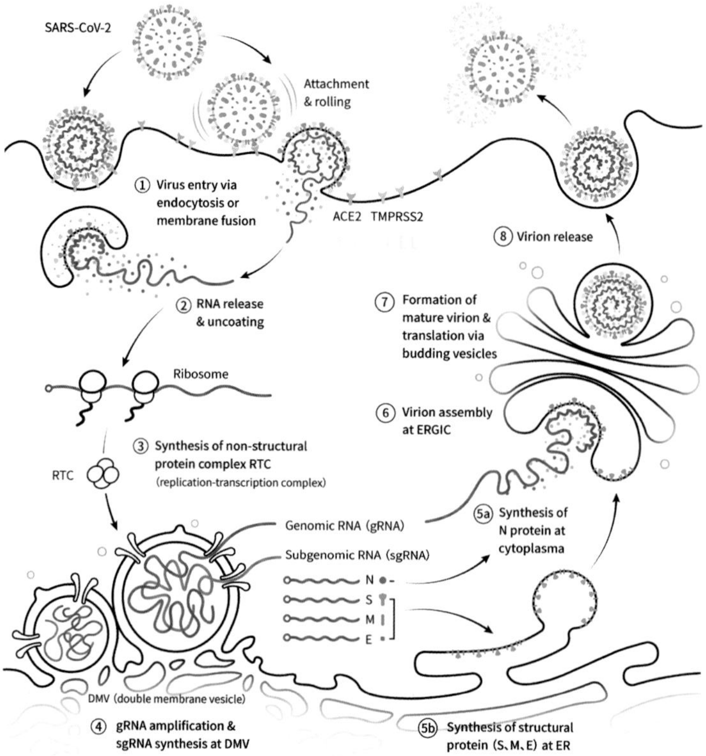

3. 上色

将前面绘制的细胞形状原位复制粘贴；在新复制的图形上，用剪刀工具剪出细胞膜路径段，其余路径删除。这一段细胞膜路径用于“膜结构上色”，封闭的细胞形状则用于“细胞质上色”。在 AI 中，我们经常会“一物多用”，提高效率的同时，确保画面元素的统一性。

细胞质上色：应用渐变填充处理画面下方的区域，即从淡灰绿色逐渐变为白色，相当于下方留白。这种方法适用于细胞背景区域较大的情况，让画面更透气。

使用渐变填充时，我的习惯是先使用黑白预设调整渐变角度以方便观察，确认角度后，再替换颜色。

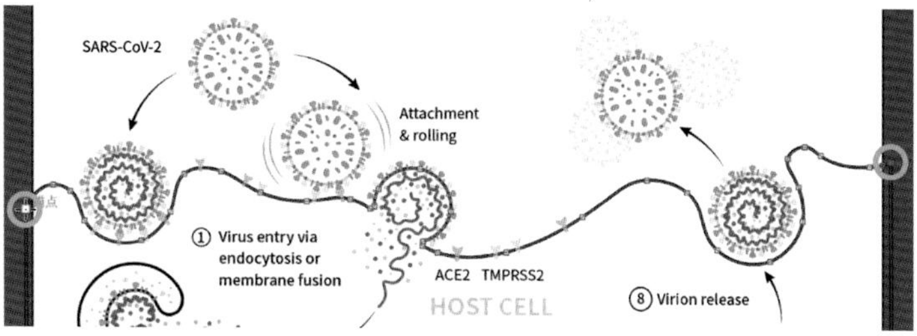

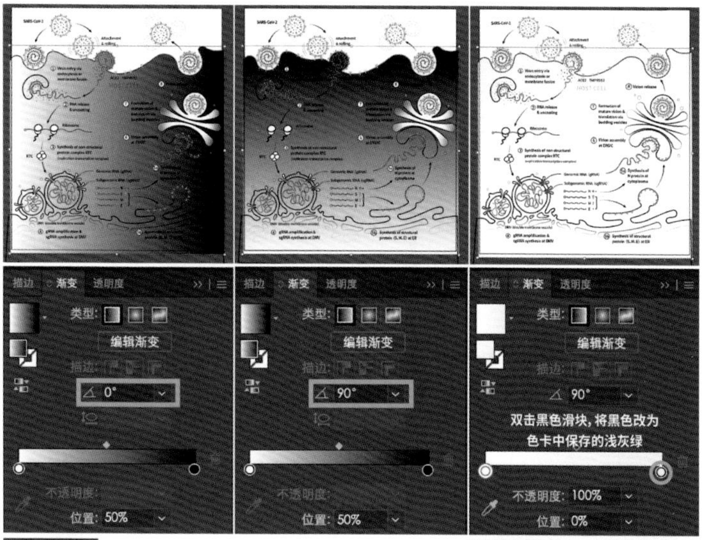

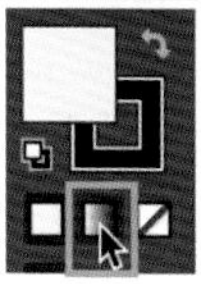

填充 > 渐变
预设：黑白。

将角度改为 90°，实现画面下边缘颜色渐变隐藏的效果。

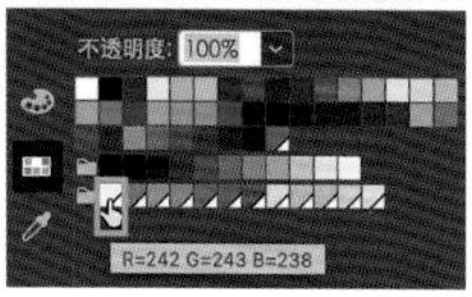

膜结构上色：可以直接选择对应的颜色，也可以对曲线进行扩展后，设置填充和描边颜色，体现磷脂双分子层结构细节。注意：路径扩展为形状后不方便编辑，所以在扩展之前一定做好备份。

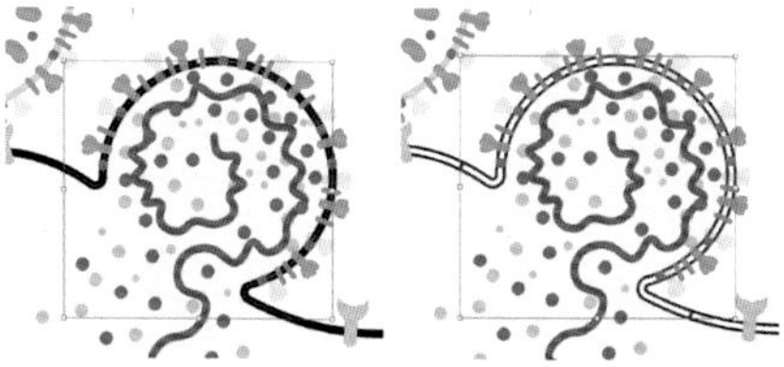

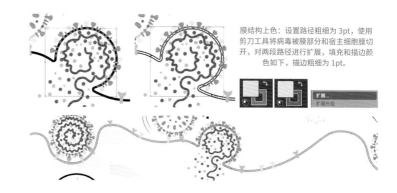

膜结构上色：设置路径粗细为 3pt，使用剪刀工具将病毒被膜部分和宿主细胞膜切开，对两段路径进行扩展，填充和描边颜色如下，描边粗细为 1pt。

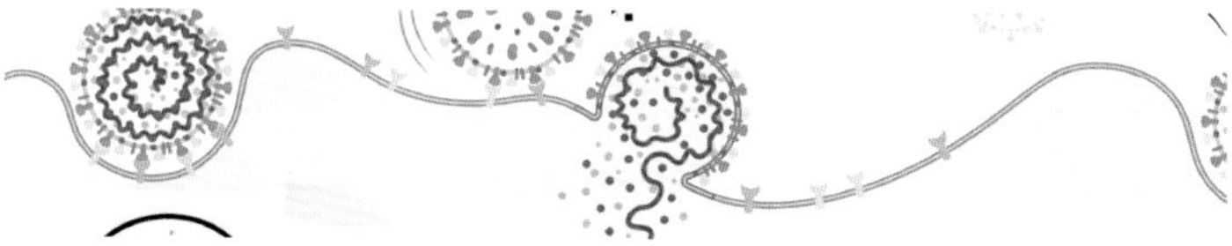

对于有空腔的膜结构，可以先将图形填充设置为白色，将描边设置为黑色。扩展后得到两个独立的图形：膜、空腔。此时两个图形在一个组里，可以取消编组（Ctrl+Shift+G 快捷键）后分别编辑，也可以双击进入组进行编辑。

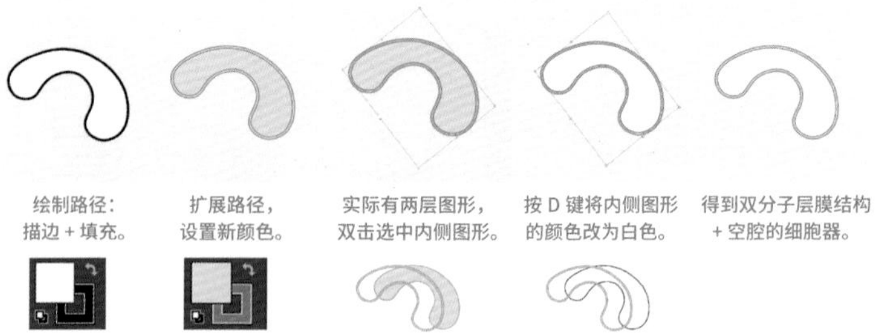
绘制路径：
描边 + 填充。
扩展路径，
设置新颜色。
实际有两层图形，
双击选中内侧图形。
按 D 键将内侧图形
的颜色改为白色。
得到双分子层膜结构
+ 空腔的细胞器。

同理，内质网、DMV、高尔基体这些膜结构采取同样的上色方式。

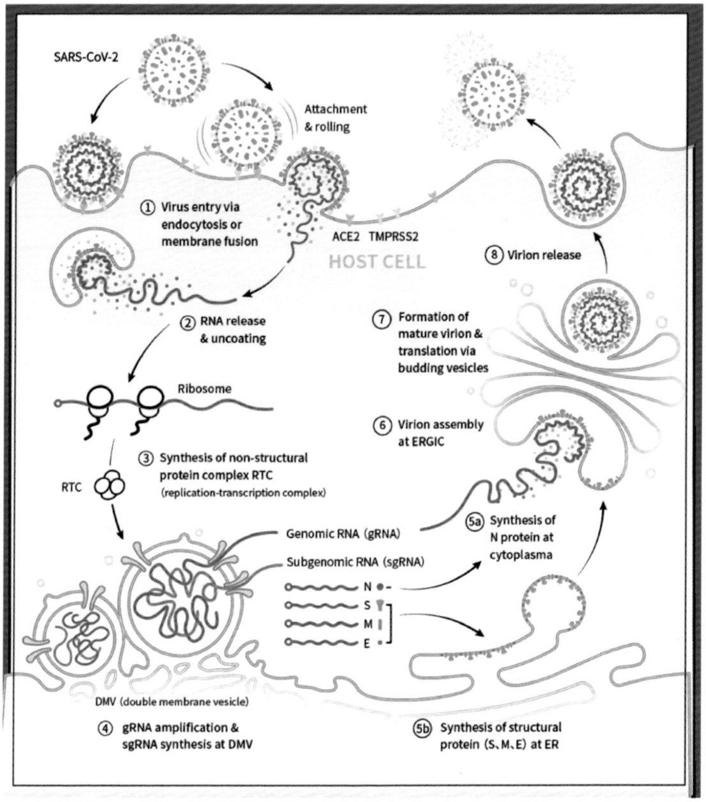

核糖体的配色和宿主细胞对应（灰绿色系），RTC 采用黄色系。可以根据画面效果适当调整元素不透明度。

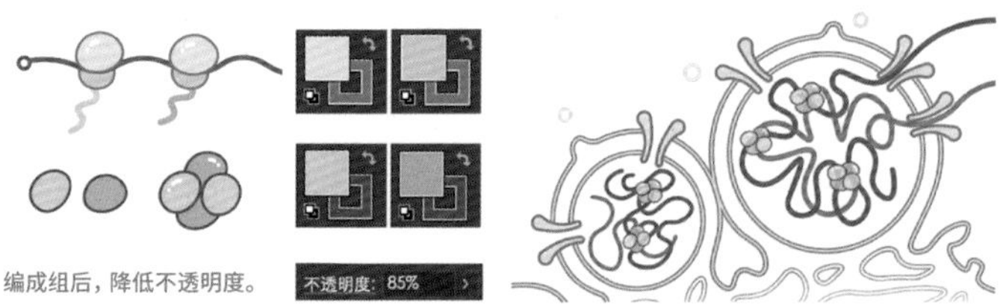
编成组后，降低不透明度。
不透明度: 85%

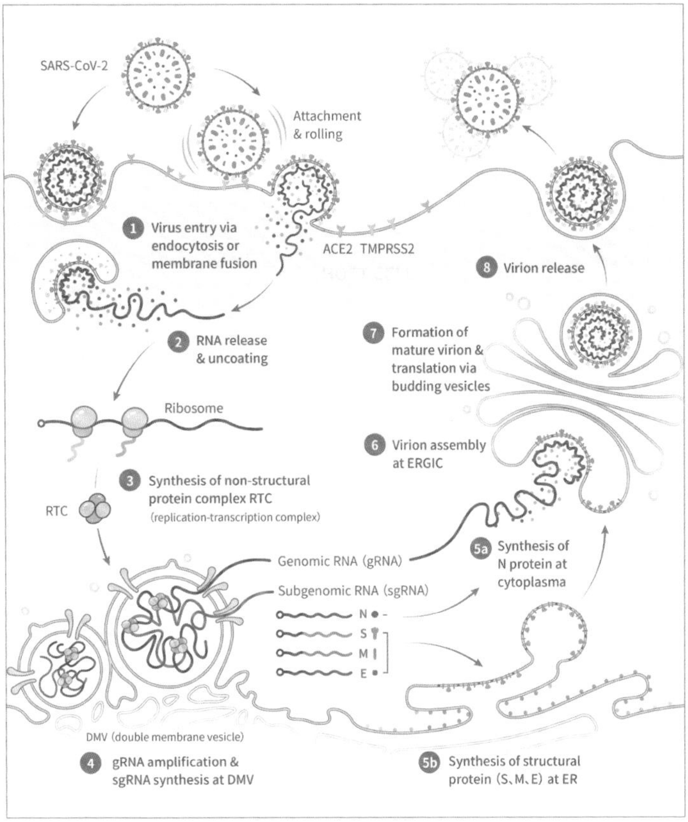

文字、箭头上色：文字颜色可略重于箭头及序号的填色，以便于阅读。

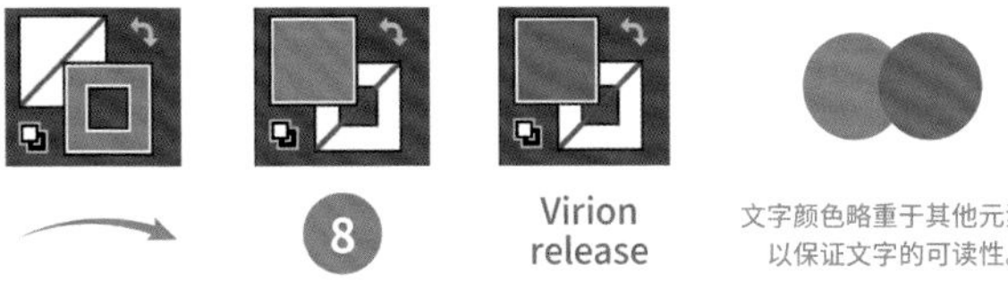

文字颜色略重于其他元素，以保证文字的可读性。

整体观察，微调局部颜色，比如为 sgRNA 和病毒蛋白建立颜色对应关系。另外宿主膜蛋白的草绿色比较浅淡，需要适当增加色彩浓度。

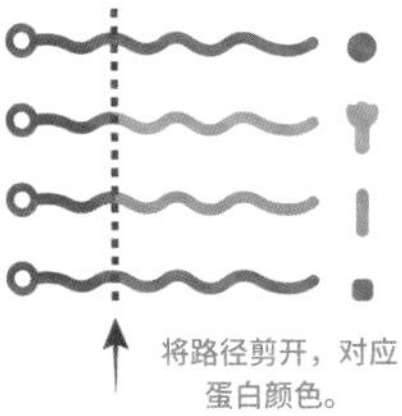

将路径剪开，对应蛋白颜色。

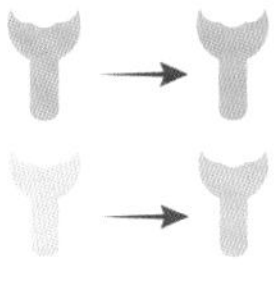

调整宿主膜蛋白颜色，增加色彩浓度。

创作过程总结

- 信息梳理：厘清病毒从进入宿主细胞到释放的主要阶段，并明确每个阶段行为发生的场所（细胞质、细胞核、细胞器等）。
- 绘制清单：病毒元素（被膜蛋白、RNA+N 蛋白）、宿主细胞和细胞器。
- 排版构图：对“C”形加以变形，体现元素动感、画面连贯性和趣味性。
- 配色方案：①对于较为复杂的画面，先确定需要上色的元素，从中选择重点元素，并进行优先分析，比如这里的病毒元素；②当有多种可行方案时，可以将其并排放置，对比整体效果。
- 绘制准备工作：创建文档、置入草图、创建画板和图层并重命名、创建色板。当画面中文字标识较多时，可以先添加文字，检查当前构图是否给文字留有足够空间，如果局部显得拥挤则需要对构图进行调整。
- 绘制元素：使用旋转工具排列病毒被膜蛋白，使用波纹效果和曲率工具绘制病毒 RNA，使用斑点画笔工具绘制点状 N 蛋白，使用曲率工具绘制宿主细胞膜、内质网和 DMV，使用曲率工具和宽度工具绘制高尔基体……
- 绘制箭头：注意箭头之间的连贯性，可以将画布缩小观察，最理想的情况是箭头连接形成圆形轨迹。在此过程中可适当调整周围元素的位置。
- 上色：对背景可使用由浅色到白色的渐变色填充；为膜结构上色时可以通过扩展体现磷脂双分子层效果，扩展前最好先进行备份。
- 润色调整：检查颜色是否显眼，尤其是草绿色等高亮颜色。

病毒生活史插图是画面内容比较多，构图和绘制过程都较为复杂的一类插图。在创作时，需要在草图阶段多花时间进行元素排列方式和配色方案的对比；也需要在绘制时将各种绘制方法和技巧融会贯通，争取用最高效的方法实现最满意的图形效果；在绘制过程中也经常需要停下来进行整体观察和局部微调，优化细节，提升画面精致度……总之，这是一场有点辛苦但会给人带来成就感的创作之旅。

4.6 图文摘要创作

在 4.1~4.5 节中，我们总结了不同主题插图的设计思路和创作流程。不同主题的插图在设计上的考量各有侧重，如免疫机制图侧重于图形，包括细胞形态的特征化表达以及细胞的有序排列等；流程图和通路图则侧重于逻辑链的呈现，图形语言比较简单；遗传学机制图和病毒生活史插图可能包含较为复杂的小步骤，因此对构图的连贯性要求高。图文摘要创作（Graphical Abstract，GA）可以说是以上内容的综合演练，需要我们灵活地运用设计思维，有意识地规划画面。本节我们将详细分析 GA 的投稿要求和设计要点，并演示 GA 的设计与绘制过程。

4.6.1 GA 投稿要求

作为一篇文章的“门面”，期刊对 GA 有着更为严格的格式和内容要求。以 *CELL* 给出的官方指南为例，投稿要求大致可分为以下几点。

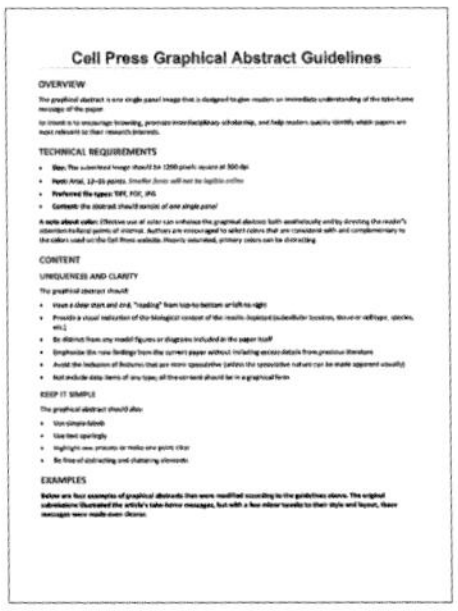
Cell Press Graphical Abstract Guidelines

OVERVIEW

TECHNICAL REQUIREMENTS

CONTENT

UNIQUENESS AND CLARITY

KEEP IT SIMPLE

EXAMPLES

CELL Press 发布的图文摘要官方指南

- 图片尺寸：规定图片尺寸为 1200 像素 ×1200 像素，限定的版面大小和方形比例对于构图起着决定性影响。需要注意的是，不同期刊对尺寸的要求略有不同，需要提前确认。
- 字体：Arial，12~16pt。如果未做明确要求，可使用任何非衬线字体。
- 导出格式：TIFF、PDF、JPG。
- 构图要求：①使用一个单独的面板，图中不再细分“a、b、c、d”面板；②遵循传统的从上到下、从左到右的阅读习惯；③文字标注尽可能简化，画面元素尽可能简洁，不使用易导致分散注意力的元素。
- 内容要求：①和内页插图内容有所区别；②在信息上进行取舍，重点讲述新发现，而不是课题内容概述；③避免包含推断的内容；④全部使用图形的形式，不包含实验数据以及机制细节；⑤明确交代实验发生、实验结果产生的生物学环境，比如实验动物、器官组织、细胞类型等。
- 配色要求：①有效使用重色，引导读者关注关键信息；②配色平衡，画面整体美观，具有视觉吸引力；③避免使用高饱和度的颜色，以免让读者视觉不适或分散注意力。

4.6.2 GA 设计要点

围绕“保持简练、清晰和独特”这个宗旨，做到以下几点。

- 简洁明了地呈现元素之间的逻辑关系，避免无效地重复使用元素；信息流向要遵循读者阅读习惯，避免使用弯弯绕绕的箭头。

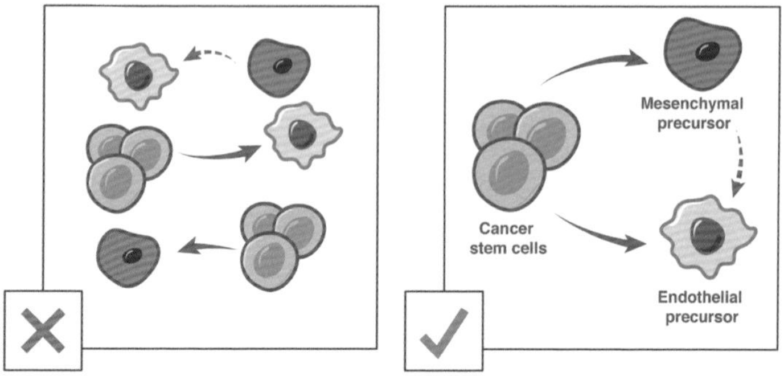

- 对文献信息进行有效取舍，体现重点和创新点，不堆砌数据。

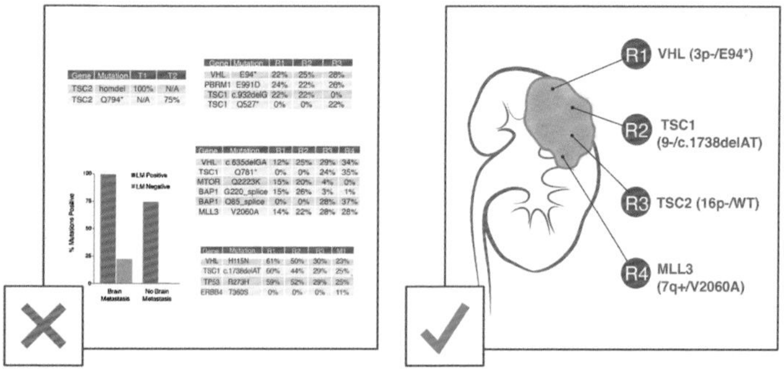

- 画面呈现的内容均为研究所证实的，避免出现有争议或处于推测阶段的内容。

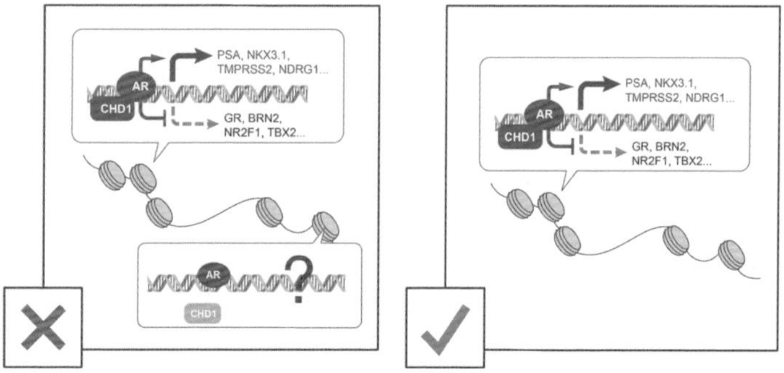

• 同层级文字标注的字体、字号、粗细要保持一致；对于不同层级的文字标注，不要出现 3 种以上的字号，并且字号之间不要相差过大；尽量避免在竖直方向上书写文字，以免导致阅读不便。

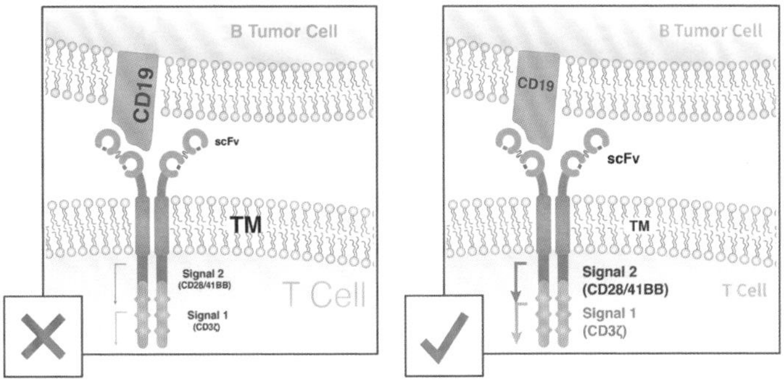

• 元素的形状、大小、颜色都要保证有足够的对比度，确保可读性。

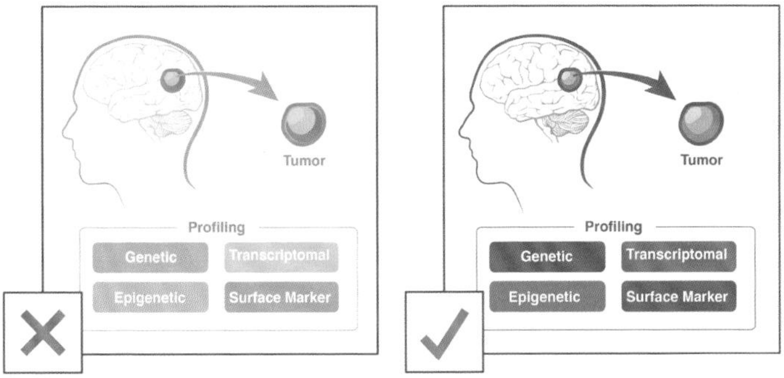

• 合理使用具有高辨识度的形状，比如人物形状、实验动物形状、器官剪影形状等，以起到快速传递信息并且吸引读者阅读的作用。

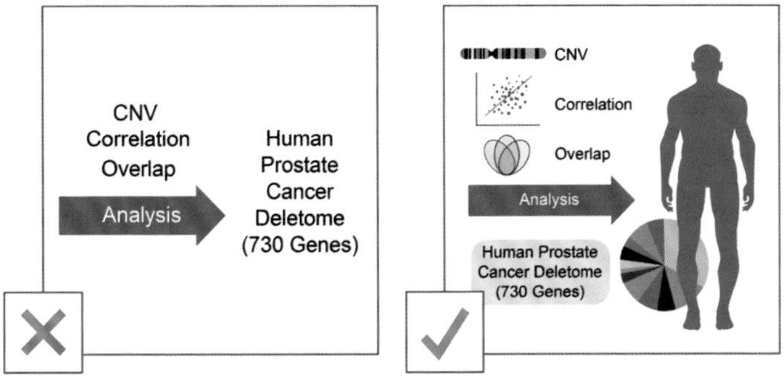

扫码观看教学视频

4.6.3 GA 案例全记录

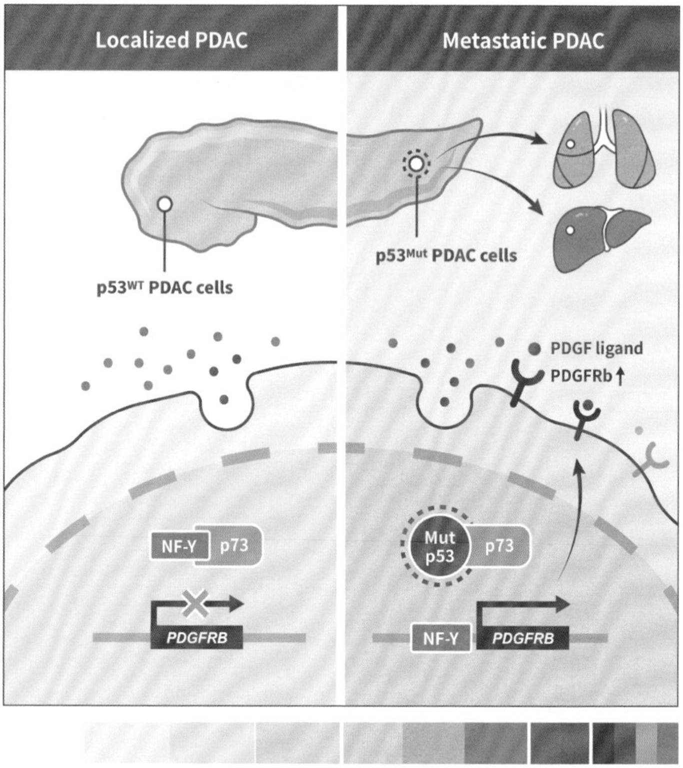

本小节我们将以一篇以“PDAC”为主题的文章的 GA 为例，讲解创作中的各种考量，以及完整的 GA 绘制过程。

1. 厘清逻辑关系，明确信息流向

GA 设计中最常出现的问题是试图“面面俱到”，包括文章中的全部信息要点，把 GA 硬生生变成图文综述。如果有这种思维定式，那么我们可以先清空一下思绪，回答如下问题。

实际上就是按生命体的构成等级进行梳理：解剖结构（器官 - 组织）- 细胞 - 分子。

- 故事的主要场景在哪里？（实验动物或人 / 器官 / 组织）
- 故事的主角是谁？是否有对照？（细胞）
- 主角的关键机制是什么？（目标基因 / 最终细胞行为）
- 机制中的核心是什么？（基因突变 / 靶向位点）

如此从宏观到微观分析，能帮助我们从微观机制中跳脱出来，从众多信息中抓住最核心的信息骨架。旁支信息如果不能体现该研究的原创性，则应该将其省略。保持简单！并非画面内容越多越好。

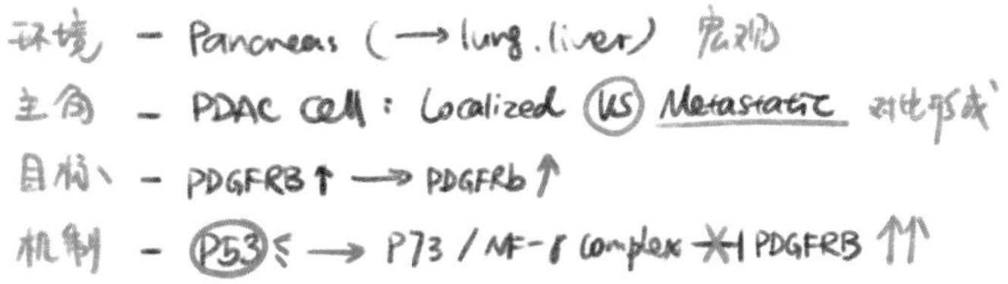

环境 - Pancreas (→ lung. liver) 宏观
主角 - PDAC cell : Localized VS Metastatic
目标 - PDGFRB ↑ → PDGFRb ↑
机制 - P53 → P73 / NF-Y complex PDGFRB ↑↑

2. 列绘制清单

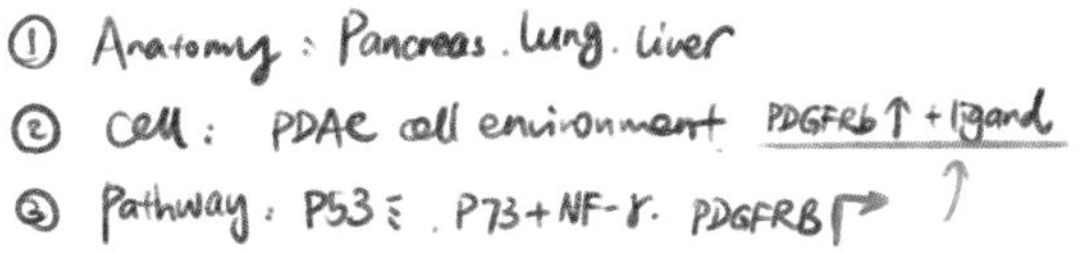

① Anatomy : Pancreas. lung. liver
② Cell : PDAC cell environment PDGFRb ↑ + ligand
③ Pathway : P53 . P73 + NF-Y. PDGFRB

3. 草图设计·排版构图

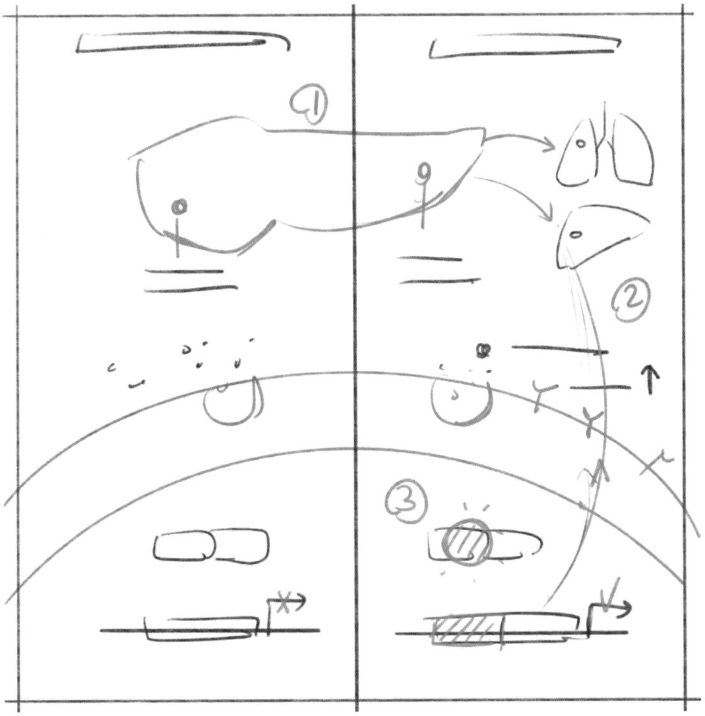

构图原则：整体、简洁、连贯。①共用元素：把胰腺和肿瘤细胞一分为二，创建连续的背景元素。localized 和 metastatic 的发生地均为胰腺的 PDAC 细胞，并且胰腺也刚好适合横向放置。肿瘤细胞轮廓不论是平直形还是圆弧形，都能够横向贯穿画面。这里使用了圆弧形，以增加一点视觉上的趣味性。②连接性：尽可能将相隔一段距离的箭头安排在一条隐形的曲线上，以进一步增强视觉连贯性。③突出关键变量：利用形状、颜色等属性突出重点元素。

确定大致比例及位置后，将元素细化，并加入文字标识。

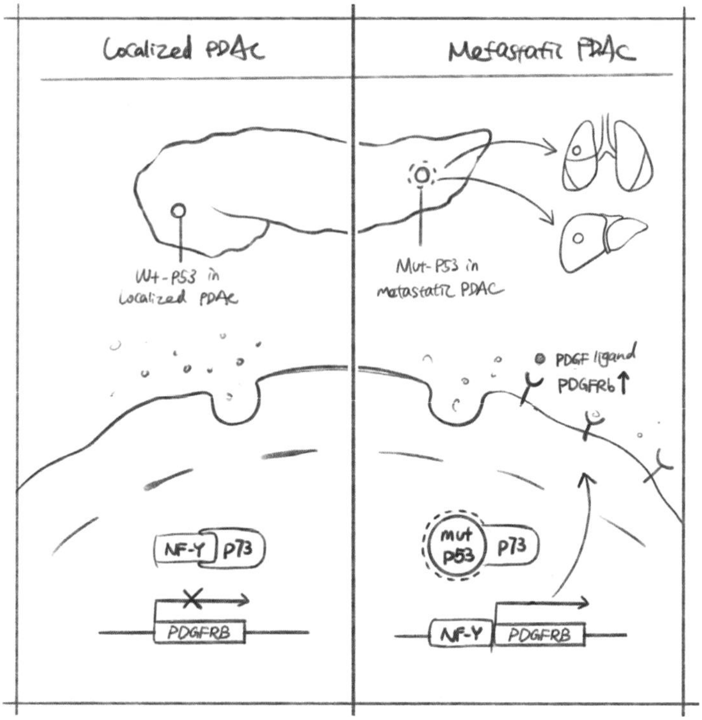

4. 草图设计·色彩搭配

胰腺和肿瘤细胞作为画面中占比较大的元素，其颜色决定了画面的主色调。胰腺建议遵循解剖图谱中约定俗成的黄色，以确保其辨识度。肿瘤细胞的颜色选择范围较大。这里先从灰色开始尝试（前文通路图的创作中我们提到灰色非常适合作为细胞背景色）。在这个画面中，浅灰色和黄色的搭配也可行，但考虑到左、右两侧呈现对比关系，两侧的背景色最好能体现出差异，浅灰色阶的视觉差异略显不足。

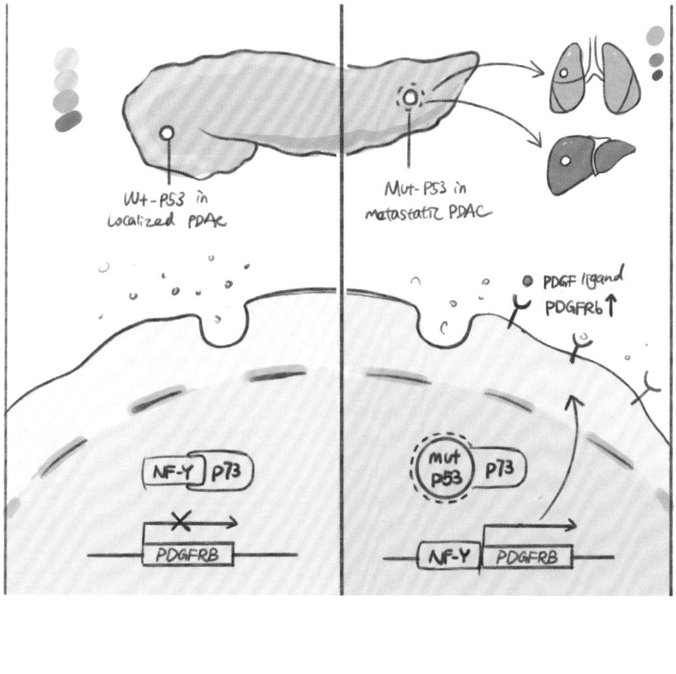

于是我在灰色的基础上加入黄色调，使 localized 一侧的细胞呈现【灰黄色】，与胰腺的黄色相匹配。metastatic 一侧的细胞则在此基础上，往红色方向稍微偏转，呈现【肉粉色】，与灰黄色相近但又有明显区别。同时，红色系自带的“攻击性”也符合 metastatic 的感情基调。

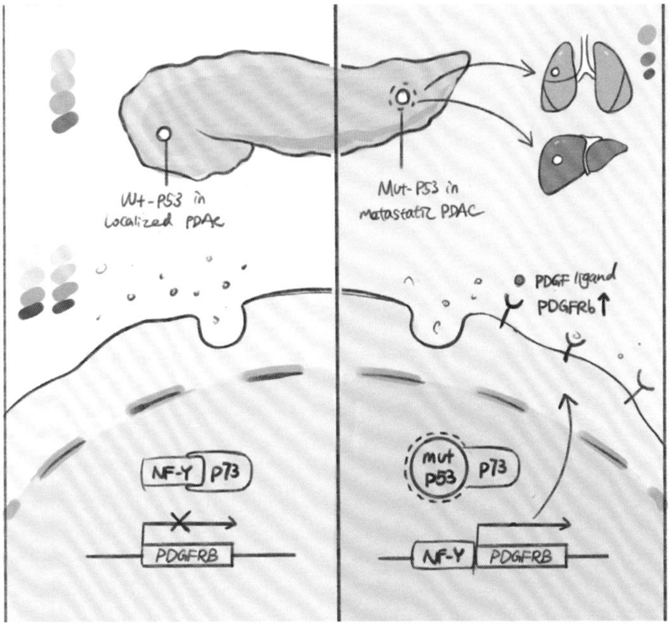

最后给两侧空白背景分别加入 5% 和 10% 的浅灰色，进一步加强视觉分区。

画面基调确定后，可以顺势将两侧标题条定为褐色和玫粉色。

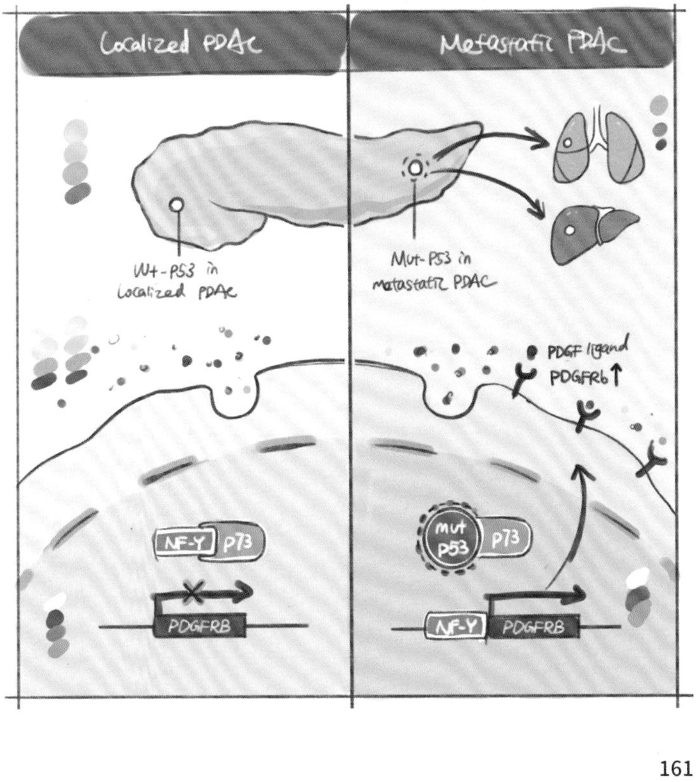

通路蛋白颜色推演：①目标基因 PDGFRB 以及对应的蛋白和配体均使用玫红色，和细胞背景色以及标题条颜色呼应；② p73 抑制 PDGFRB 转录，选择与玫红互补的绿色，转录箭头上的叉号也用绿色；③关键信息变异 p53，结合 p73 并使其失效，考虑绿色的互补色，比如饱和度略高的亮桃红色，既突出变异 p53 的存在感，又与玫红色有所区分；④ NF-Y 为 PDGFRB 的促转录蛋白，又和 p73 形成复合物，可以选择黄色，和红绿两边都构成相对连贯的搭配。

5. 绘制过程·元素绘制

- 绘制环境元素，将画面分区。

准备工作：创建画布、导入草图和素材元素、创建色板；创建“frame”图层，绘制画面边框和临时分割线。

创建“cell”图层，使用曲率工具绘制细胞膜路径。绘制时，先将凹陷处的始末端锚点设为角点，保证凹陷形状在调整路径曲率时不受影响。整体调整完毕后，再使用实时转角构件调整端点处的平滑度。

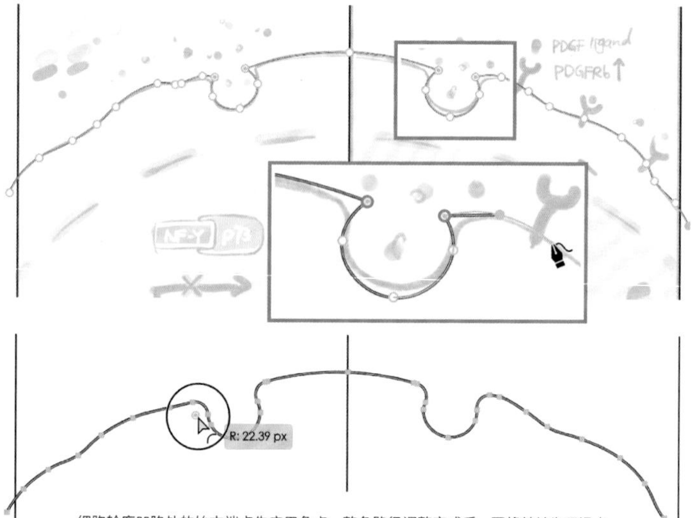
R: 22.39 px

细胞轮廓凹陷处的始末端点先应用角点，整条路径调整完成后，再将其转为平滑点。

使用椭圆工具绘制细胞核路径，在【描边】面板中设置虚线。

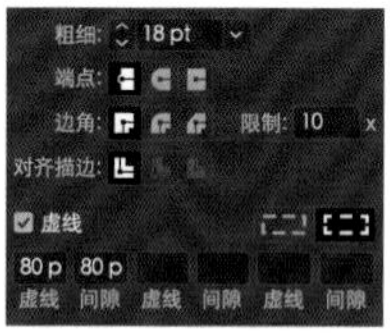
粗细: 18 pt
端点:
边角:
限制: 10
对齐描边:
虚线
80 p 80 p
虚线 间隙 虚线 间隙 虚线 间隙

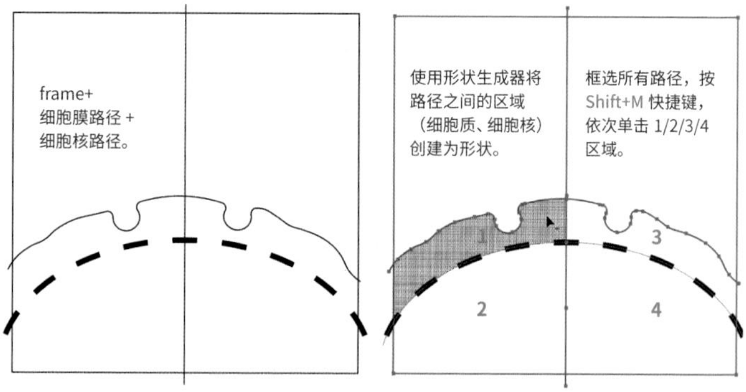
frame+
细胞膜路径 +
细胞核路径。
使用形状生成器将路径之间的区域（细胞质、细胞核）创建为形状。
框选所有路径，按 Shift+M 快捷键，依次单击 1/2/3/4 区域。
1
2
3
4

使用形状生成器创建由多条路径分割而成的细胞质和细胞核形状，再分别为四个区域设置填充色。

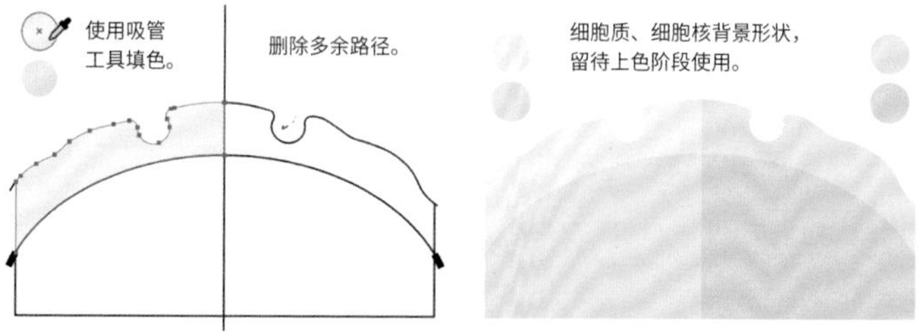
使用吸管工具填色。
删除多余路径。
细胞质、细胞核背景形状，留待上色阶段使用。

- 使用曲率工具绘制解剖元素。

将韧带形状置于下层，通过调整上层的肝脏分叶形状来实现结构之间的“叠压感”。

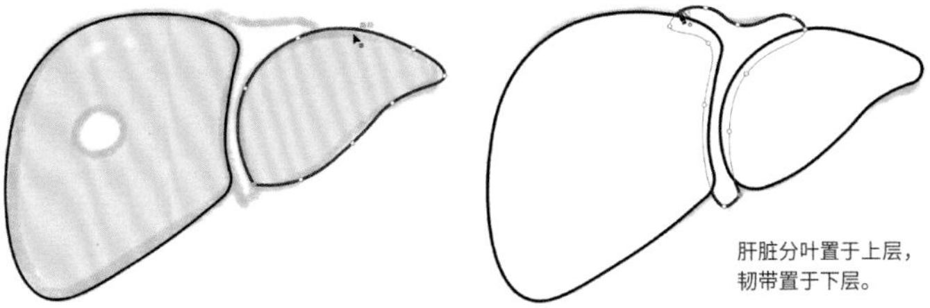

肝脏分叶置于上层，
韧带置于下层。

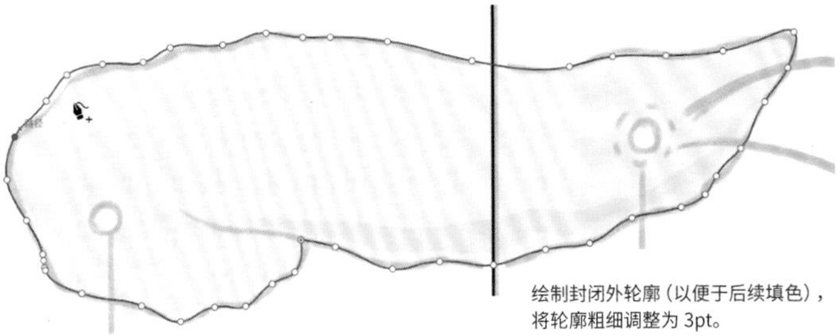

绘制封闭外轮廓（以便于后续填色），
将轮廓粗细调整为 3pt。

对于略微复杂且需要体现结构线的元素，我们通常先绘制封闭的外轮廓，再单独绘制结构线。最后调整锚点，使路径之间衔接自然。注意：落点时不要直接与先前绘制的路径相交，否则路径之间会相互干扰。我们通常采用迂回战术，先把点落在画面空白位置，再用选择工具将点调整至相交处。

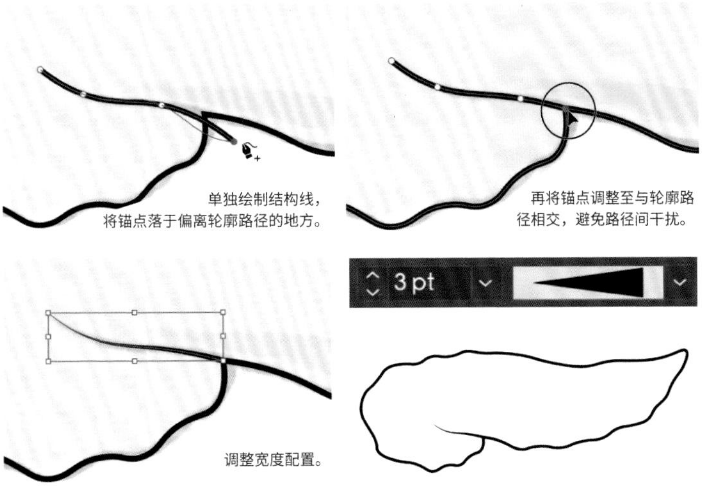

单独绘制结构线，
将锚点落于偏离轮廓路径的地方。

再将锚点调整至与轮廓路
径相交，避免路径间干扰。

调整宽度配置。

解剖元素绘制完成并就位。肺元素的绘制过程见 3.2.1 小节。

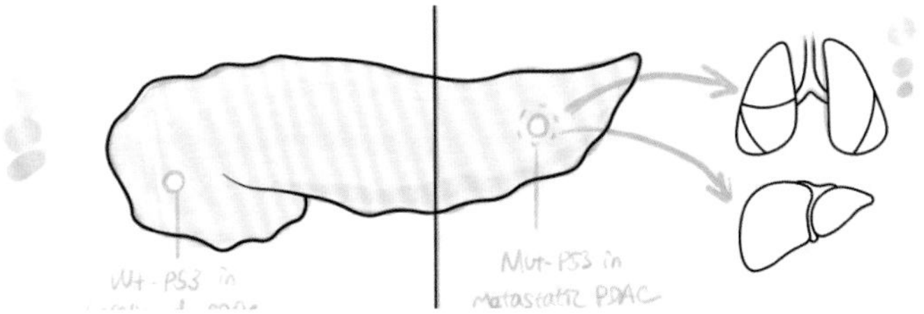

- 绘制通路元素、箭头并添加文字。

通路元素均为基础图形及其简单变形。注意：这里我们对上调箭头与轨迹箭头使用不同的样式加以区分。箭头设置参考下图。

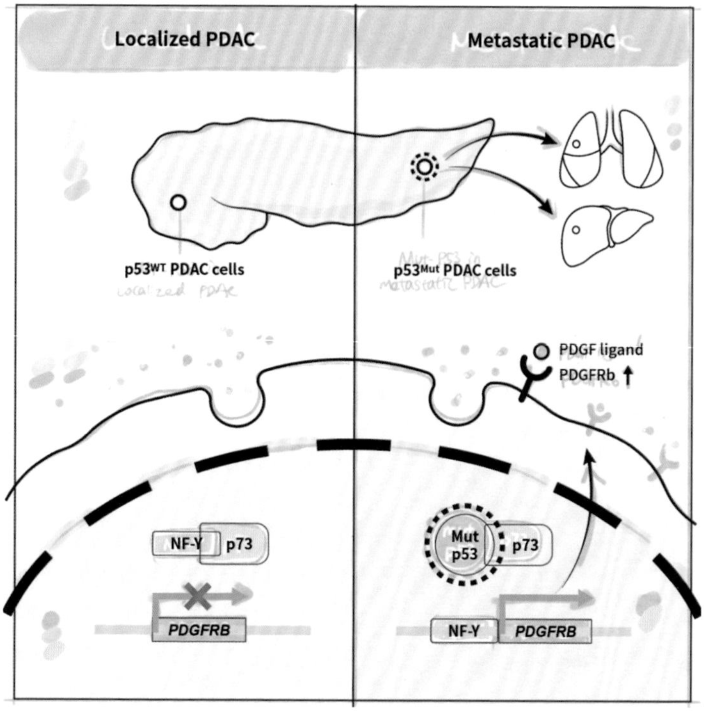

6. 绘制过程 · 上色及整体调整

利用路径创建条状图形是常用技巧。操作方法：复制或偏移路径，使用剪刀工具剪切出需要的路径段，按需调整粗细及宽度配置，最后扩展路径。

绘制胰腺的暗部和高光形状时，使用这个方法能够保证形状和胰腺轮廓相契合。

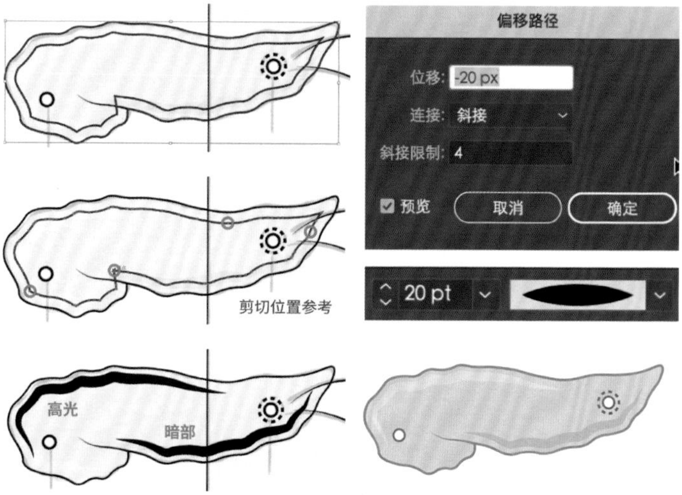

依照色稿，为各元素填充对应的颜色。

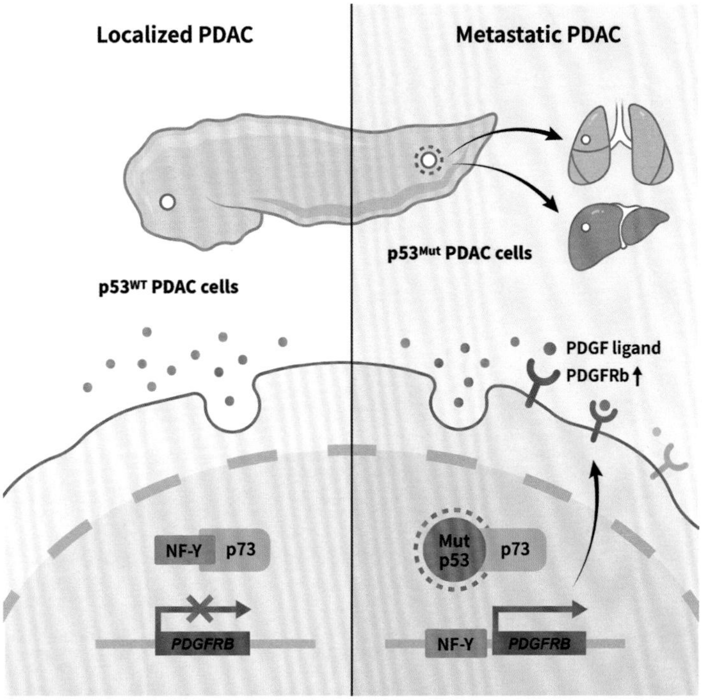

调整文字和箭头颜色：将有衬底的文字改为白色，包括小标题和通路蛋白标识，使其更醒目。

整体观察，在画面中加入白色，增加透气感：①给通路蛋白图形添加白色描边；②将中间分割线改为白色，并调整粗细。

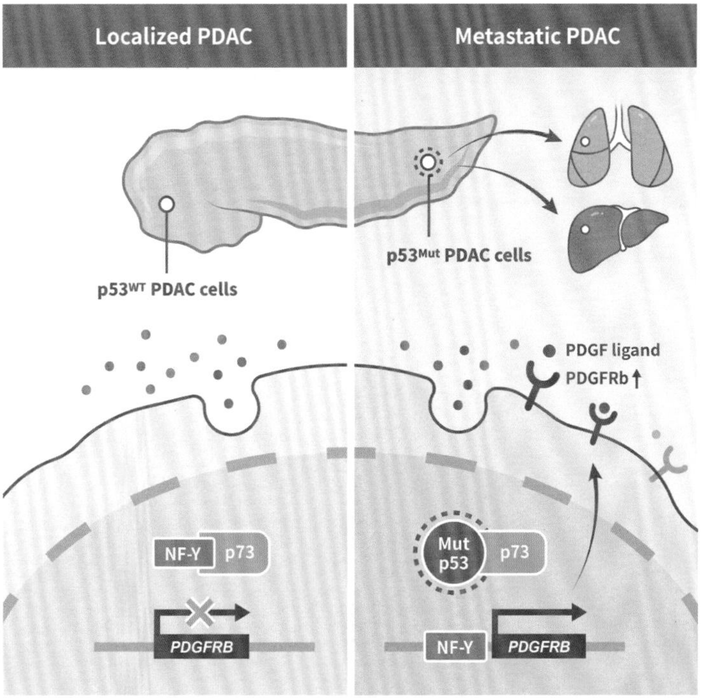

创作过程总结

- 信息梳理：克制地处理信息，避免“面面俱到”。
- 绘制清单：解剖元素（胰腺、肺、肝脏）、细胞元素、通路蛋白。
- 排版构图：考虑共用元素，制作连续的背景，加强画面整体性和连贯性。
- 配色方案：解剖元素可以作为突破口，在此基础上先确定大致色调，再推演出小元素的颜色，善用相近色和互补色，做到“强化对比，突出变量”。
- 绘制准备工作：创建文档、置入草图、创建画板和图层并重命名、导入图形素材和参考图、创建全局色色板、绘制分区（临时）及环境元素（笔刷）。
- 绘制元素：使用曲率工具绘制有机轮廓，使用形状生成器快速创建由多条路径围成的图形，综合利用路径和描边属性创建条形图案。
- 绘制箭头：注意弧度箭头之间的连贯性；绘制通过核膜的箭头时要注意调整虚线间隔和长度，使箭头从核孔穿过，不与虚线交叉。
- 上色：先给元素上色，再确定箭头和文字的颜色。
- 润色调整：给图形添加白色描边，将画面分割线改为白色粗线条是增加画面透气感的常用方法。在最后调整画面时，可适当使用这种方法。

在这个案例中，从信息梳理到构图配色，我们都严格按照层级关系进行分析，由大到小逐层决定信息的取舍。这样做的好处是可避免“面面俱到”或过于注意细节。构图和配色时需要格外注重画面的整体性和连贯性，让画面看起来尽可能完整，增加视觉吸引力，这一点在 GA 设计中尤为重要。

第 5 章 · 生物医学插画师的日常工作

本章将带大家走进生物医学插画师的日常生活，分享科研插图和封面设计创作背后的故事。一张图的诞生不限于工具，表达也不限于风格，唯有设计思维是以不变应万变的根本。

5.1 纳米材料制备和机制的有机融合

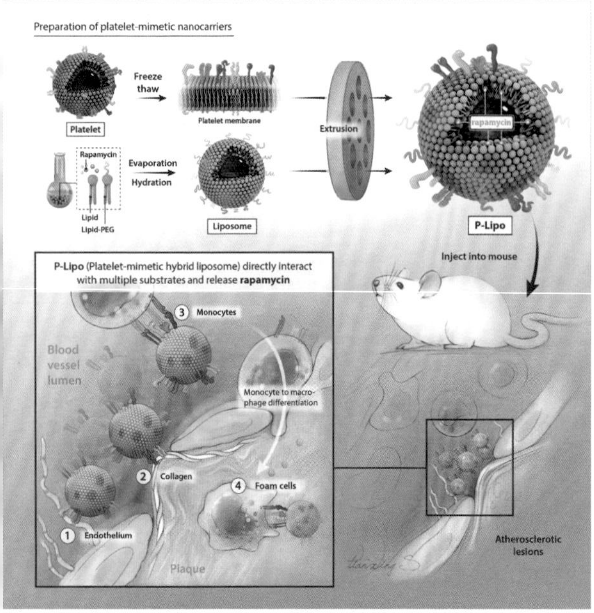

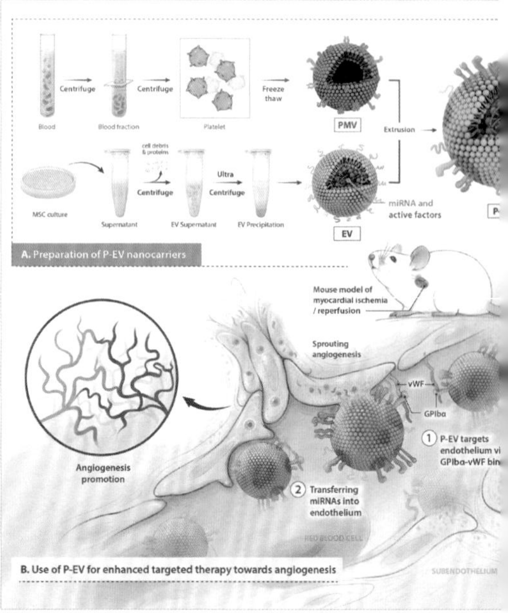

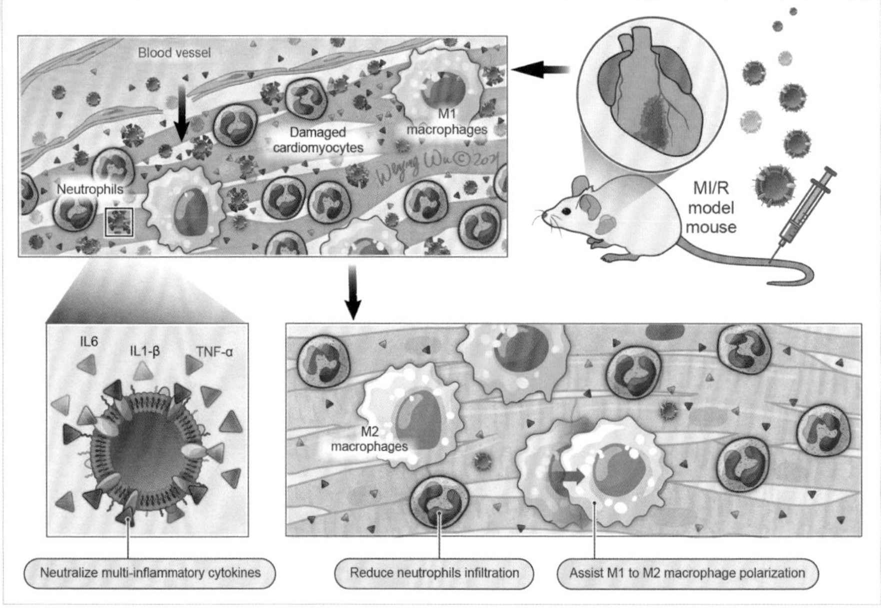

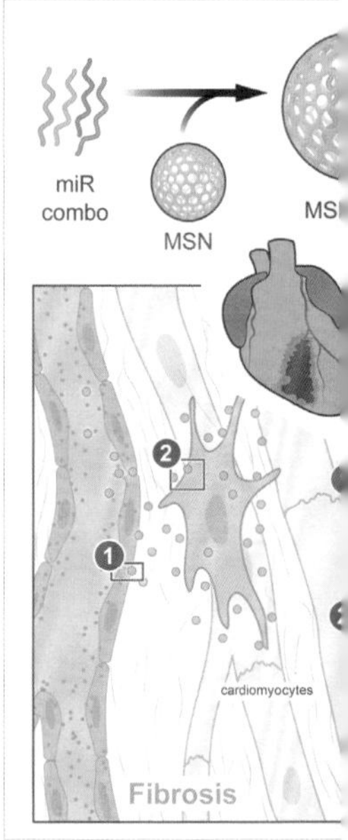

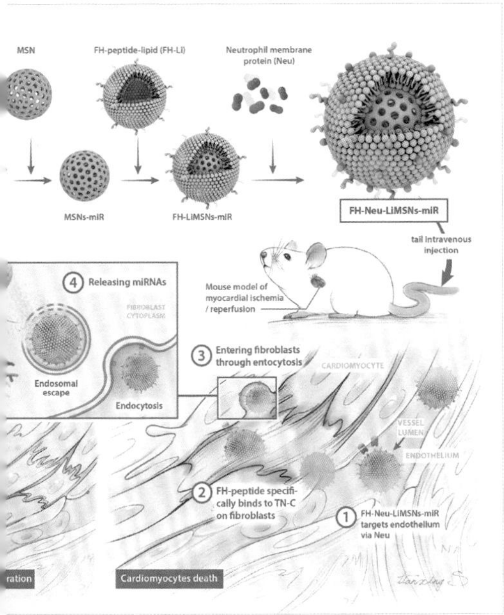
MSN
FH-peptide-lipid (FH-LI)
Neutrophil membrane protein (Neu)
MSNs-miR
FH-LiMSNs-miR
FH-Neu-LiMSNs-miR
tail intravenous injection
Mouse model of myocardial ischemia / reperfusion
4 Releasing miRNAs
FIBROBLAST CYTOPLASM
Endosomal escape
Endocytosis
3 Entering fibroblasts through entocytosis
CARDIOMYOCYTE
VESSEL LUMEN
ENDOTHELIUM
2 FH-peptide specifi-cally binds to TN-C on fibroblasts
1 FH-Neu-LiMSNs-miR targets endothelium via Neu
ration
Cardiomyocytes death

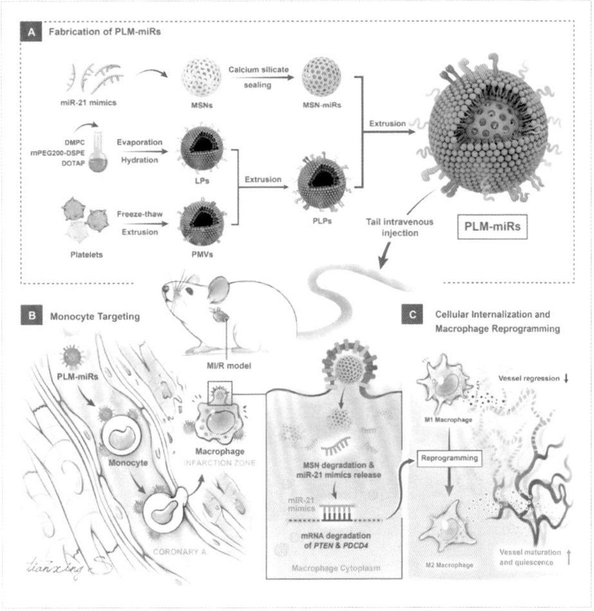
A Fabrication of PLM-miRs
miR-21 mimics
MSNs
Calcium silicate sealing
MSN-miRs
Extrusion
DMPC
mPEG200-DSPE
DOTAP
Evaporation
Hydration
LPs
Extrusion
PLPs
Platelets
Freeze-thaw
Extrusion
PMVs
Tail intravenous injection
PLM-miRs
B Monocyte Targeting
MI/R model
C Cellular Internalization and Macrophage Reprogramming
PLM-miRs
Monocyte
Macrophage
INFARCTION ZONE
CORONARY A.
MSN degradation & miR-21 mimics release
miR-21 mimics
mRNA degradation of PTEN & PDCD4
Macrophage Cytoplasm
Vessel regression
M1 Macrophage
Reprogramming
M2 Macrophage
Vessel maturation and quiescence

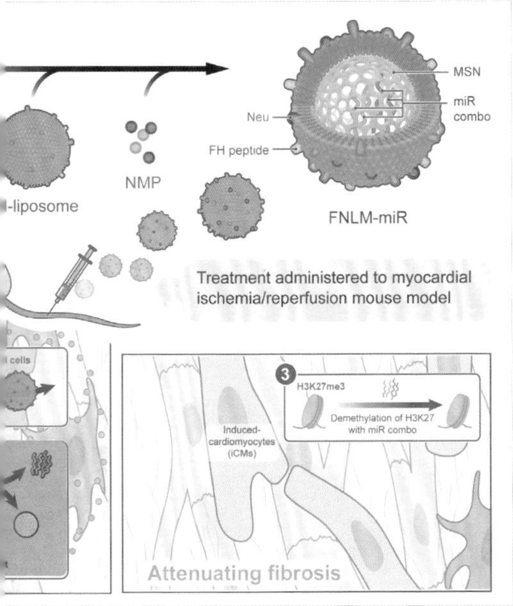
MSN
miR combo
Neu
FH peptide
NMP
-liposome
FNLM-miR
Treatment administered to myocardial ischemia/reperfusion mouse model
cells
3
H3K27me3
Demethylation of H3K27 with miR combo
Induced-cardiomyocytes (iCMs)
Attenuating fibrosis

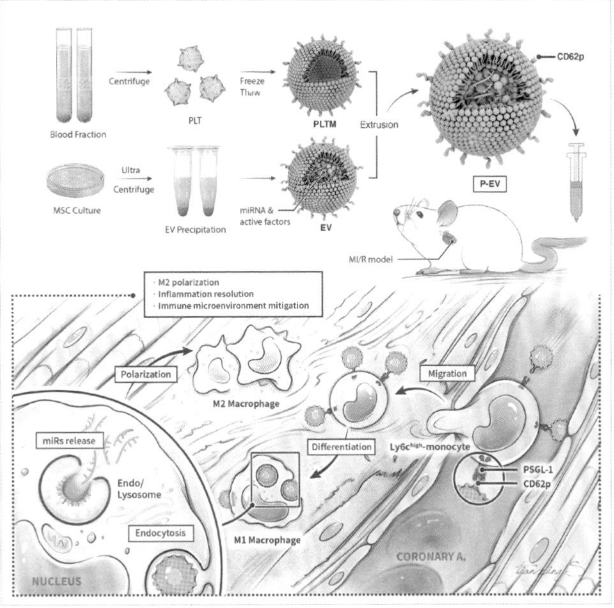
Blood Fraction
Centrifuge
PLT
Freeze Thaw
PLTM
Extrusion
CD62p
P-EV
MSC Culture
Ultra Centrifuge
EV Precipitation
miRNA & active factors
EV
MI/R model
· M2 polarization
· Inflammation resolution
· Immune microenvironment mitigation
Polarization
M2 Macrophage
Migration
miRs release
Differentiation
Ly6c^high-monocyte
PSGL-1
CD62p
Endo/ Lysosome
Endocytosis
M1 Macrophage
CORONARY A.
NUCLEUS

需求清单

委托服务 纳米材料制备及机制

创作周期 两周

内容描述 ①纳米材料 P-Lipo 的制备过程：提取血小板膜蛋白 + 合成脂质体（内含药物 rapamycin），通过尺寸排阻技术，生成二者融合的脂质体 P-Lipo；② P-Lipo 作用机制：静脉注射至动脉粥样硬化小鼠模型，靶向归巢至斑块处，结合内皮细胞、胶原纤维、单核细胞，并介导单核细胞进入斑块内部并转化为巨噬泡沫细胞，吞噬脂质体并释放药物。风格倾向：希望材料制备步骤清晰，立体美观；机制部分具备场景感。

客户倾向于偏“立体”的视觉表达，但 3D 场景传达机制信息的效率并不高，且制作成本比较高。所以权衡之下，对于纳米材料颗粒用 3D 建模技术制作，剩下的部分依然采取绘制的方法。

初步设想

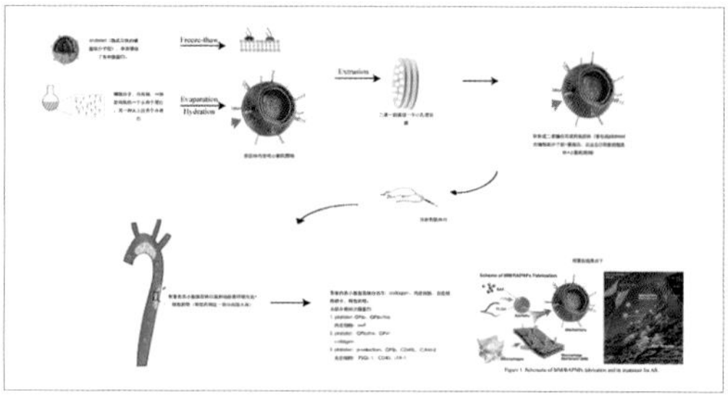

更多参考

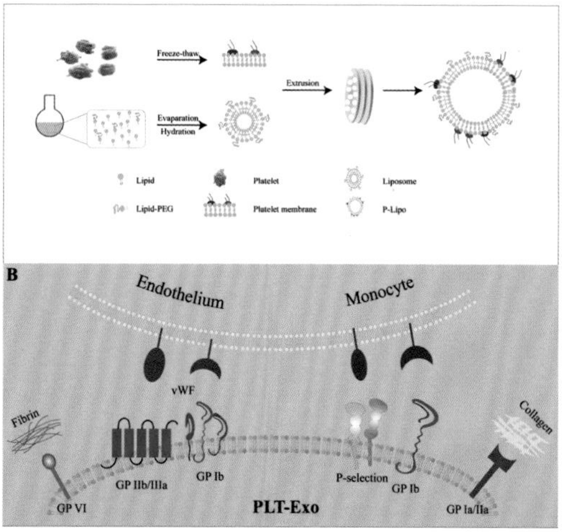

5.1.1 一场引导视线的游戏

这是整个创作过程中我最爱的一个环节，感觉像在暗中与读者互动。如果能成功地让视线运动变得清晰、流畅，那真是一件有成就感的事情，就像赢得了一场游戏的胜利。

这里为了让故事更完整，我们在老鼠模型和机制之间增加了一个小图，用于宏观地展示斑块病理，也作为“地图定位”，将读者视线指引到放大机制。另外，纳米材料颗粒和细胞相比极小，但为了方便展示，我们对机制部分的比例关系进行了主观的调整，小图也起到了“偷梁换柱”的衔接作用。

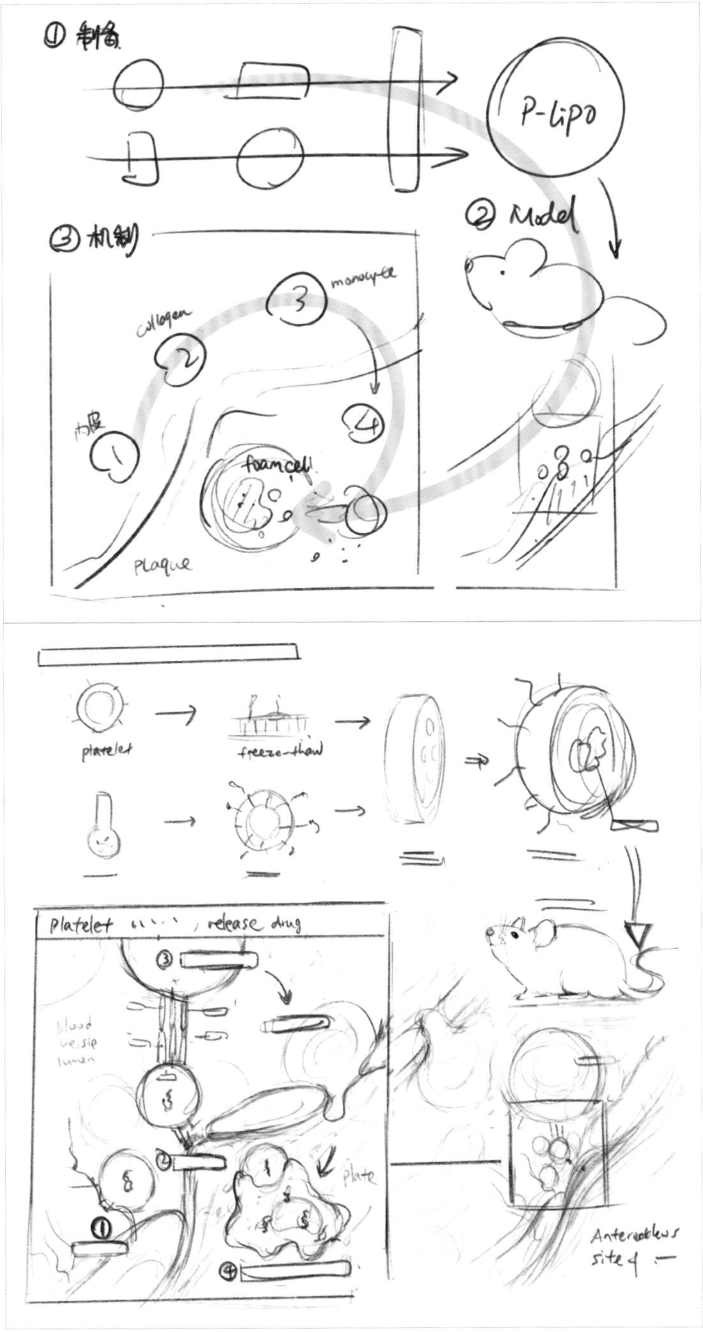

安排好大致布局后，细化元素，添加标识（占位）。这是一个不断调整的过程，画面变得潦草也不要紧。

5.1.2 配色

配色的突破口是机制放大部分，基于细胞染色及组织构成，初步将免疫细胞定为紫粉色，将内皮细胞定为肉粉色，将斑块定为淡黄色。

纳米材料颗粒的主色调可以选择蓝色，以平衡画面色温。血小板膜蛋白占比小，可以使用多彩的点缀色。

内部的药物分子 Rapamycin 是研究中重要的物质，可以使用亮眼的颜色，这里使用草绿色。草绿色在亮色中比较温和，也常给人以“治愈”的感觉。

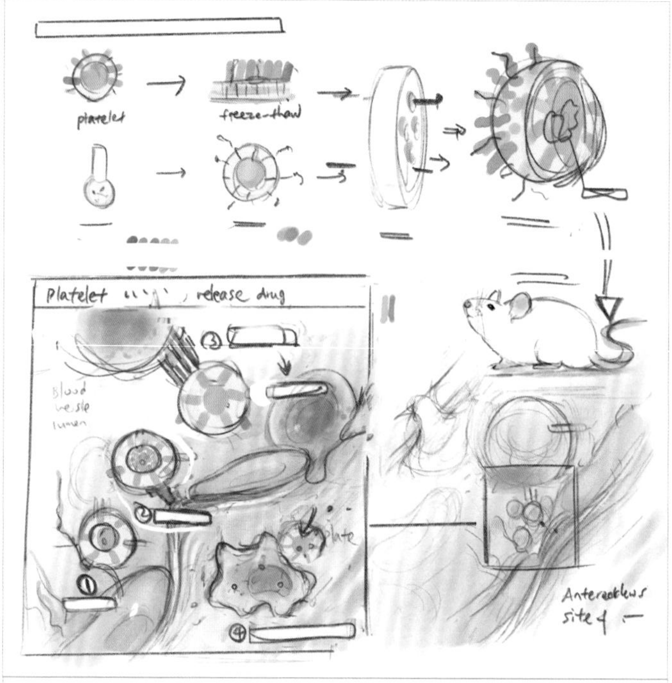

局部的颜色看起来还算满意，但整体感觉有点“碎”，画面缺少一种“凝聚”的整体感。于是我尝试给画面下半部分增加灰色背景色。将机制部分统一在一个有背景色的区域内，以区别于制备部分。背景色边缘过渡柔和，可避免画面分区太过明显。

至此，初步色稿完成。

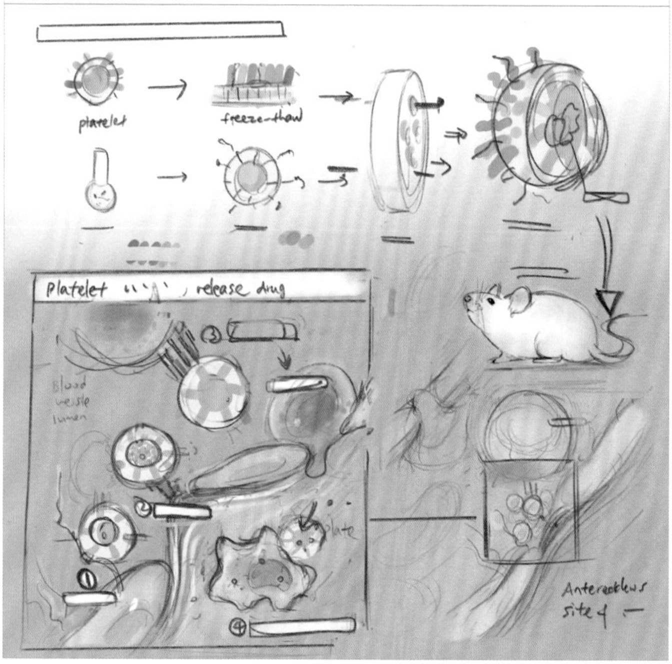

5.1.3 3D 辅助与融合

制备部分用 3D 元素来展示，能够方便地体现脂质体的“球感”。机制部分用绘画的方式（2D）来体现，更加清晰、自然。两者结合或许可以带来不一样的视觉体验，但将 3D 和 2D 自然地融合也是个难题，值得推敲。

3D 辅助：我倾向于只在 3D 软件中完成建模和最基本的渲染操作（全局光 + 白色 / 单色材质）。颜色调整及效果调试则放到绘制软件中，与机制部分结合后一同进行。

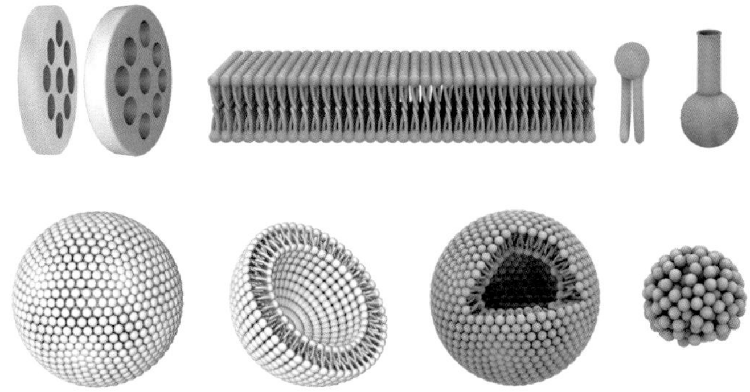

把 3D 模型拖入色稿中，进行上色和调整。将血小板膜调整为紫色，能更好地展示 P-Lipo 颗粒的膜嵌合效果，也能和机制部分的配色进行呼应。

观察发现，机制部分的 3D 模型略显突兀，后期可以考虑给颗粒增加轮廓线，并降低不透明度，使之与画面融合得更和谐。

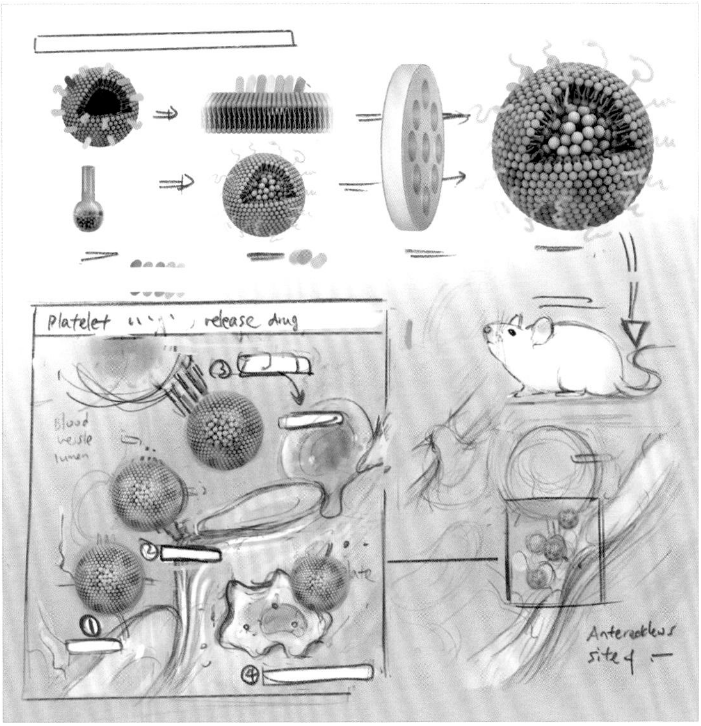

对画面的大致效果心中有数后，便可以安心地精修各部分了。后期对 P-Lipo 模型进行了调整，因为 rapamycin 为脂溶性药物，应存在于磷脂双分子层之间，而非空腔内。

机制部分按照先前的计划调整了 P-Lipo 模型，使其立体感若隐若现，但不抢镜。

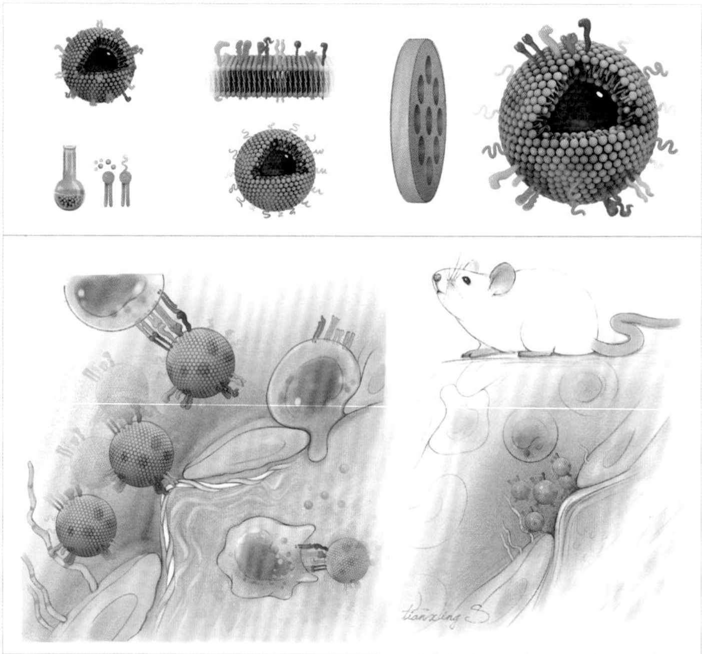

将所有组分一并拖入 AI 中，添加文字和箭头。文字和箭头使用深紫色，和画面整体色调统一。为了尽可能突出嵌在双分子层内部的 rapamycin 药物，增加了多条从中心标识发出的引线。

3D 软件：Cinema 4D。
绘制软件：Procreate。
设计软件：Illustrator。

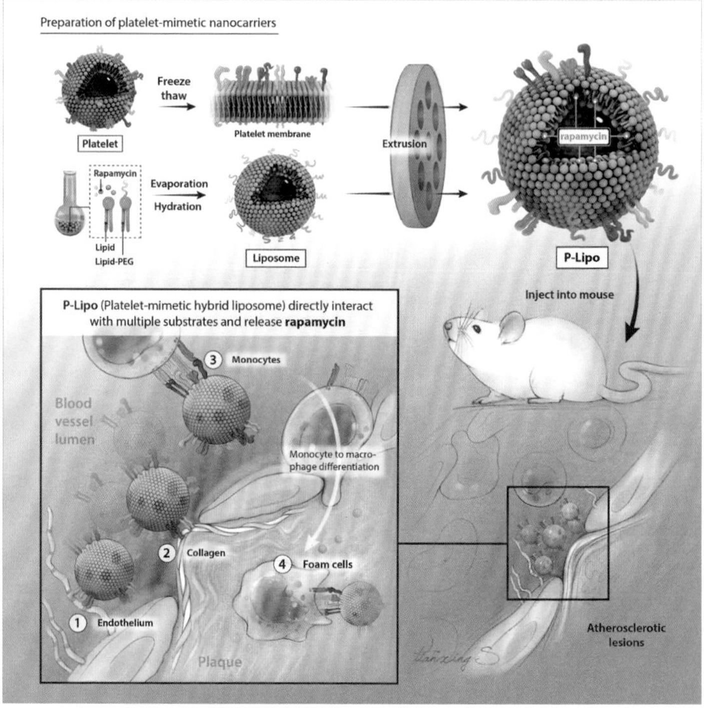

5.1.4 改装版 GA

投稿时，临时得知期刊要求额外提交 GA，来不及绘制了怎么办？

插图中的机制放大部分正好是课题最精彩的部分，能够满足 GA 要求，并且其比例也合适，因此不需要重新构图。在此基础上对小标题进行修改，并在画面中添加 rapamycin 标识，将信息说明补齐即可。

是否需要在 GA 中对材料制备稍加展示？对于这个问题我们进行了讨论，有两个观点。观点 1：GA 不需要“面面俱到”，突出最核心的内容即可，可以不展示；观点 2：如果不展示，则缺少对于材料膜蛋白嵌合的说明，这也属于课题的重要部分。画面篇幅有限，对于这一信息的取舍我们可以进行尝试。尝试后，发现可以在画面左上角稍微腾出一小块空间来放置补充信息。在如此小的空间内，唯有平面图形符号能够有所施展：用 3 个圆形和箭头表示“Platelet+Lipo=P-Lipo”，并用平涂颜色与机制图中的结构颜色进行归纳。

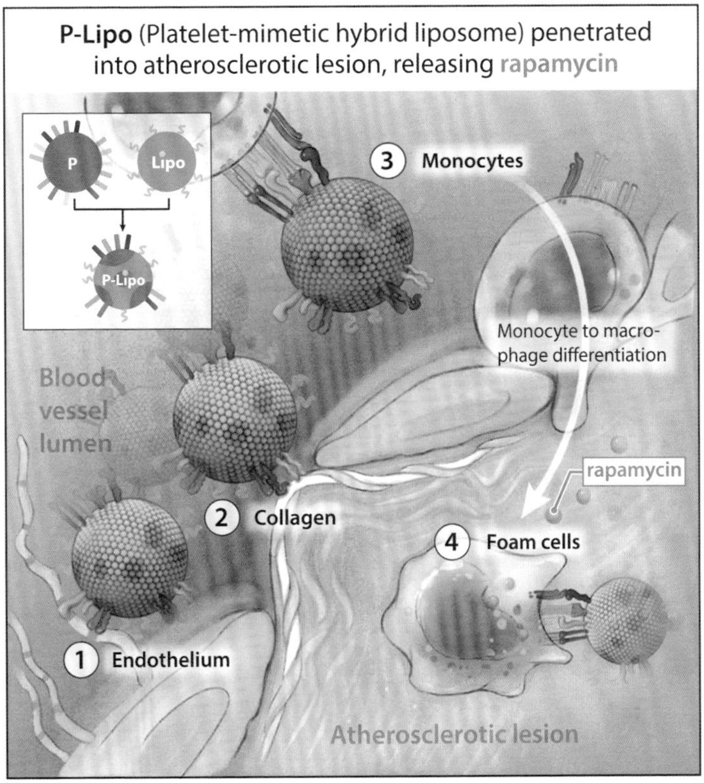

3D 软件：Cinema 4D。
绘制软件：Procreate。
设计软件：Illustrator。

完成上述插图后，我便开启了材料制备＋机制这一系列插图的创作。大致思路不变，老鼠模型略有变化，更多的是在配色上进行各种尝试。

这是系列中的第二张插图，我尝试了绿紫色＋红橙色的撞色搭配，这是我目前最喜欢的一次尝试。

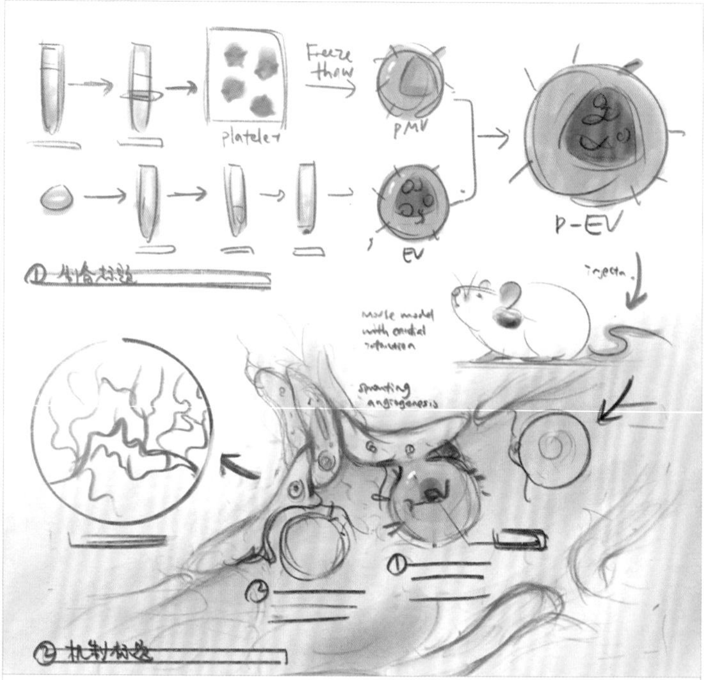

机制部分的绘制，我倾向于只着重刻画单侧的血管内皮，另一侧用线稿体现，以此来增加画面的留白部分和透气感，也能让读者的视线更加集中。

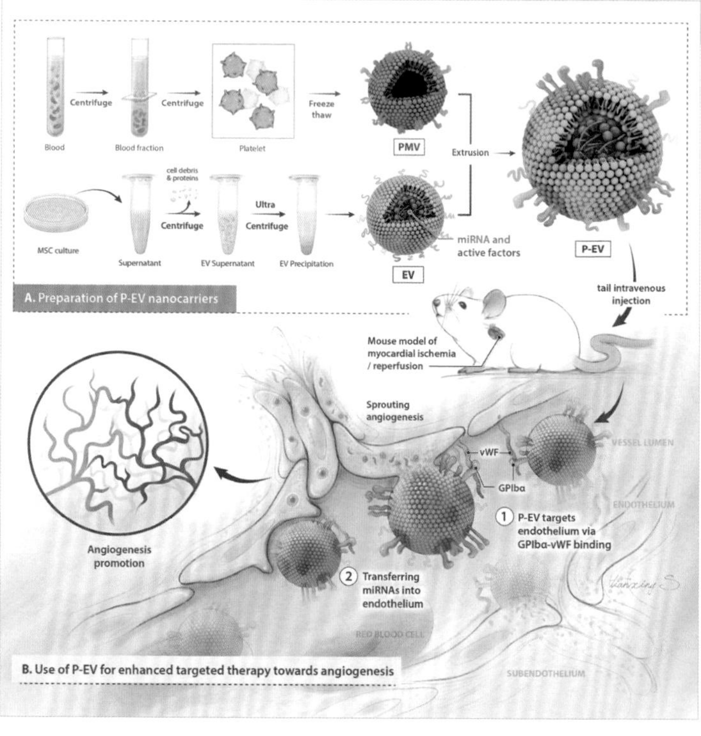

3D 软件：Cinema 4D。
绘制软件：Procreate。
设计软件：Illustrator。

这张插图机制部分的内容偏多，并包含“对比”信息，而制备部分的面积无法压缩，所以我调整了老鼠的位置，将视线轨迹从“反 C 形”改为“Z 形”。下方机制从左到右依次为组织层面、分子层面、宏观血管层面。“对比”信息上下排布，并用红蓝色进行烘托。

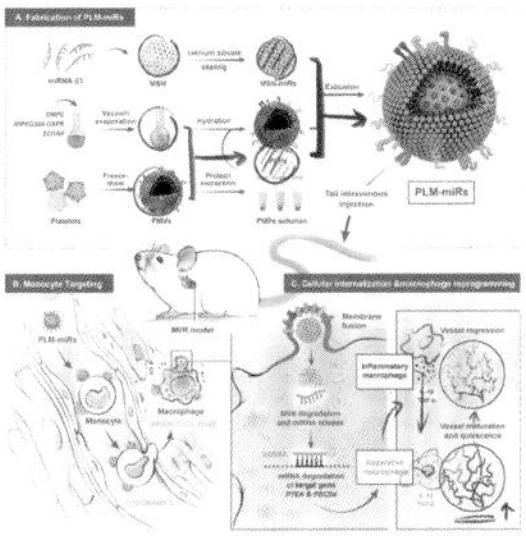

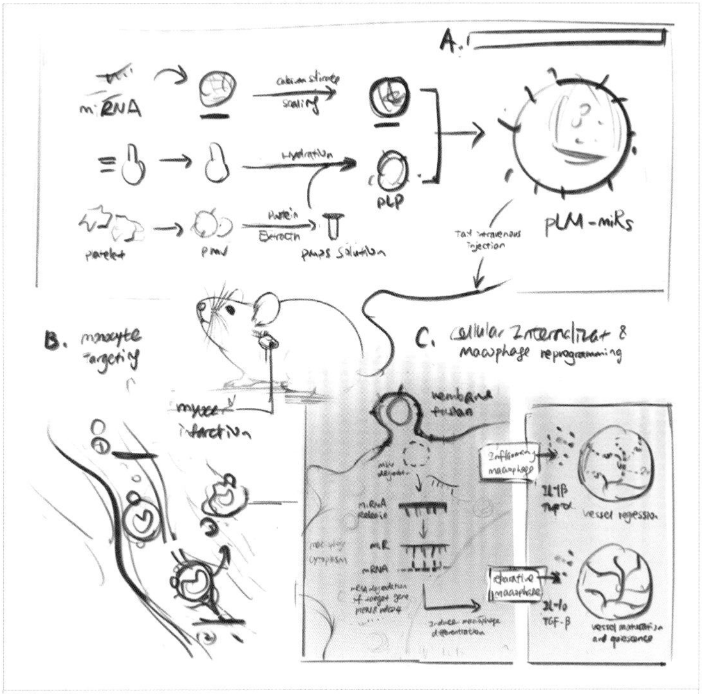

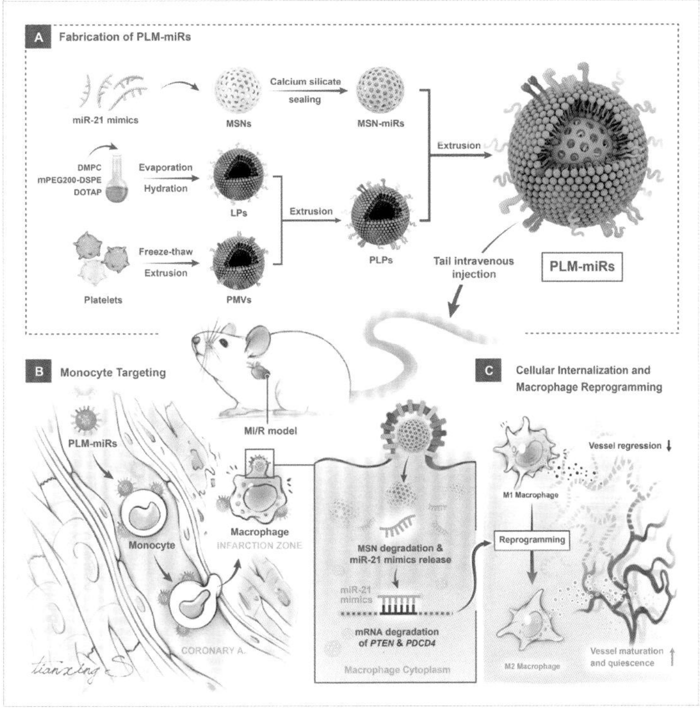

成图反馈：①需要在画面中加入 M1 和 M2，以强调 PLM-miRs 促巨噬细胞从 M1 向 M2 转化，图形设计上需要体现出二者的形态差异，M1 伪足多，胞体更圆；M2 伪足少，整体偏梭形。②制备部分信息变更。成图阶段的需求变更很可能会破坏画面整体性，造成局部构图失衡，甚至需要重新构图与绘制。我先在成图上大致勾画，确认变更内容。所幸局部调整后，画面便满足了要求。

3D 软件：Cinema 4D。
绘制软件：Procreate。
设计软件：Illustrator。

1. 采集外周血的性粒细胞，提取其表面膜蛋白。
2. 中性粒细胞膜蛋白与脂质体融合，构建中性粒细胞仿生脂质体（Neu-LP）。
3. 将 Neu-LP 经静脉注射至“小鼠心肌缺血再灌注损伤模型”，并阐述 Neu-LP 在组织微环境中的作用机制及潜在疗效：①靶向趋化受损心肌。②中和受损心肌中的炎症因子。③改善心肌炎症微环境 (促 M2 巨噬细胞极化增加)。④促进受损心肌的血管新生。

客户罗列需要体现在插图中的信息要点。

将制备、归巢、效果这 3 部分要表现的内容从上至下依次罗列。

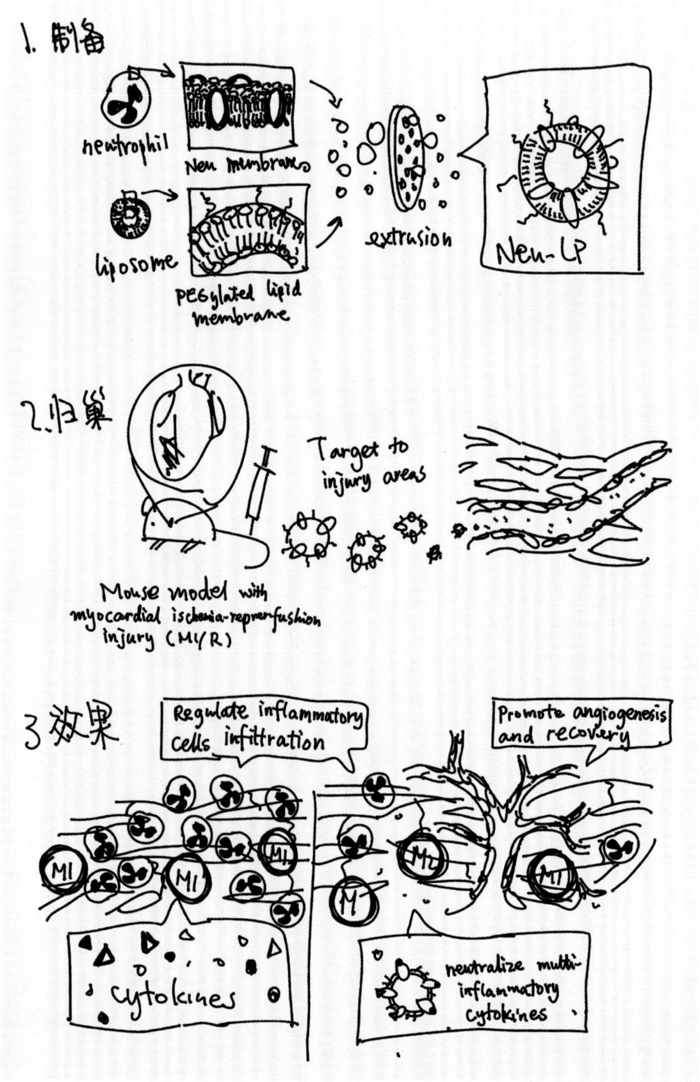

这一版草图强调画面整体感，没有设置明显的分割线，由纳米材料颗粒引导视线。

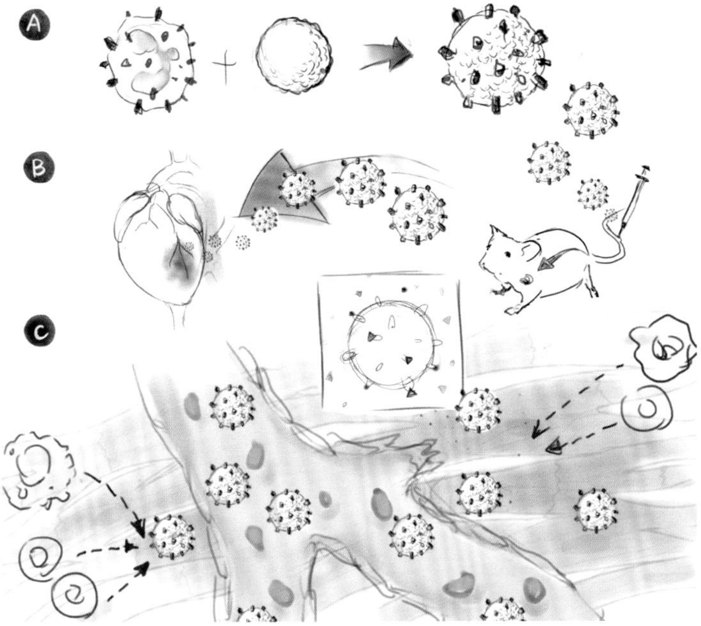

对比斟酌后，还是决定基于最初罗列的框架进行绘制，突出画面结构性和条理性。

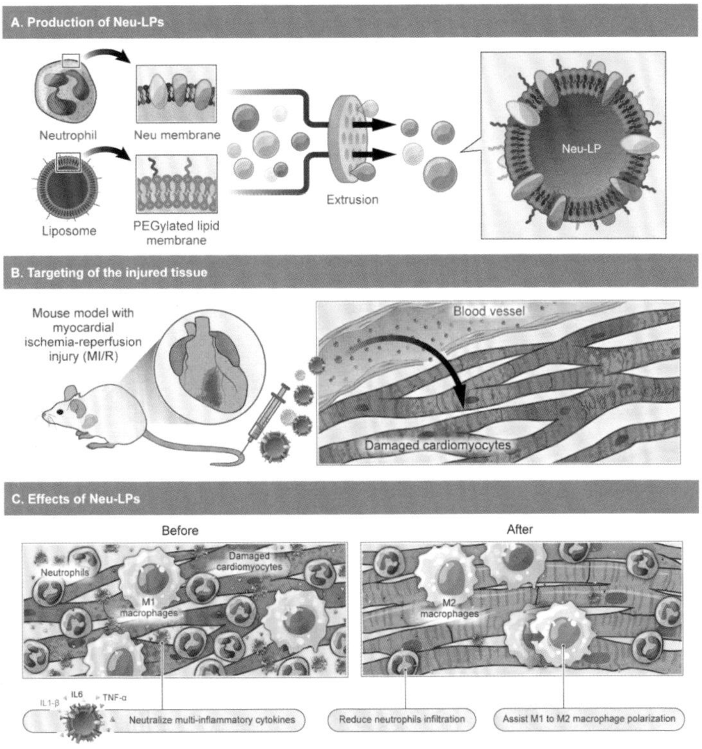

客户反馈：① 将B右侧受损心肌部分去除，更改为C左侧部分，更改后B右侧部分变为B原有血管+C左侧部分。② 所有心肌组织颜色变浅，统一变浅后仍然保持受损心肌颜色较深，治疗后心肌组织有所改善，颜色变浅。③ Neu-LP结合炎症趋化因子的图例单独放大。各个炎症趋化因子在血管及心肌组织中增大一些，明显一点，可以适当减少纳米材料颗粒在血管中的数量。大致修改方案如图所示。

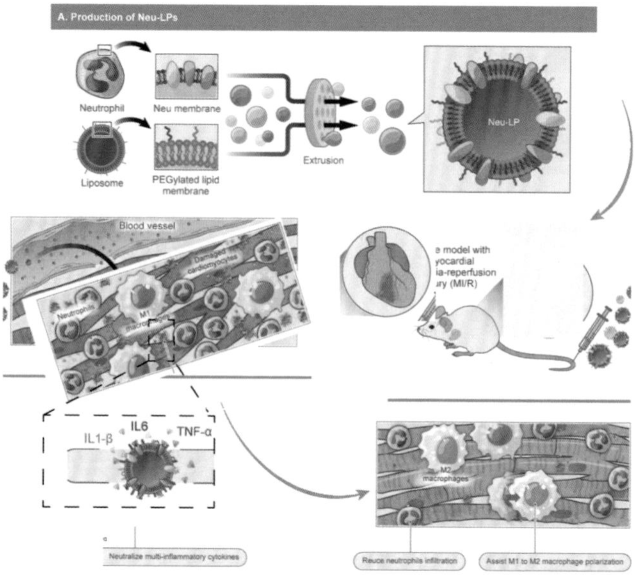

最终版本：更突出纳米材料颗粒与炎症趋化因子的结合，心肌组织相对弱化，并将视线轨迹从规整的“从左至右三行”改为“Z形”。

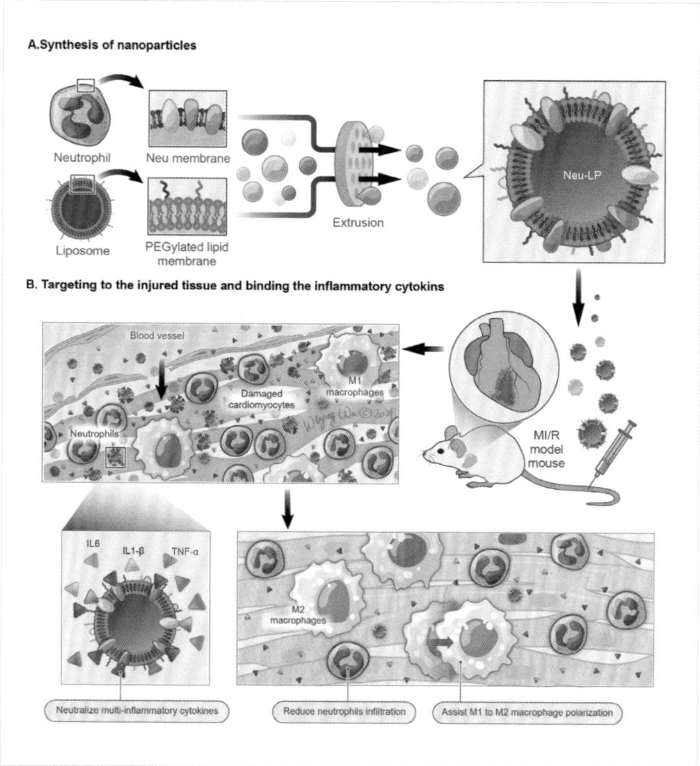

绘制软件：Illustrator。

纳米材料系列中比较早期的一张图。

草图、色稿及客户反馈批注：草图和色稿的手绘质感强，虽然有些潦草，但却很有风格，探索过程也比较自由，是我非常喜欢的半成品。

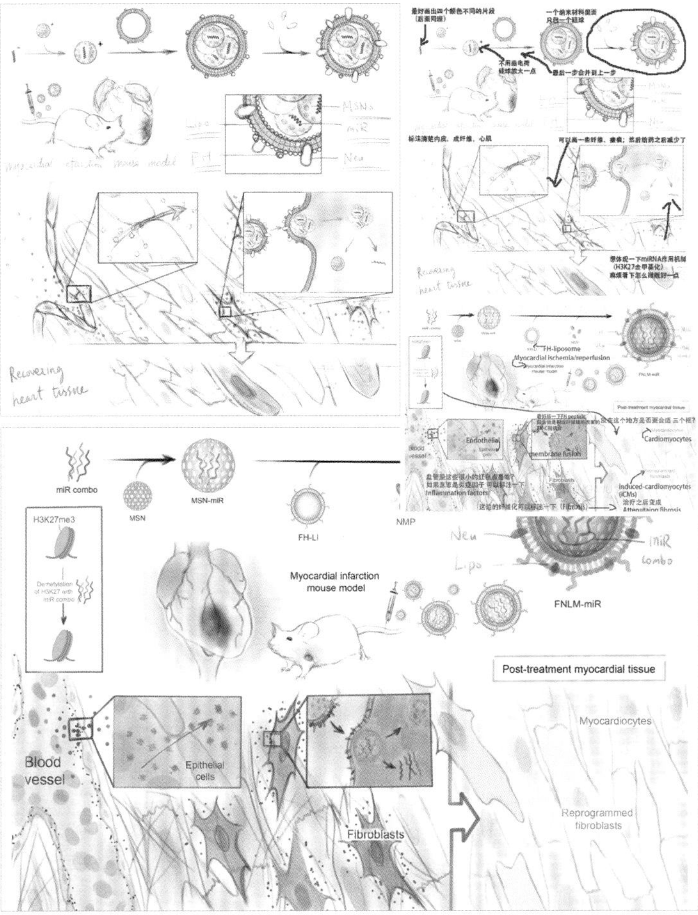

最终版本：视线轨迹整体为“Z 形”，机制部分信息较多，通过序号加强视线引导。

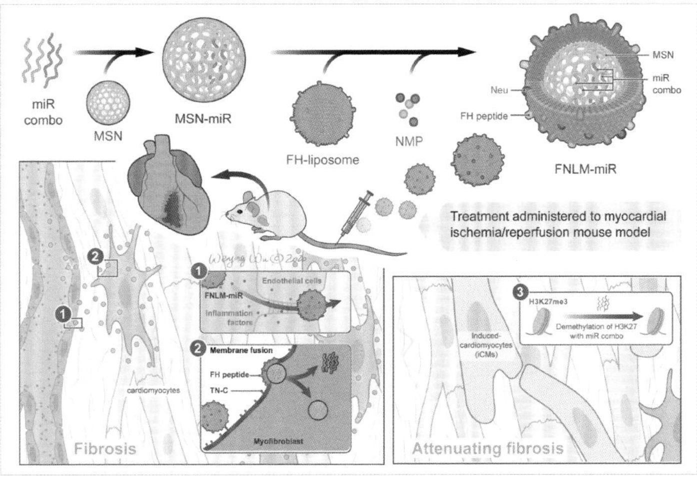

3D 软件：Blender。
绘制软件：Illustrator。

5.2 大篇幅的胚胎工程学综述组图

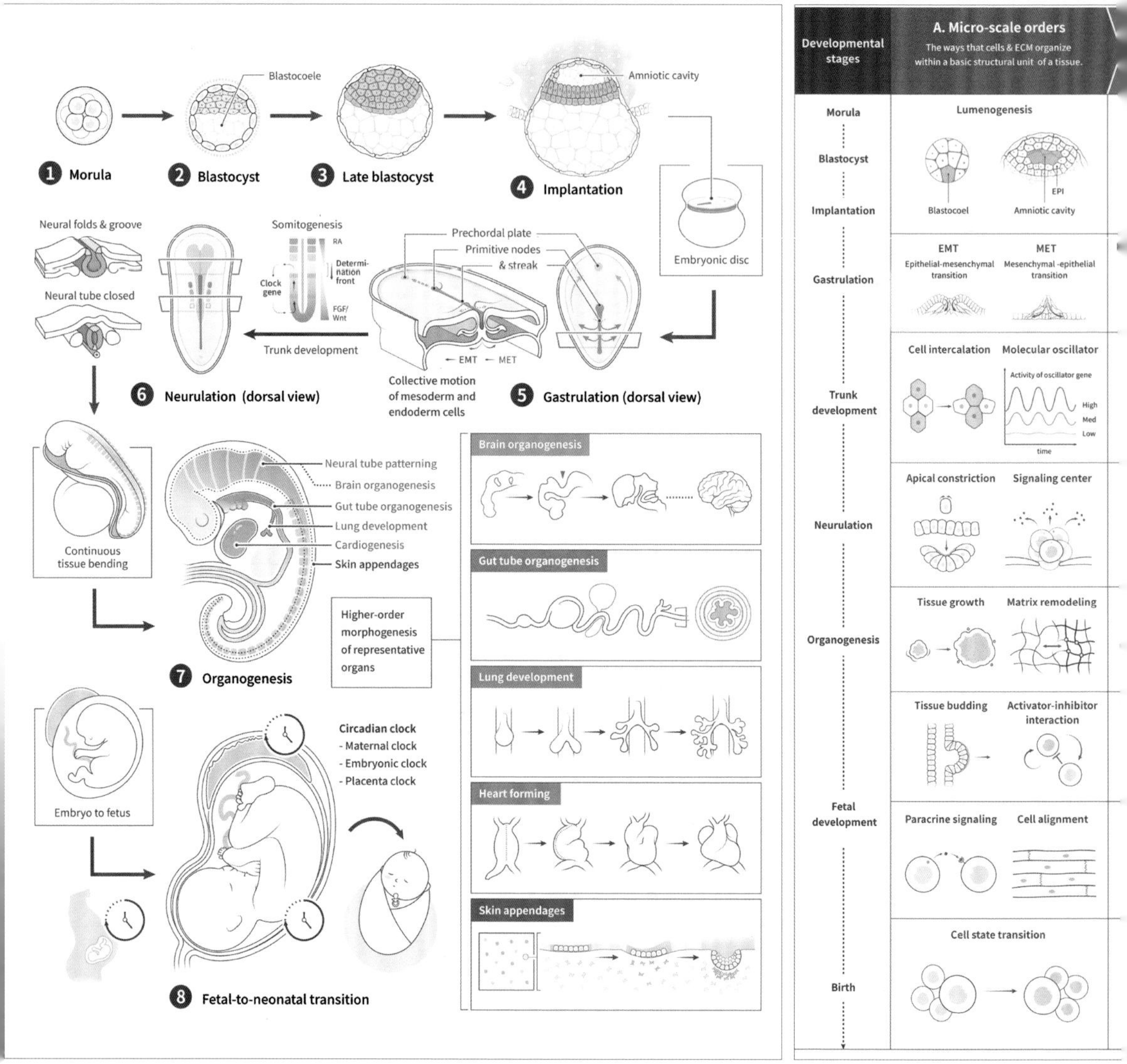

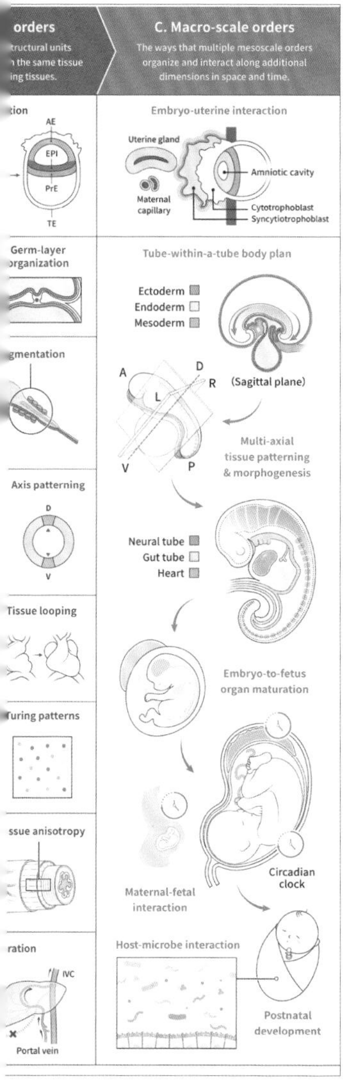
C. Macro-scale orders
The ways that multiple mesoscale orders organize and interact along additional dimensions in space and time.
Embryo-uterine interaction
AE
EPI
PrE
TE
Uterine gland
Amniotic cavity
Maternal capillary
Cytotrophoblast
Syncytiotrophoblast
Germ-layer
Tube-within-a-tube body plan
Ectoderm
Endoderm
Mesoderm
(Sagittal plane)
A
D
R
L
V
P
Multi-axial tissue patterning & morphogenesis
Axis patterning
Neural tube
Gut tube
Heart
Tissue looping
Embryo-to-fetus organ maturation
Circadian clock
Maternal-fetal interaction
Host-microbe interaction
Postnatal development
IVC
Portal vein

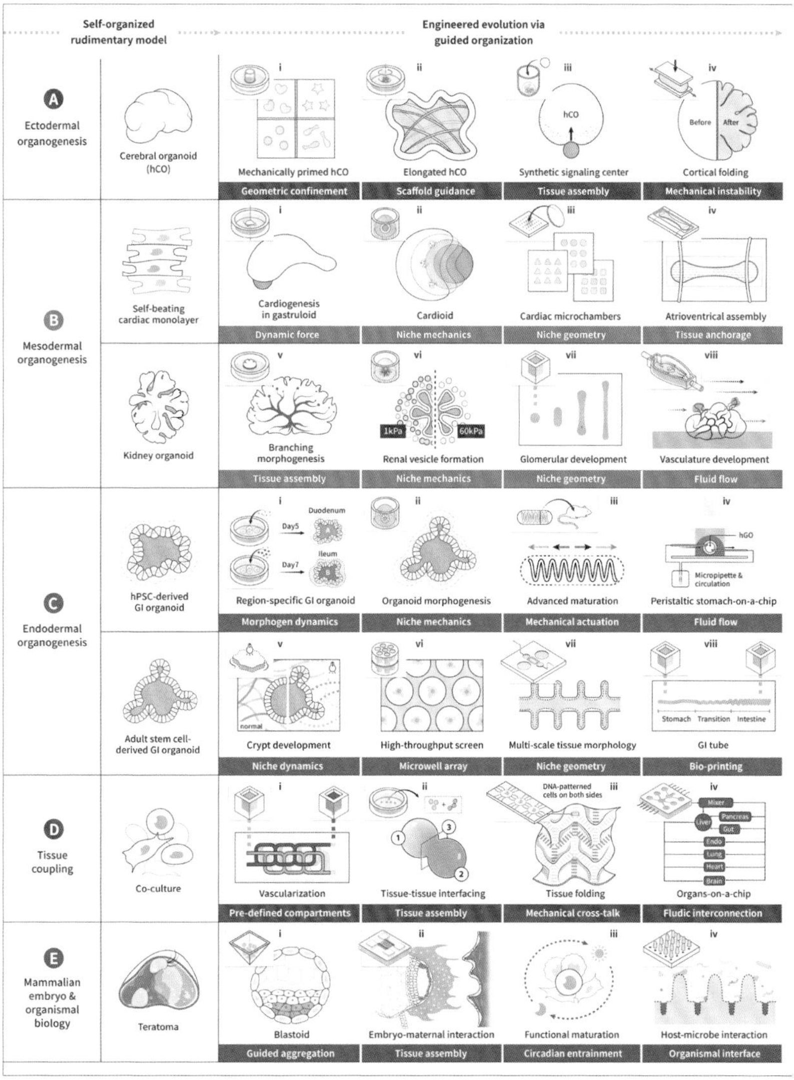
Self-organized rudimentary model
Engineered evolution via guided organization
A
Ectodermal organogenesis
Cerebral organoid (hCO)
i
Mechanically primed hCO
Geometric confinement
ii
Elongated hCO
Scaffold guidance
iii
hCO
Synthetic signaling center
Tissue assembly
iv
Before
After
Cortical folding
Mechanical instability
B
Mesodermal organogenesis
Self-beating cardiac monolayer
Cardiogenesis in gastruloid
Dynamic force
Cardioid
Niche mechanics
Cardiac microchambers
Niche geometry
Atrioventrical assembly
Tissue anchorage
Kidney organoid
v
Branching morphogenesis
Tissue assembly
vi
1kPa
60kPa
Renal vesicle formation
Niche mechanics
vii
Glomerular development
Niche geometry
viii
Vasculature development
Fluid flow
C
Endodermal organogenesis
hPSC-derived GI organoid
Duodenum
Day5
Ileum
Day7
Region-specific GI organoid
Morphogen dynamics
Organoid morphogenesis
Niche mechanics
Advanced maturation
Mechanical actuation
hGO
Micropipette & circulation
Peristaltic stomach-on-a-chip
Fluid flow
Adult stem cell-derived GI organoid
normal
Crypt development
Niche dynamics
High-throughput screen
Microwell array
Multi-scale tissue morphology
Niche geometry
Stomach
Transition
Intestine
GI tube
Bio-printing
D
Tissue coupling
Co-culture
Vascularization
Pre-defined compartments
1
2
3
Tissue-tissue interfacing
Tissue assembly
DNA-patterned cells on both sides
Tissue folding
Mechanical cross-talk
Mixer
Liver
Pancreas
Gut
Endo
Lung
Heart
Brain
Organs-on-a-chip
Fludic interconnection
E
Mammalian embryo & organismal biology
Teratoma
Blastoid
Guided aggregation
Embryo-maternal interaction
Tissue assembly
Functional maturation
Circadian entrainment
Host-microbe interaction
Organismal interface

综述插图往往篇幅较大，并通常以组图的形式贯穿全文，对文章各部分信息进行系统性的图解示意。

来自客户的长篇信息：对插图标题、内容框架以及参考情况进行一一阐明。

这是我为数不多的进行了面议的项目。鉴于插图信息极多，且胚胎工程学也不是我非常熟悉的领域，当面梳理和答疑可能更高效。

需求清单

委托服务 胚胎工程学综述组图

创作周期 1~2 月

内容描述 Cell Stem Cell 综述“Reconstruct the order of life: engineered evolution of stem cell-based embryo and organ models.”部分共需 4 幅插图，其中图 1、3、4 是大篇幅的复合型插图，图 2 相对简单且有先例可参考。

图 1：Multi-scale organizations in mammalian embryo and organ development. 通过示意图呈现**从 blastomere 至 neonatal 阶段，胚胎与器官发育的关键 / 代表性阶段**，及其中**代表性有序结构**的发生。

图 2：Stem cell resources to rebuild mammlian embryos and organs. 展示当前**可用于胚胎及器官再造的干细胞类型及其对应发育阶段**（这个相对标准）。

图 3：Engineered evolution of stem cell-based embryo and organ models. 用示意图展示**不同阶段的胚胎 / 器官体外模型的“工程化演进”**（利用不同工程技术范式获得的不同程度的胚胎 / 器官高级结构）。

图 4：Bioengineering modalities for multi-scale reconstruction of embryo and organ models. 以示意图的形式**整合归纳从微观、介观、宏观尺度重建胚胎与器官有序结构所分别需要的工程技术范式。**

图 1、3、4 的信息量都比较大，加起来估计近 100 个小图。但每个小图都可以找到教科书或文献参考。另外，每个小图的风格都可相对简约，把概念表达清楚即可。

以下是初步设想，主要体现插图所需表达的**信息的结构性**。具体设计还需请专业人士把关，如果方便也可面谈。

需求清单

初步设想

面谈时，我们对信息框架、画面构成及图形符号的一些设计思路进行了讨论，也留了一些疑问，需要在接下来的调研和设计中进行尝试与探索。

部分参考文献如右图所示。这是近几年我阅读量最大的一次创作，开启了新学科的大门。能够接触前沿信息并持续学习是这项工作非常吸引人的一点。

5.2.1 深度调研

让自己全面、系统地理解信息，尽可能多地阅读，建立信息网络。这在综述组图的绘制过程中尤为重要。

每张图都围绕胚胎的发育过程展开，因此我们可以按发育阶段对胚胎解剖学和工程技术范式进行梳理。

<table>
<tr><th>阶段</th><th>Embryonic Anatomy</th><th>Engineered model & modality</th></tr>
<tr><td>Peri &post-
implantation</td><td>Morula
Blastocyst
Late Blastocyst
Implantation</td><td>Epiblastoid:
niche geometry , ECM pattern & matrix
microfluidic gradient (PASE) , tissue assembly</td></tr>
<tr><td>Gastrulation
& Body axis
elongation</td><td>Collective motion of
medoserm &
endoderm cells</td><td>Embryoid body:
niche geometry & mechanics (micropatterns) ,
microfluidic gradient, morphogen dynamics,
dynamic force, tissue assembly</td></tr>
<tr><td>Neurulation</td><td>Somitogenesis
Trunk dvlpment
Neural folds、groove
Neural tube closed</td><td>Neural rosette:
niche geometry & mechanics,
microfluidic gradient</td></tr>
<tr><td>Ectodermal
organogenesis</td><td rowspan="5">Higher-order
morphogenesis
of representative
organs:

Neural tube
Brain
Gut tube
Lung dvlpment
Cardiogenesis
Skin appendages

Fetal-to-neonatal
transition:
circadian clock</td><td>Cerebral organoid:
geometric confinement, scaffold guidance,
tissue assembly, mechanical instability</td></tr>
<tr><td>Mesodermal
organogenesis</td><td>Cardiac & kidney:
niche geometry (microchambers & 3d-printing))
& mechanics, dynamic force, tissue anchorage,
tissue assembly, fluid flow</td></tr>
<tr><td>Endodermal
organogenesis</td><td>GI organoid:
niche geometry & mechanics & dynamics,
morphogen dynamics, bio-printing,
fluid flow (stomach-on-a-chip),</td></tr>
<tr><td>Tissue-tissue
coupling</td><td>Co-culture:
tissue assembly, pre-defined compartments
(3d-printed vascularizaion), mechanincal
cross-talk (DNA-patterned), fluidic intercon-
nection (organs-on-a-chip)</td></tr>
<tr><td>Mammalian
embryo &
organismal
biology</td><td>Terotoma:
guided aggregation, tissue assembly,
circadian entrainment, organismal iner-
face(host-microbe interaction)</td></tr>
</table>

5.2.2 用网格系统管理布局

在设计中，网格是一种用于组织布局的系统。常见的报纸和杂志排版是列网格的典型代表。模块网格是列网格的一种扩展，用相交的行和列创建模块（直白地讲就是小格子），用于辅助布局。

网格系统是我目前最常用的辅助构图工具。有趣的是，起初我非常排斥网格，总觉得那是束缚、古板的笨方法，不够自由、灵动。可能很多同学也和我当初一样“瞧不上”这些格子。然而，经验告诉我们，面对一张白纸开始思考时，我们难免会因为缺乏方向感而卡住，甚至根本无从下笔。在这种情况下，格子带来的约束变得非常有价值，它不是限制我们的创造力，而是提供一个起点和框架。这次的综述组图创作便很好地印证了这一点。

由 Müller-Brockmann 出版的 *Grid Systems in Graphic Design*，讲述了通过创建模块化和旋转网格系统突破网格的极限，成为平面设计师的必备读物。

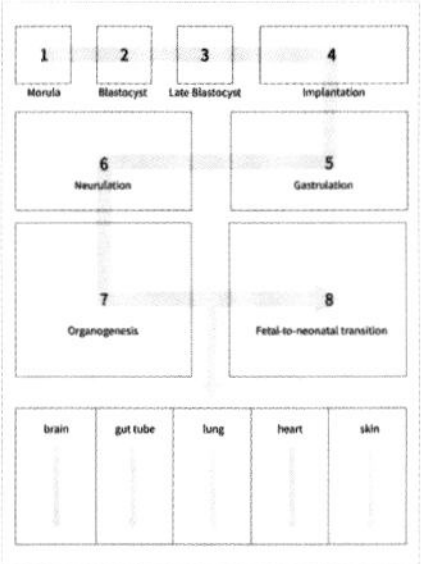

fig1 讲述了胚胎发育的 8 个代表性阶段，并举例说明了 5 个主要器官的有序发展。根据常规的阅读顺序安排格子。以 Implantation 为分界，阶段 1~4 占第一行，阶段 5~6 占第二行，从器官发育开始占据下方空间。对阶段 7~8 尝试了两种布局，考虑到器官发育部分，以横向展示为宜，最终选择了右图的布局。

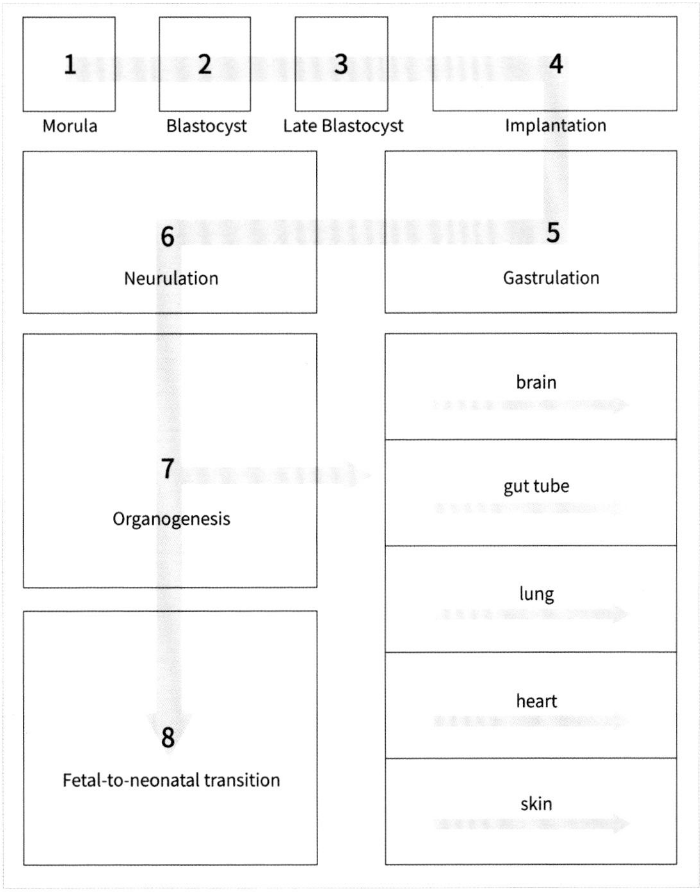

在图形设计过程中，我发现阶段 4~8 的形态变化较大，视觉上的跳跃可能会影响读者理解，因此我尝试加入中间阶段 4.5、5.5、6.5、7.5，以及最终形态 8.5，进行信息和图形层面的串联。

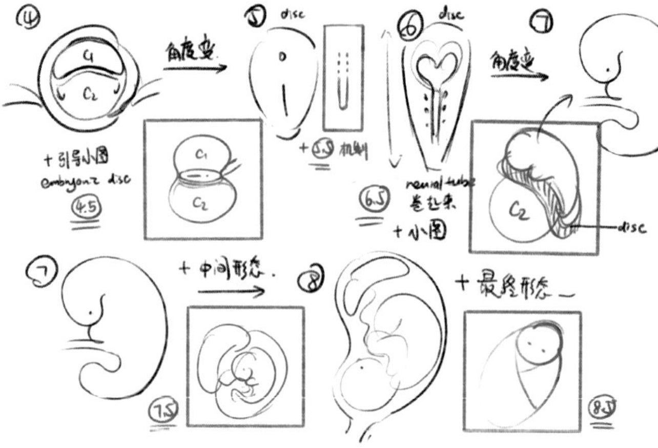

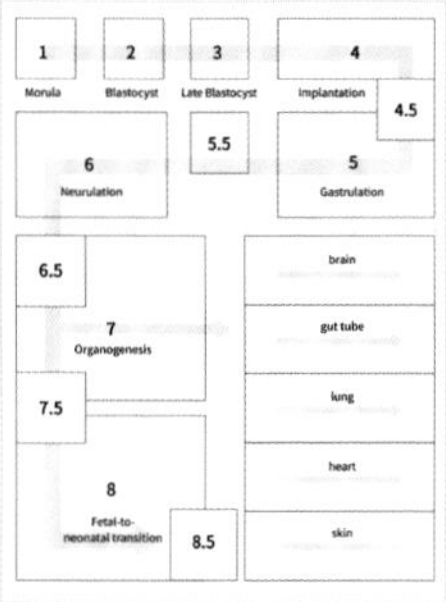

基于上述内容调整，我们加入 5 个小格子，放置中间阶段。至此，格子布局大致完成。

接下来在格子中填入相应的图形草图以及标识。总的来说，格子和图形结合融洽，但阶段 5~6 较空，而阶段 4.5~5 目测在纵向空间上稍显不足。可以将图形细节补充完整后，再做调整。

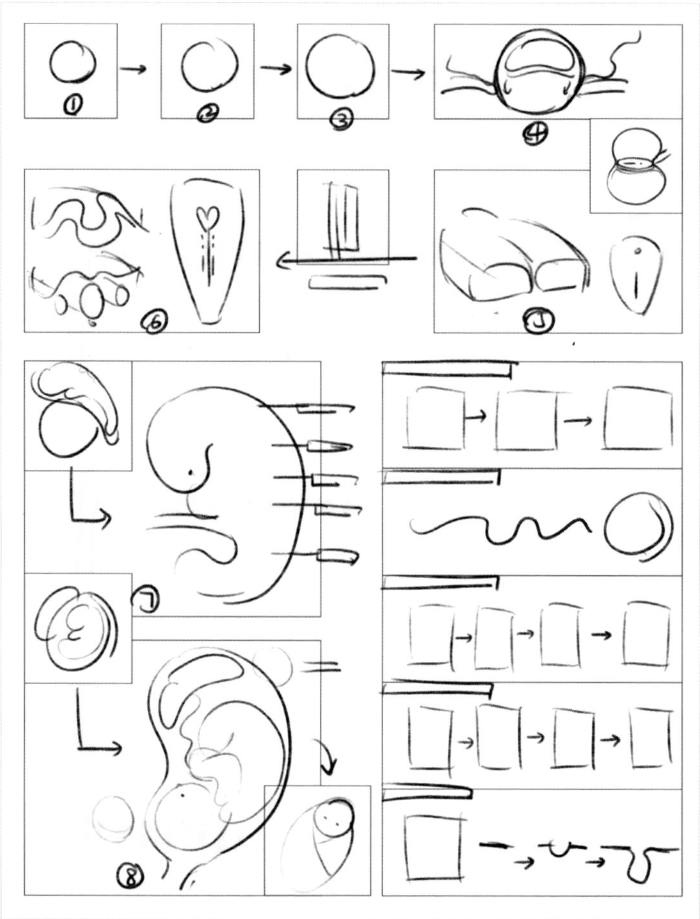

细化结构并添加标识后，阶段 4~4.5~5 这个区域显得较为拥挤。于是我根据画面的留白手动调整格子的位置（紫线框）。

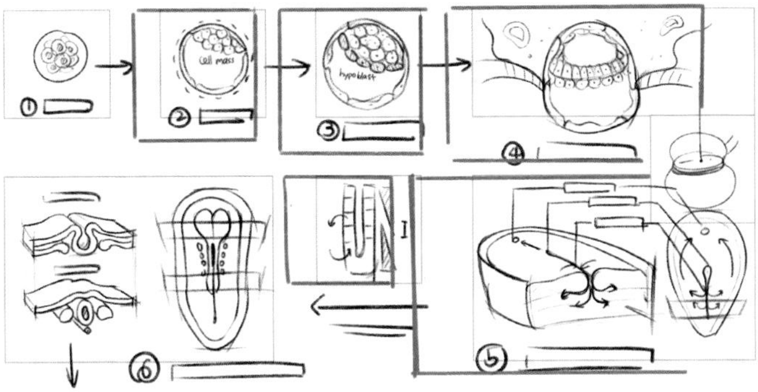

调整后完成草图的绘制。注意，一开始建立格子是为了确定画面的框架，以便于进行合理的布局，但最终一定要根据实际情况灵活调整，切忌让格子限制了自己的发挥。

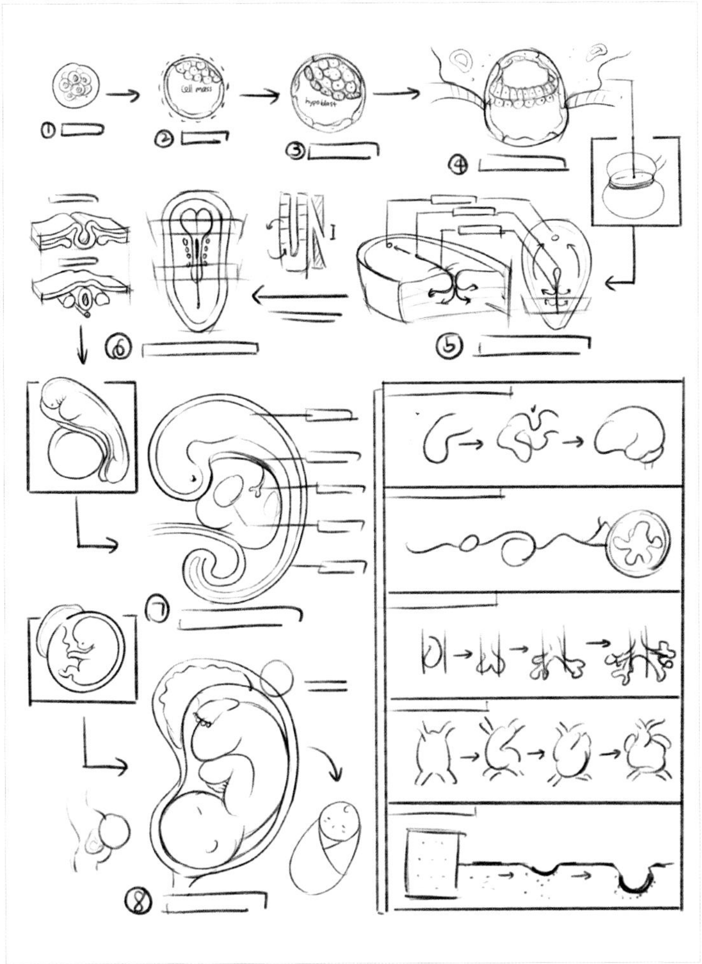

fig2 以阶段时间轴展开，可使用列表格辅助构图。画面构成不复杂，整齐、清晰即可。

版本 1：横向时间轴。

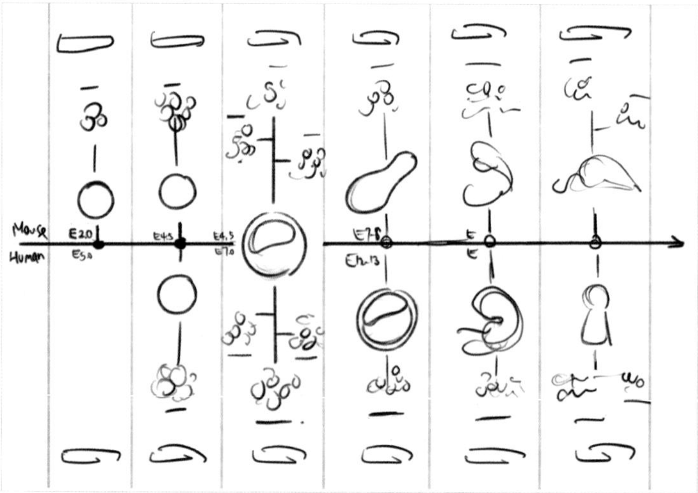

版本 2：纵向时间轴。

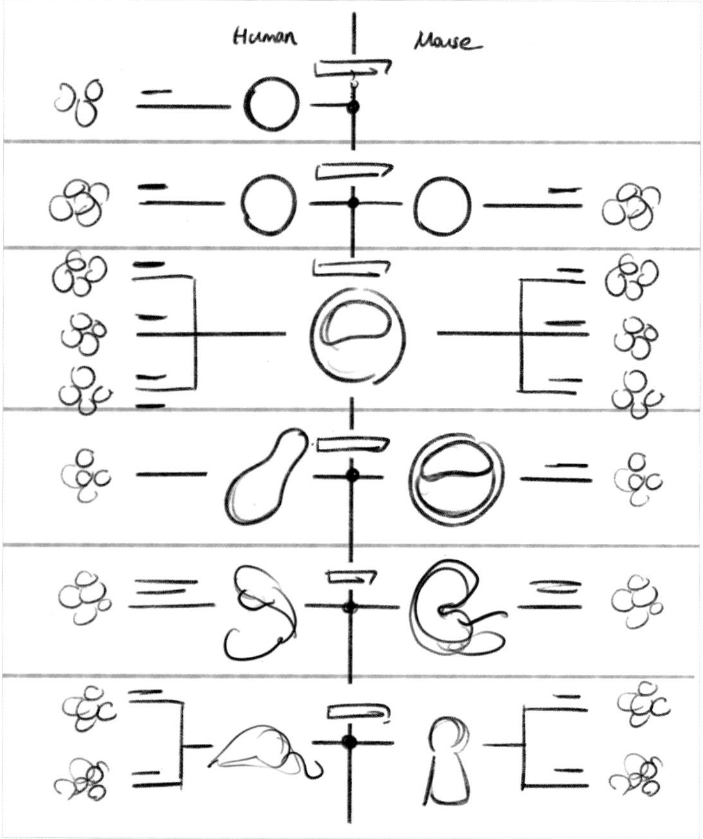

版本 1：图形细化。

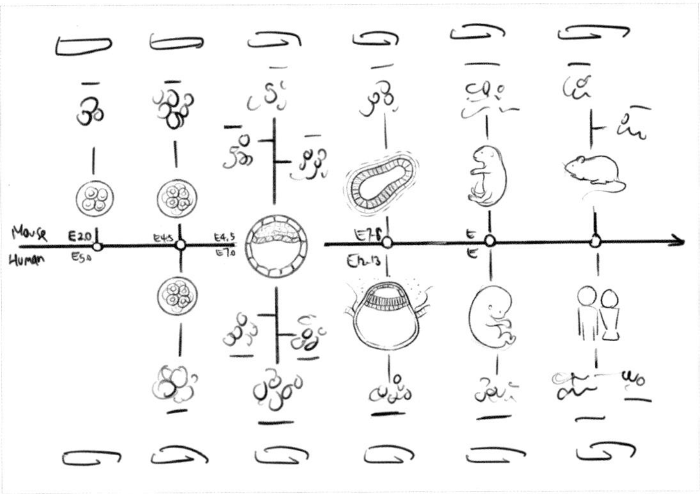

版本 2：图形细化。
最终选择版本 2。

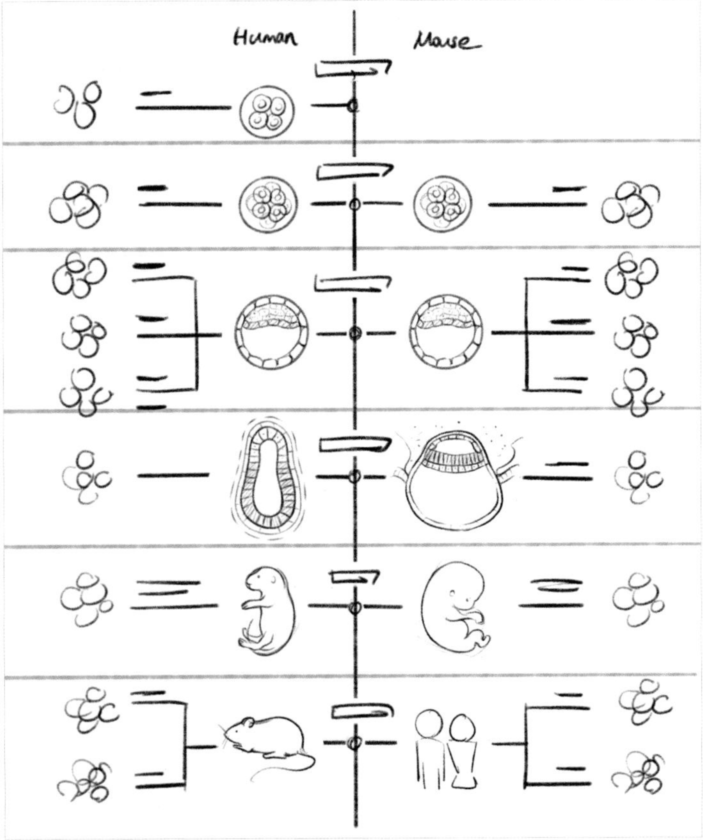

5.2.3 用图形符号语言表达工程学概念

fig3 和 fig4 是工程学内容，与前文所讲的技术流程图的设计有很多异曲同工之处，需要对器械、操作、概念机制等信息进行提炼与归纳，再简洁、美观地表达出来。这是一个对信息进行消化吸收、做减法、视觉传达的过程。在这个过程中，我倾向于用纸、笔辅助构思与设计，对圆形、矩形、线条、圆柱体、长方体、箭头、弧线等基础图形进行分解、排序和组织，以表达出脑子里对信息的理解。用这些看似简单的视觉编码单元，可以搭配组合出各种有趣的模式。

需要强调的是，图形的简化与提炼需要严格基于信息的准确性，并且需要充分体现信息要点，不能因过度或随意简化导致信息的表达出现疏漏或错误。在第一遍梳理草图之后，我遇到了两个难点：①展示角度难统一，并非所有模型都能用平视图或截面图来展示，有些需要俯视图才能看清楚微环境的形状，但这样一来会造成视觉上的跳跃，几十个模型排布在一个画面中会显得杂乱；②任何培养条件的改变都可能产生截然不同的组织形态和结构，只展示体外模型的最终成果似乎在信息的传达上不够充分。

以 Neurulation 阶段为例，有平视和 45° 侧俯视两种角度，有圆形和长条形的图案，较难统一。

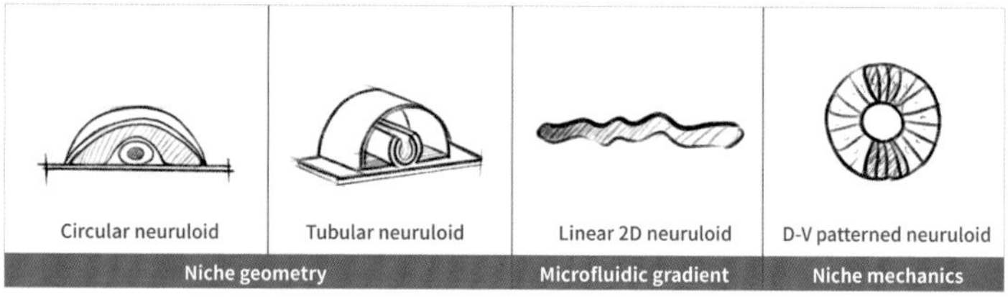

基于以上问题和客户进行讨论后，我们决定采用复合型视角：在每个范式的左上角加一个小格子，在其中使用统一的俯视角度对培养条件或设备进行展示，充分呈现其特征。如此一来，既加强了通篇几十个不同模型在视觉上的连贯性，又从多个侧面对工程技术范式进行了补充与说明。

调整画面构成。主体元素：体外模型总特征 / 发育结构。小图：培养条件 / 设备。

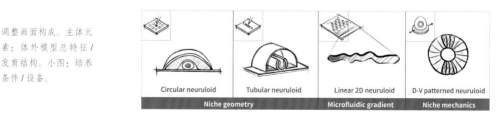

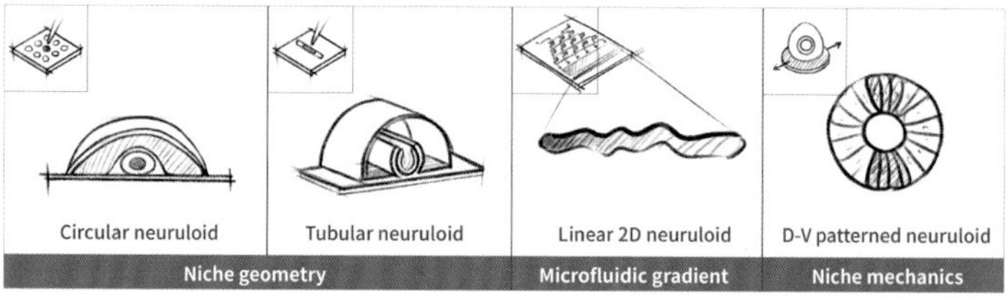

画面架构确定好后，便可以开始核对每个模型的培养条件。①重点区分培养状态：贴壁、包埋、悬浮、旋转摇匀等；②对于高频出现的装置，如 micropattern、microwell、high-throughput microarray、microfludic devices 等，需要搞清楚同类型装置之间的共性和必要的差异性，对共性装置应尽量统一概括，以免增加视觉上的复杂度。

这个过程少不了查阅文献以及和客户沟通。我的经验是先按自己的理解快速起草构思，然后把设计时的疑问列出来，并附上参考图，再和客户进行讨论。这样会更加高效、直接。

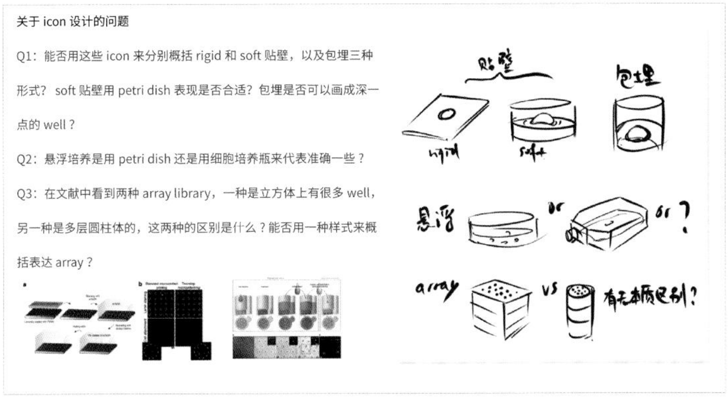
关于 icon 设计的问题

Q1：能否用这些 icon 来分别概括 rigid 和 soft 贴壁，以及包埋三种形式？ soft 贴壁用 petri dish 表现是否合适？包埋是否可以画成深一点的 well？

Q2：悬浮培养是用 petri dish 还是用细胞培养瓶来代表准确一些？

Q3：在文献中看到两种 array library，一种是立方体上有很多 well，另一种是多层圆柱体的，这两种的区别是什么？能否用一种样式来概括表达 array？

确认信息后，再在图形的设计上下功夫，绘制更精细、具体的草图(右图所示为重新绘制的草图，真实的草图更潦草一些)。

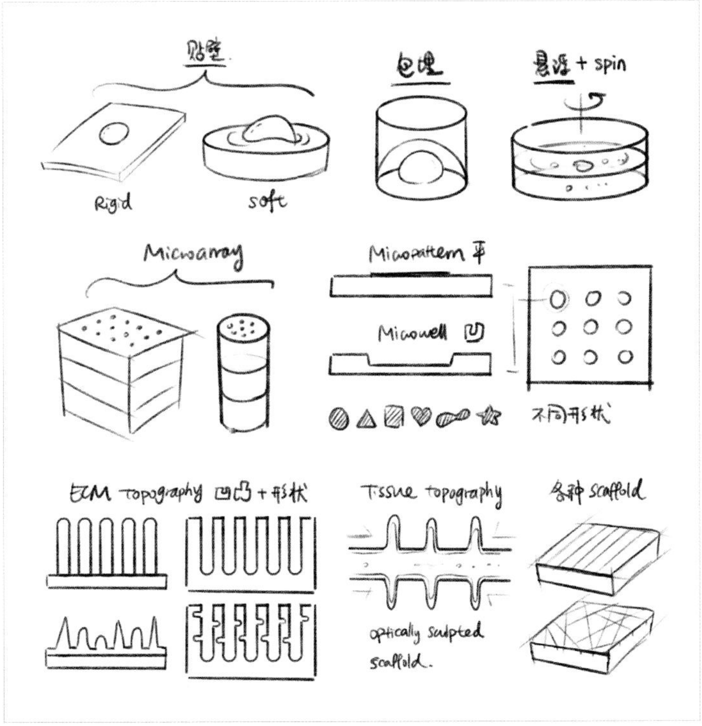

fig3 草图设计第一步：根据阶段内容建立格子，每个阶段包含 4 个或 8 个工程技术范式。先用圆形、半圆形、矩形和正方形搭建主体元素框架，再在框架中加入适量特征细节，并观察画面整体是否平衡。

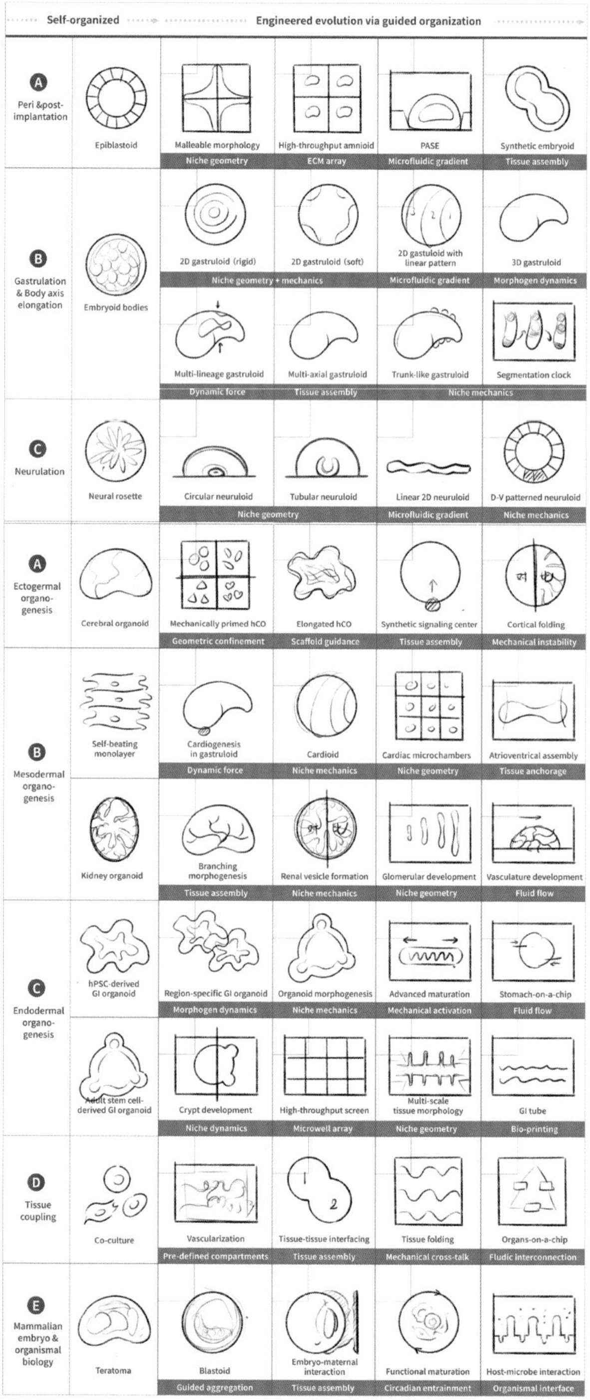

fig3 草图设计第二步：为主体元素加入更具体的细节，并设计小图，得到最终版草图。

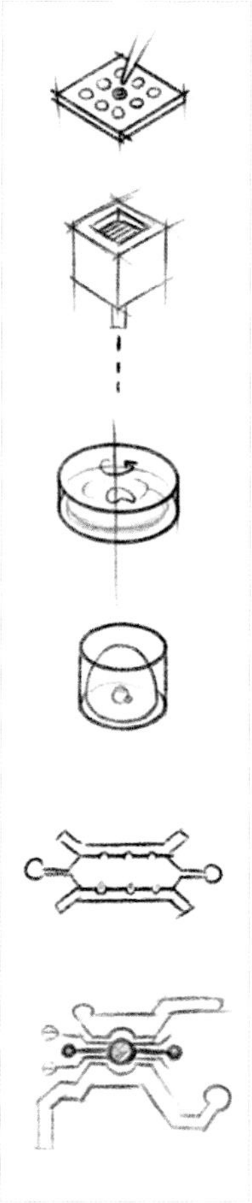

培养条件及装置可以大致分为立方体(薄、厚)、圆柱体(薄、厚)和其他不规则体块。对复杂的装置可以只设计平面图，正式绘制时再在 AI 中借助 3D 效果生成等角透视图。

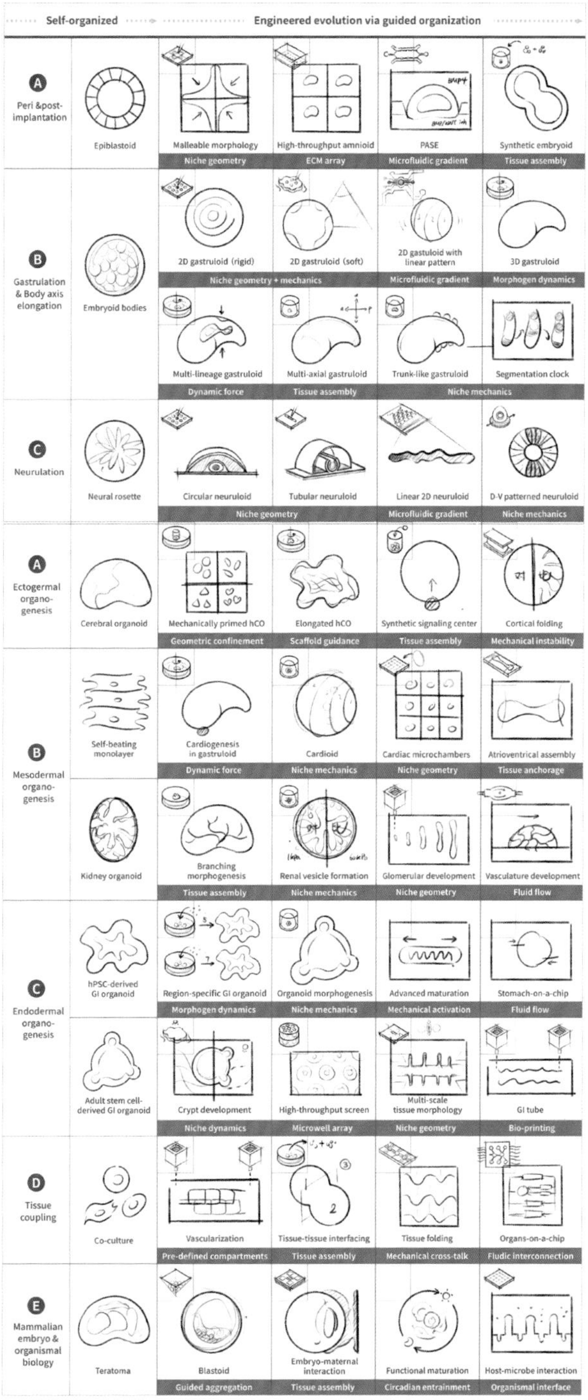

fig4 草图设计第一步：按照微观、介观、宏观分成 3 列，每一列中的项目数量及面积占比不同，不能制作成和 fig3 一样的模块网格。

我先绘制了比较简陋的草图，用于评估每个元素的画面占比；再根据内容占比调整纵向上元素的顺序，以达到更规整的布局。

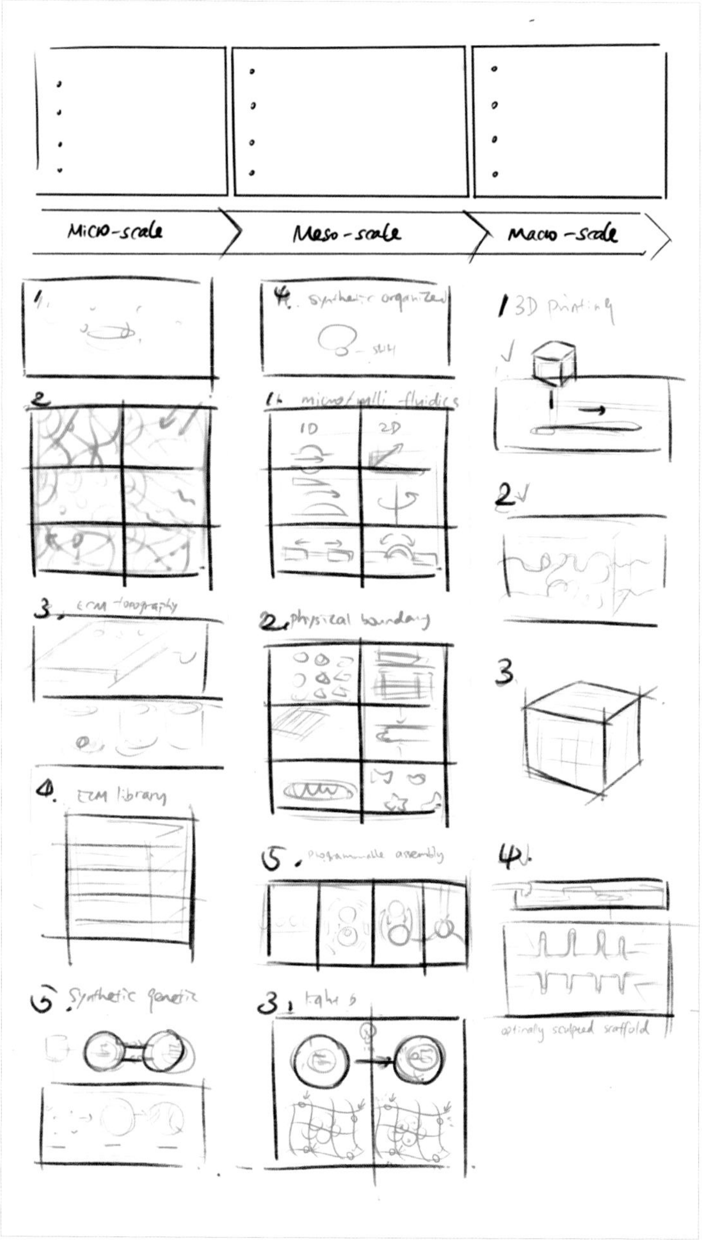

fig4 草图设计第二步：根据第一版草图进行结构及内容的调整，并细化元素。

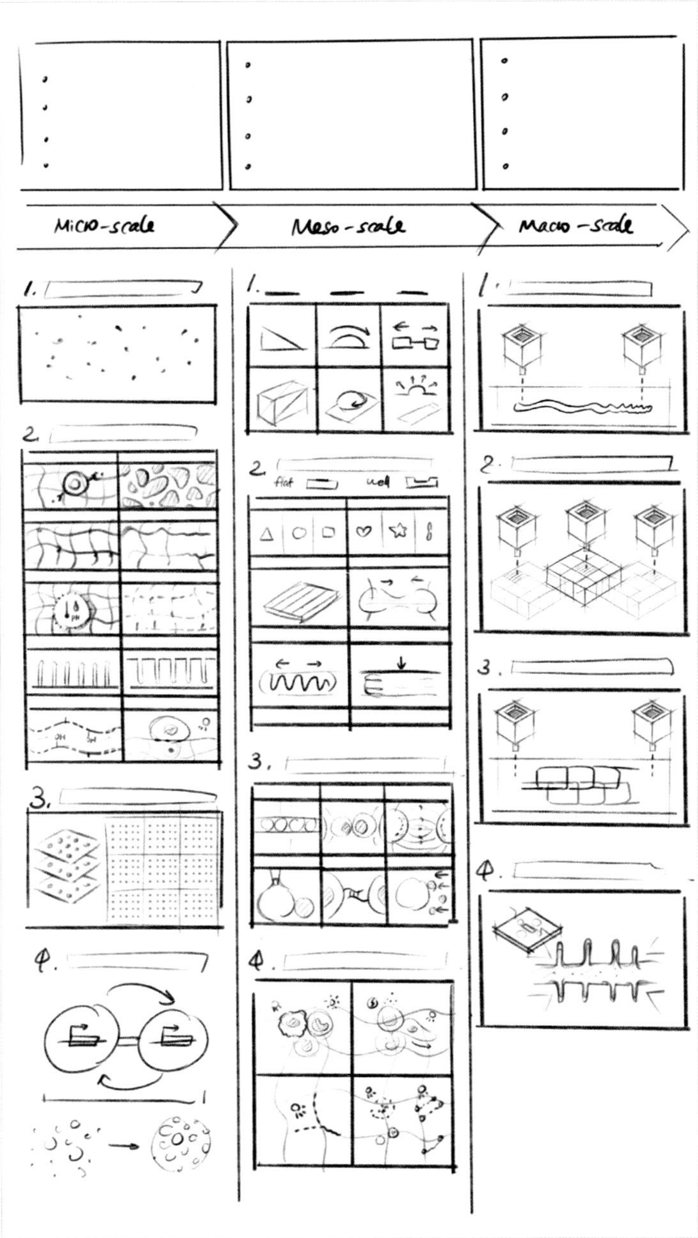

5.2.4 谨慎使用颜色

经历了漫长的草图设计后，需要在 AI 中进行绘制和上色。在画面元素如此之多的情况下，任何新的变量变化都可能会降低信息的传达效率。所以我在绘制过程中先仅使用“黑白灰”进行填充：画面大部分结构为白色，在结构重点或需要体现空间感的地方使用浅灰色和中灰色加以区分，序号和标题条衬底使用深灰色以确保足够醒目。以这样的方案将画面完整地呈现出来之后再做色彩上的尝试。

灰色能够帮我在绘制过程中快速区分结构，以及标注重点，让我得以更加专注地完成图形的绘制，不会因为纠结颜色的选择而使思维混乱。即便不会呈现在最终画面上，我也不会跳过这一步。

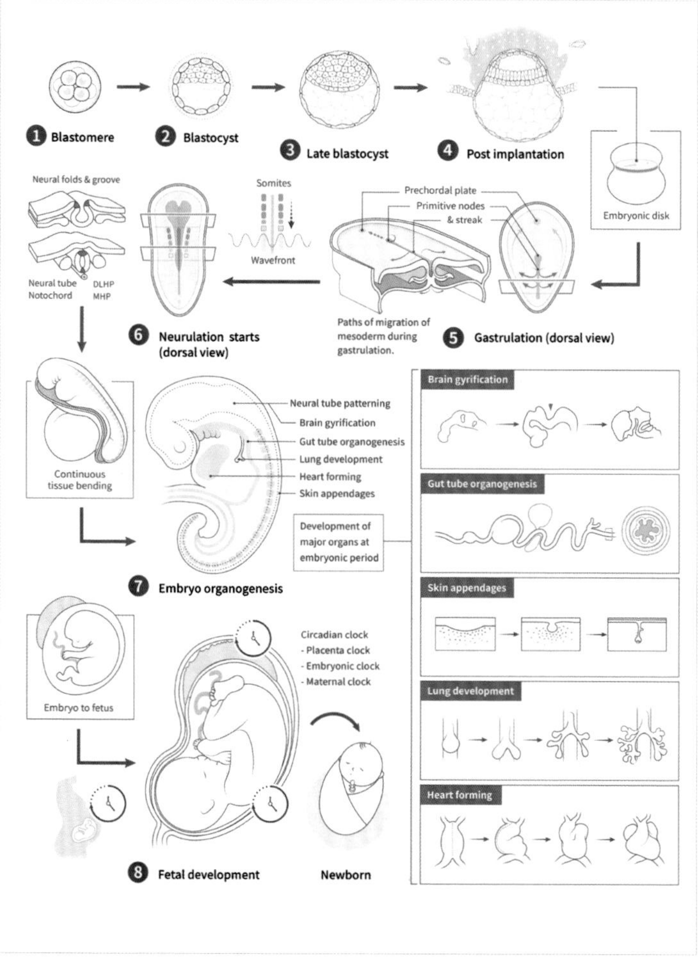

填充黑、白、灰 3 种颜色后，尝试引入其他颜色对结构进行进一步的区分。最先考虑的是遵循传统：教科书中常用红、黄、蓝 3 个原色分别代表内、中、外 3 个胚层。我选择了饱和度偏低的红、黄、蓝进行尝试，遇到了一个问题：除了 3 个胚层，其余结构是否需要上色来保证完整？如果不上色，画面的留白似乎不太平衡；如果所有结构都上色，那么难以突出重点，需要引入额外的重色。而阶段 7~8 中的结构多，画面中很有可能会出现很多重点色块，导致整体花乱。

绘制好所有图形后，再专注配色。正如第 1 章所述，每个阶段，只让大脑处理一件事情。

阶段 7 中的器官分别由 3 个胚层发育而来，用红、黄、蓝加以区分。阶段 8 的 fetus 通常为肉色。两个阶段在颜色上不是十分连贯。如果在阶段 7 中的胚胎上附上一层肉色，似乎也并不会让结构看起来更美观，反而有些多余。

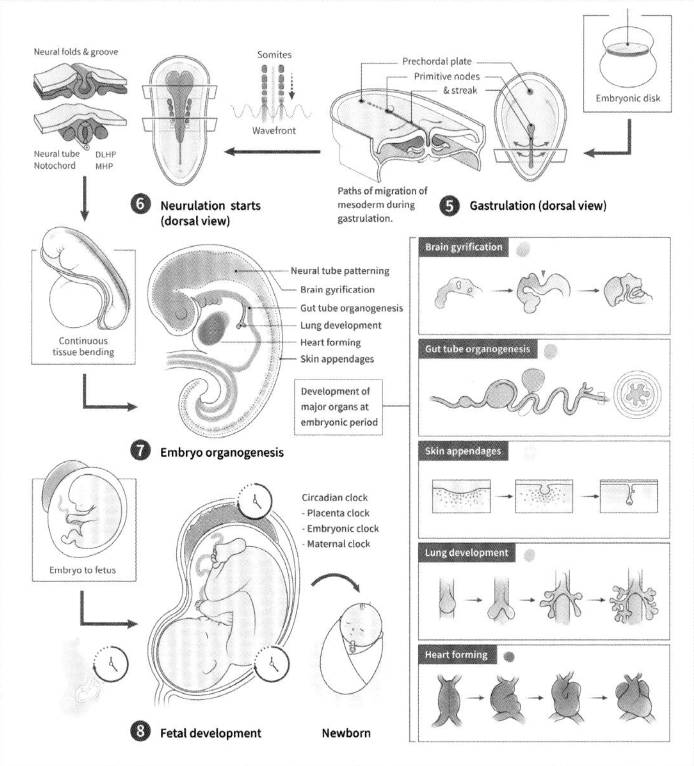

尝试过后，发给周围的同事与朋友，统一的反馈是：好像不如黑、白、灰搭配“高级”。究其原因，或许是因为白色能让画面保持透气和最干净的状态，加了颜色后，画面中白色面积大幅减小，显得画面沉闷；浅灰色、中灰色、深灰色 3 种颜色能够交代清楚所有的结构转折，不需要引入任何颜色，在极简的情况下就能完成对事物的描绘。如此一来，显得黑、白、灰搭配更能给人以极致客观、稳定、清晰的感觉。

一番对比后，我决定采用局部上色的配色方案，即在黑、白、灰的基调上，引入 1~2 种强调色，并严格控制颜色的面积占比，以此来抓住观众的视线，突出画面中想要强调的元素。阶段 5~6 的形态变化最显著，因此也最需要一个引导视线的颜色。我选择了孔雀蓝色追溯关联结构：primitive nodes+steak - trunk - neural tube - brain organogenesis，以及表示相关箭头。这个方案可行，那么可以再引入粉紫色来交代外胚层及相关器官：肺部和心脏。如此一来，可以避免使用任何非必要的颜色，并且绿色、蓝色、紫色、粉色在色环上相邻，视觉上也比较连贯。

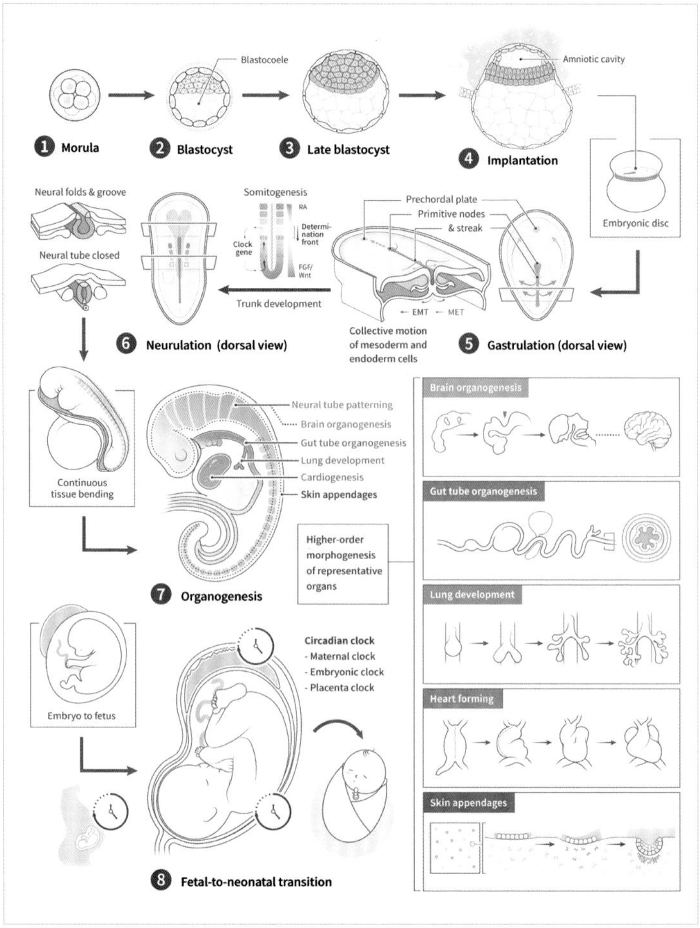

使用“局部上色”方案为 fig1 上色。

fig1 的配色确定后，后面 3 张图便都可以沿用这几种强调色。fig2 的干细胞以绿色为主，以粉色调为辅。对于从同一胚层提出来的不同干细胞 XENs 和 nEnds，可以微调色调，使用紫色和粉色加以区分。对于老鼠、人和胚胎这些偏宏观而且辨识度很高的图形元素，可以使用灰色，突出形状即可。在配色过程中，我曾想使用不同的绿色来体现不同类型的细胞，尝试过后发现有效的视觉差别并不大，并且不太整齐，对色弱的观众来说也不友好，于是舍弃了这一想法，只通过文字标识进行区分。

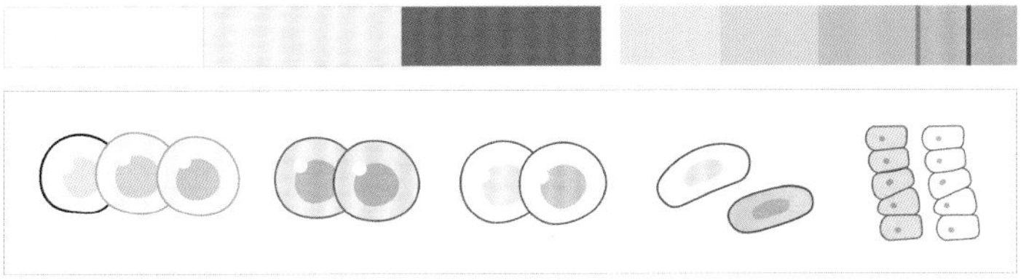

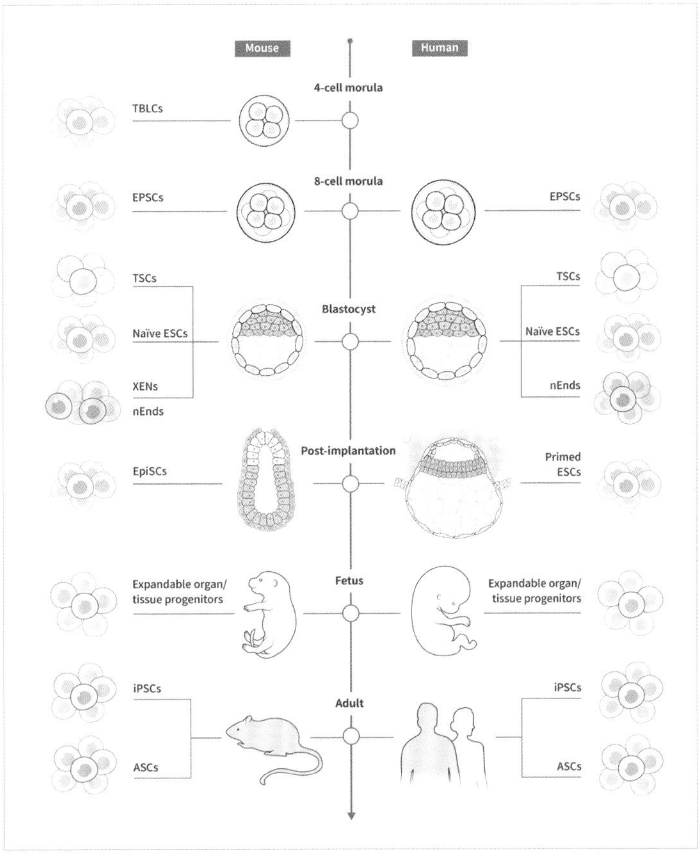

使用“局部上色”方案为 fig2 上色。

5.2.5 使用 AI 中的 3D 效果实现机械透视

徒手绘制俯视角度的培养装置难度较大，并且很难做到完全统一。我们可以借助 AI 中的凸出和斜角效果来实现。绘制方法是：根据草图绘制装置的平面图，为其应用效果，然后扩展外观，调整细节。

友情提示：扩展外观之前一定要备份，因为一旦扩展，便会失去“效果”的可编辑性。

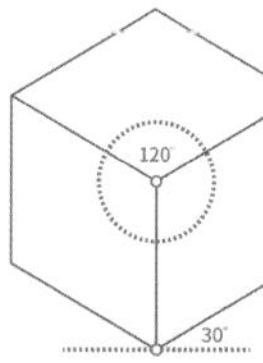

等角 - 上方：等轴测投影又称等角投影，在技术制图和工程制图中，3 条坐标轴的投影缩放比例相同，并且任意两条坐标轴投影之间的角度都是 120°。

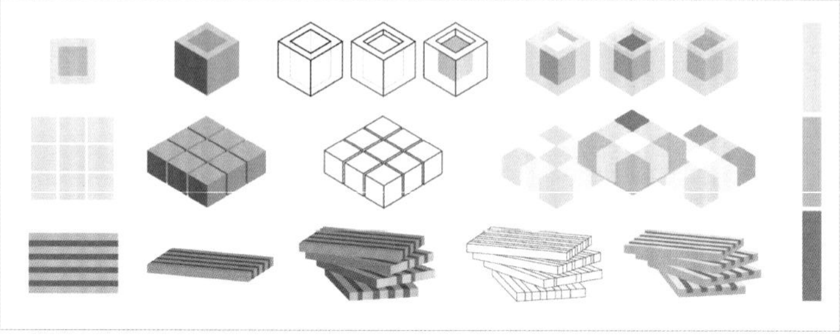

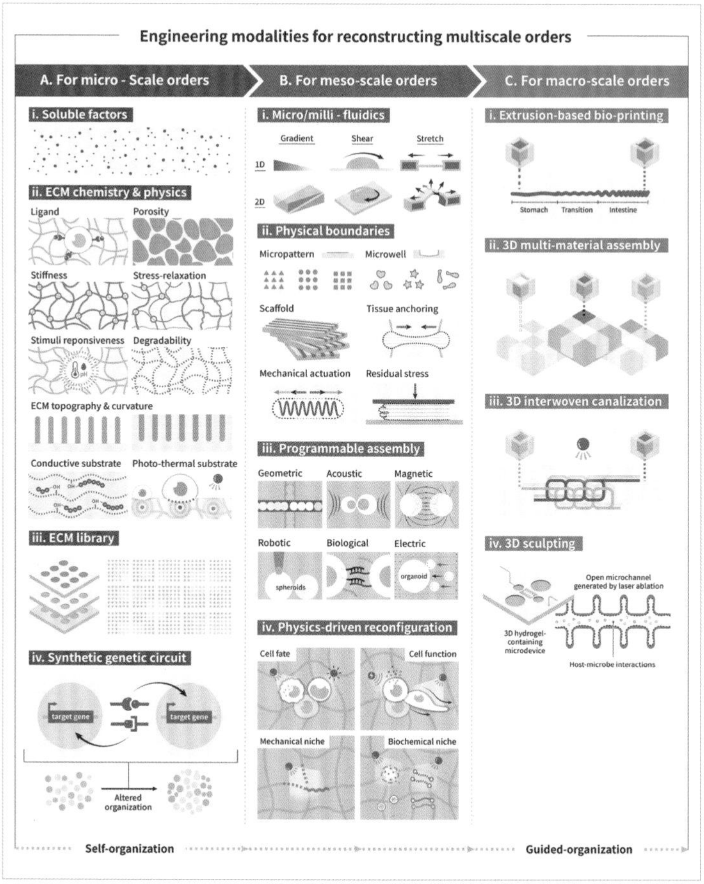

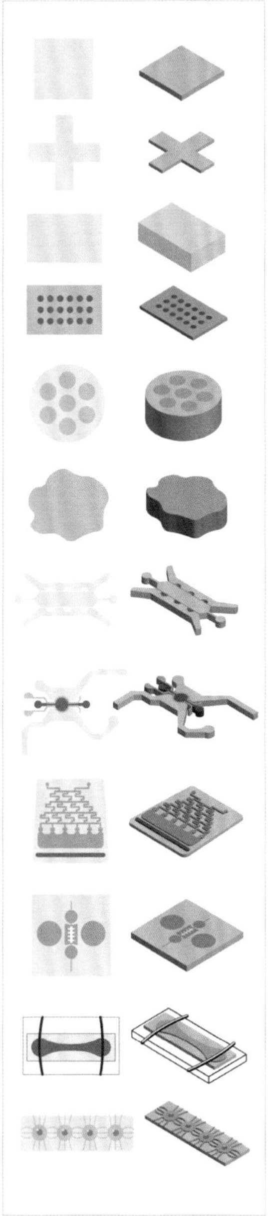

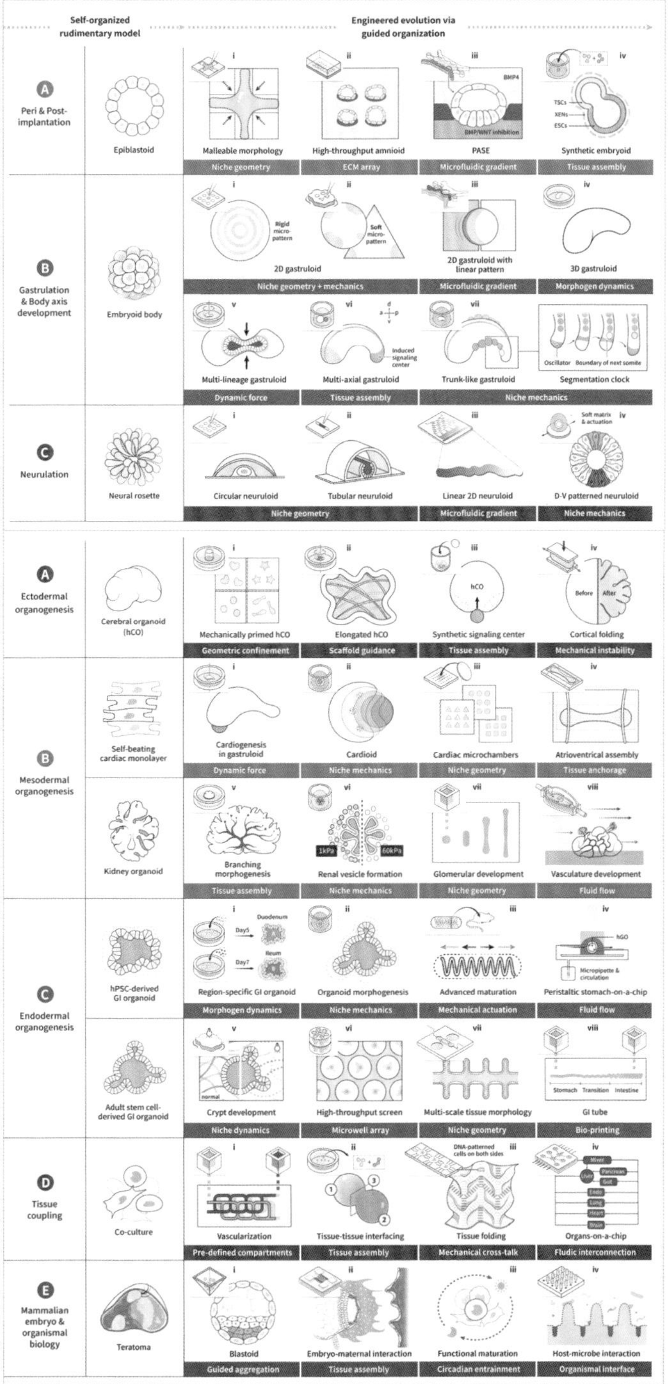

当元素特别多，不宜加入色彩时，可以给标题条和序号上色，以强调信息框架。

5.2.6 令人“闻风丧胆”的大返修

返修在投稿过程中属实是“家常便饭”。作为插画师，在交付成图时，也要有“随时接收返修信息”的觉悟。当然，即便如此，在收到大返修的反馈时，还是不免心中一惊。唯一的好消息是，矢量图形在经过放大、缩小、旋转等变换后都不受影响，无论如何改变其位置和调整其形态都不用担心画质受损。

这次返修的主要原因是：像生物工程学这样的交叉学科的综述，既要顾及纯生物学背景的读者，也要顾及纯工程学背景的学者，需要让双方都能通过图解和文字理解“胚胎学基础知识和工程技术的演进”。所以需要对 fig1 进行结构性调整。将纯生物学角度的胚胎与器官发育改为：从微观、介观、宏观 3 个层面展开阐述胚胎的发育过程，提供一个结构有序形成的全景图。如此，也能够和 fig3 和 fig4 中的工程技术范式更好地呼应。

客户对 fig1 进行了结构性改造，我们也对此方案的可行性进行了讨论，担心画面不整齐、有些格子放不下图形、有些格子太空。但还得尝试过后才能知道是否可行。

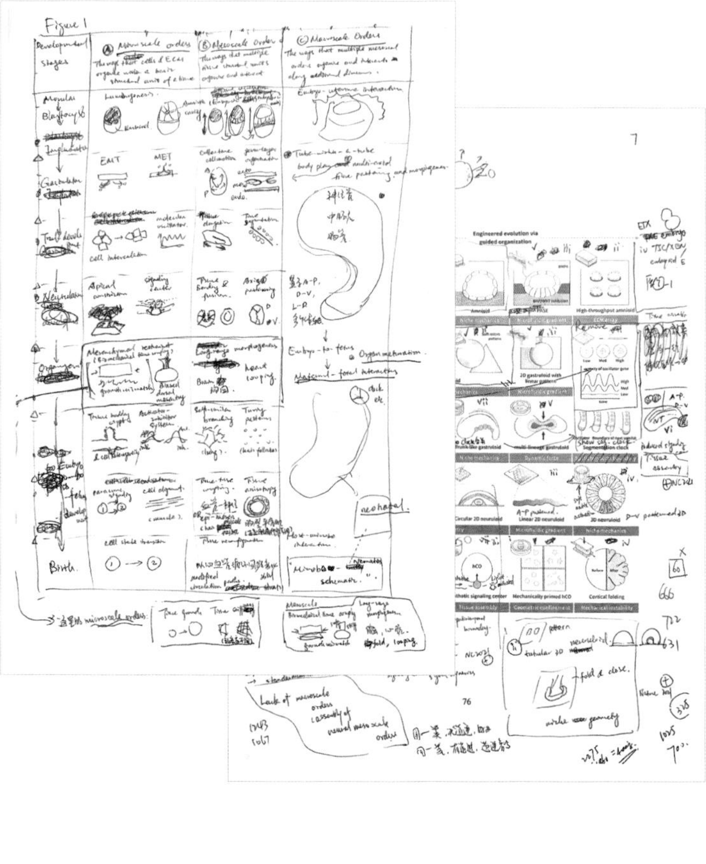

绘制新fig1：沿用原fig1中的元素，并补充一些新元素。配色依然使用“局部上色”的方式。第一种思路：仅用红、黄、蓝给3个胚层统一上色，横向上的胚层要用统一的颜色映射。存在的问题是：①由于元素众多，因此哪怕只有3种颜色，画面看起来也比较跳跃，不整齐；②画面下半部分器官的发育不涉及分层，也不适合大面积上色，如果留白不上色，会有一种没画完的感觉；③和其他几张图的配色感觉不太一样，并且标题条需要改为灰色，和fig4中3个标题条颜色不能统一。

第二种思路：纵向统一重点元素，即在纵向上给格子里的重点元素加上和标题条一致的颜色。不足之处就是横向上的胚层不能用统一的颜色进行映射。

讨论过后，我们一致认为纵向上的重点元素色统一比较好突出重点，并且整洁、美观。

改图时需要打破已经建立且完善的画面结构，跳出思维定式。这个过程可能有点痛苦。

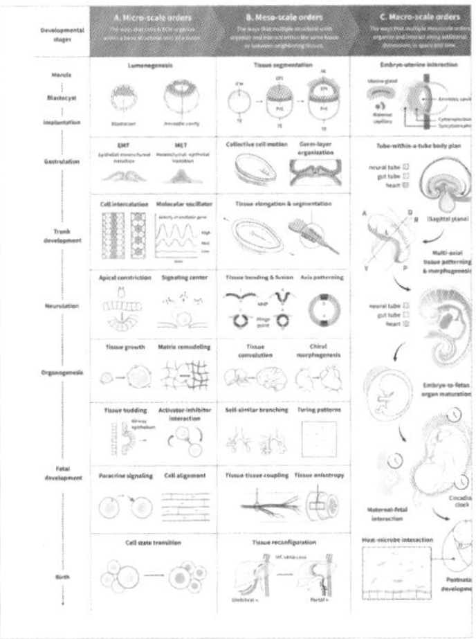

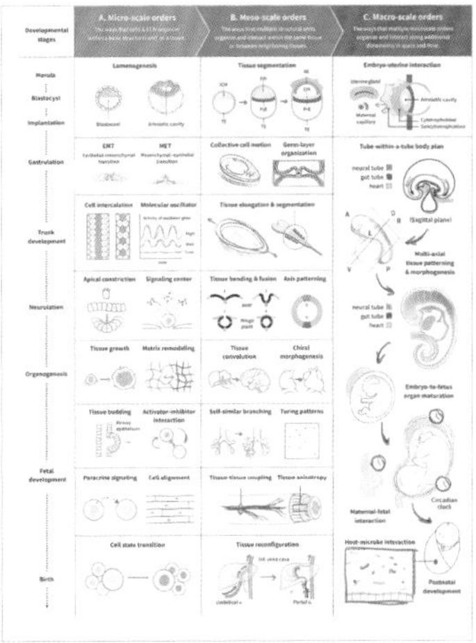

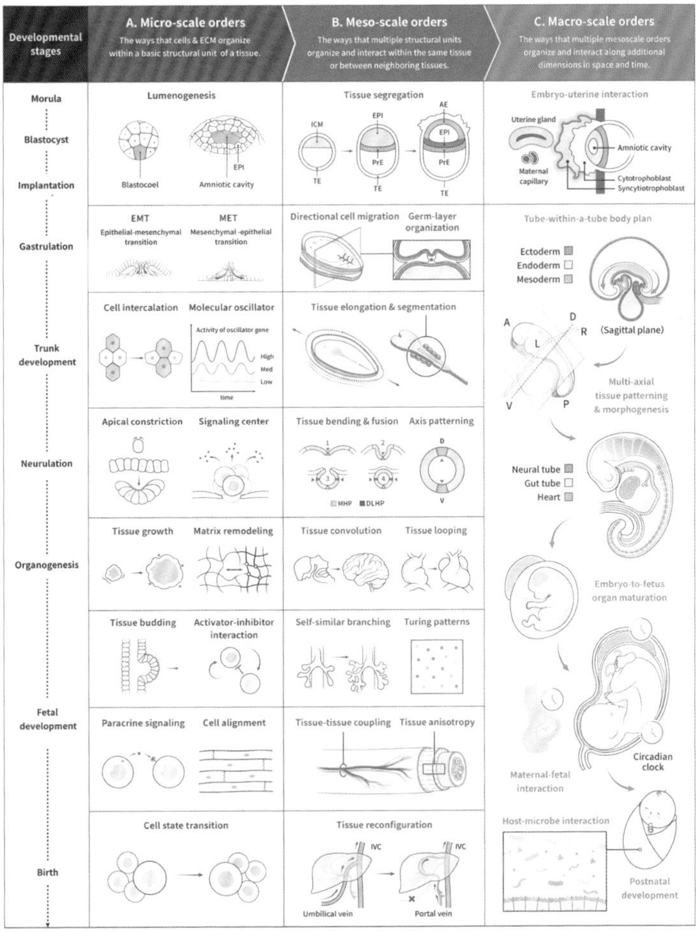

5.3 丰富多元的期刊封面设计

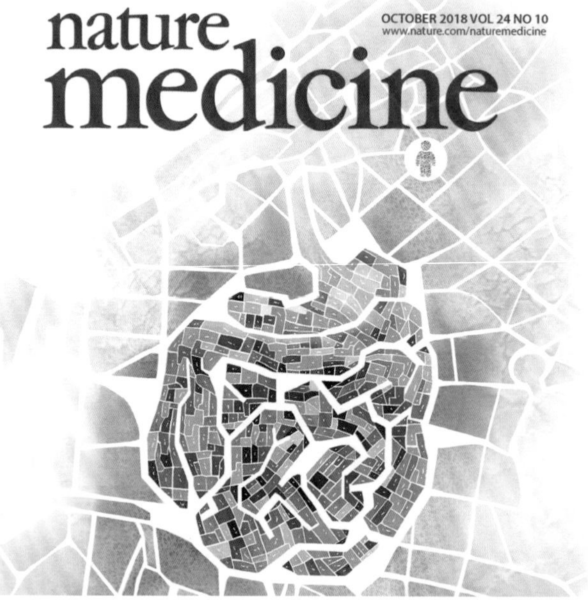

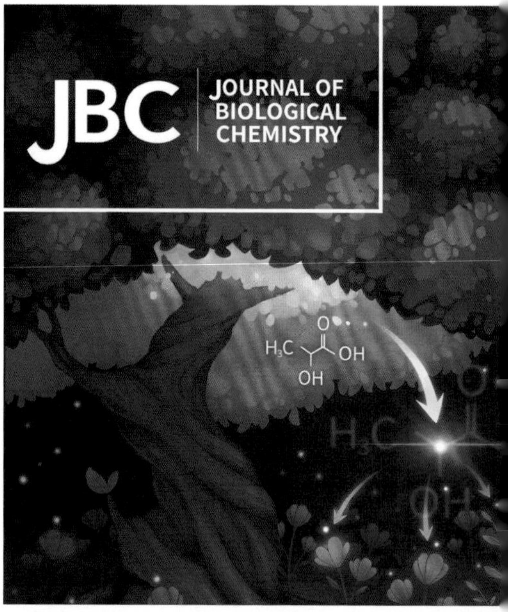

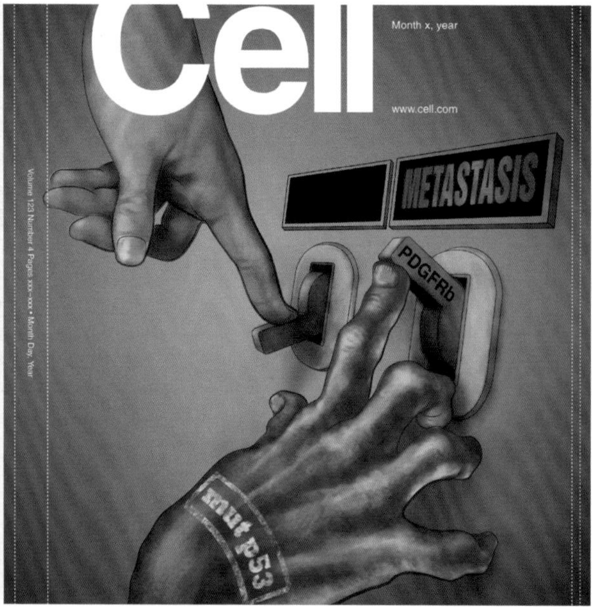

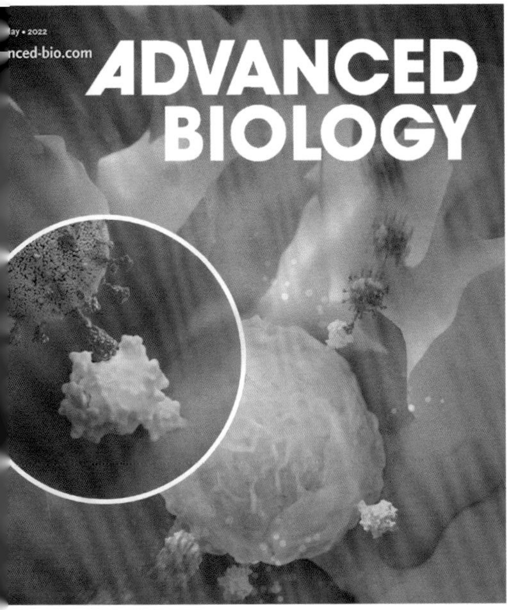
ADVANCED
BIOLOGY

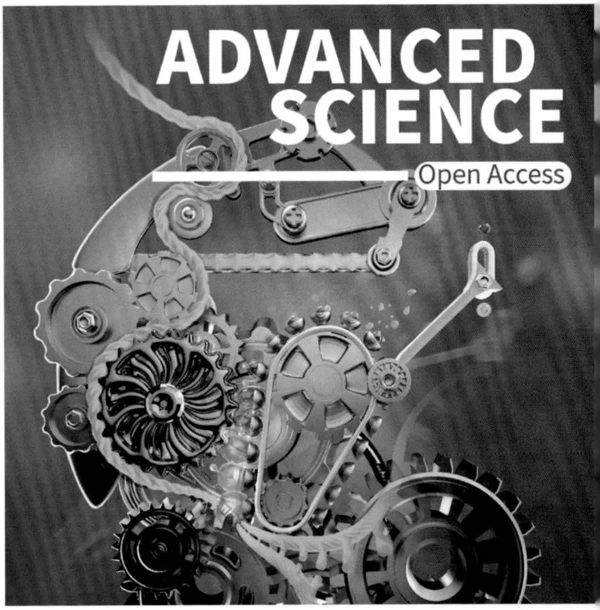
ADVANCED
SCIENCE
Open Access

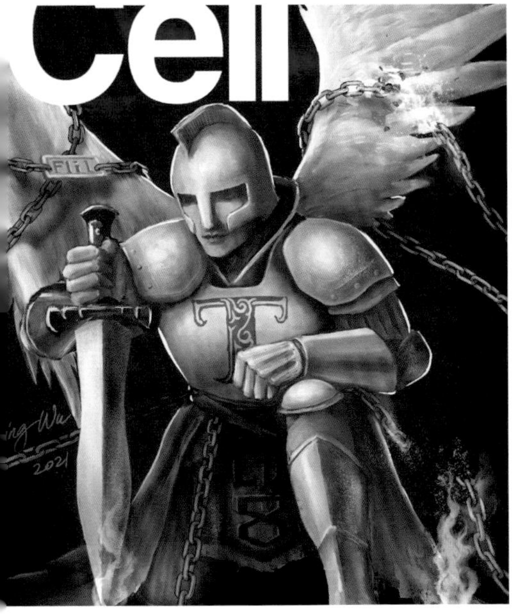
Cell
2021

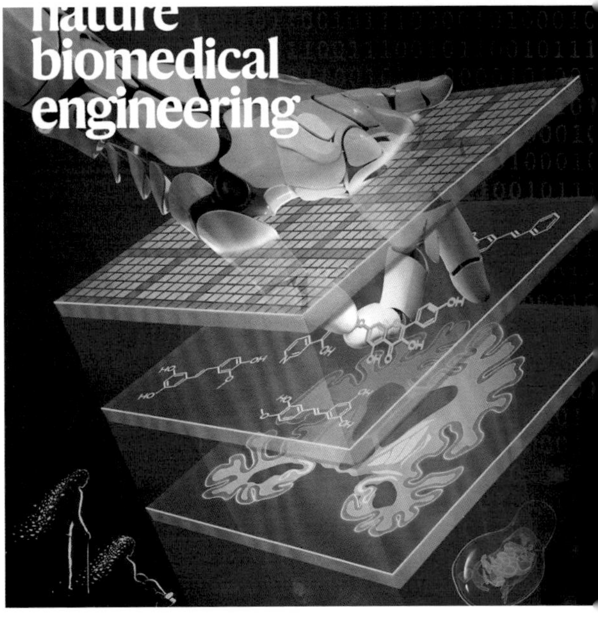
biomedical
engineering

5.3.1 抽象写意表达：形状和色彩的排列组合

需求清单

委托服务	*Nature Medicine* 封面设计
创作周期	7~10 日
内容描述	文章阐述地域差异和肠道菌群多样性的密切关联。这一发现或许能为疾病研究提供新的思路和方向。
初步设想	需要在画面中突出强调“地域差异”和“肠道菌群”这两个概念。是否需要有“人”这个元素根据具体情况而定。往期封面涵盖具象和抽象等各种风格，设计时需要多发挥想象力。
往期参考	

广义来说，抽象绘画是指以直觉和想象力为创作的出发点，对形状和色彩进行排列组合，以主观的方式来表达一些概念或情绪。

【信息梳理和草图设计】

- 地域差异：通过区域地图、道路等元素实现。
- 菌群多样性：通过丰富的色彩来体现，用五彩斑斓的小人儿或色块来表示。
- 肠道：思想者 + 肠道图形，或将肠道融入地图。

版本 1 具象风格：思想者俯瞰城市 + 五彩斑斓的小人儿。不同区域上的小人儿用不同的色彩表示，代表肠道菌群的多样性。版本 2 抽象写意风格：平面地图 + 肠道图形。画面完全由不同的色块构成。

讨论后，客户选择了版本 2，觉得抽象、写意风格在概念的表达上更加适合。

细化草图：先用直线对肠道轮廓进行概括，再从其边缘开始向外进行道路的排列，以确保肠道部分图形的辨识度及道路排布的合理性。

画面左上角留白，展示城市边界线。右上角、左下角和右下角分别放置一个小人儿，代表区域采样。

在肠道内部绘制纵横交错的走势线，以便接下来排列小色块。

地图色稿：使用中低饱和度的蓝、绿、黄及豆沙色作为打底色。

尽管使用了温和的颜色，也还是感觉画面满满当当。于是我尝试对地图边缘进行渐变隐藏，增加边缘留白，以让读者视线集中在中心，整体效果也更清透一些。初步效果暂时满意，等中心肠道上色后，再对地图进行调整。

肠道菌群采用多彩的颜色：加入适量中高饱和度的颜色，使画面中心色彩鲜明；同时尝试使用少量藏蓝色和熟褐色等重色，增加肠道部分色彩的分量感。

色彩分布：胃的部分以肉粉色和橘黄色橘红色为主，边缘点缀其他颜色；肠道部分的颜色分布杂糅，没有明显规律，突出“多样性”特点。

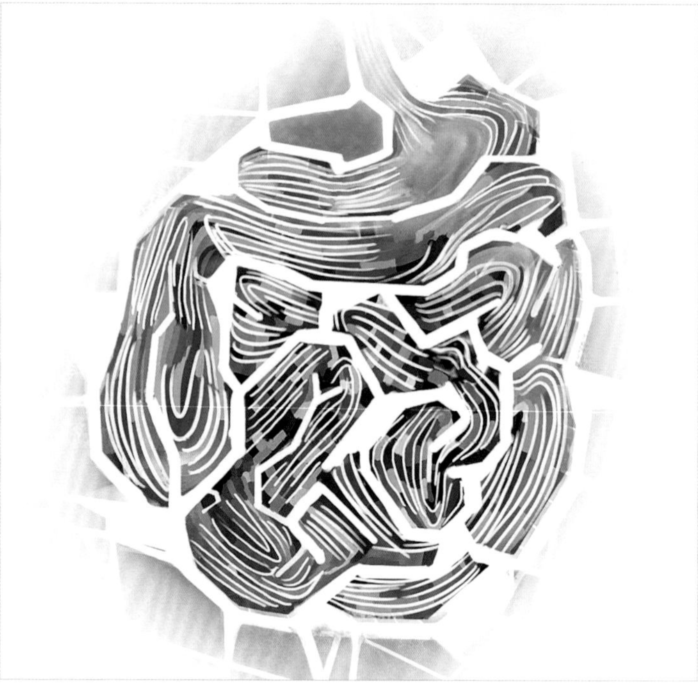

肠道菌群版本 1：条状。用白色弧线对色块进行分割。

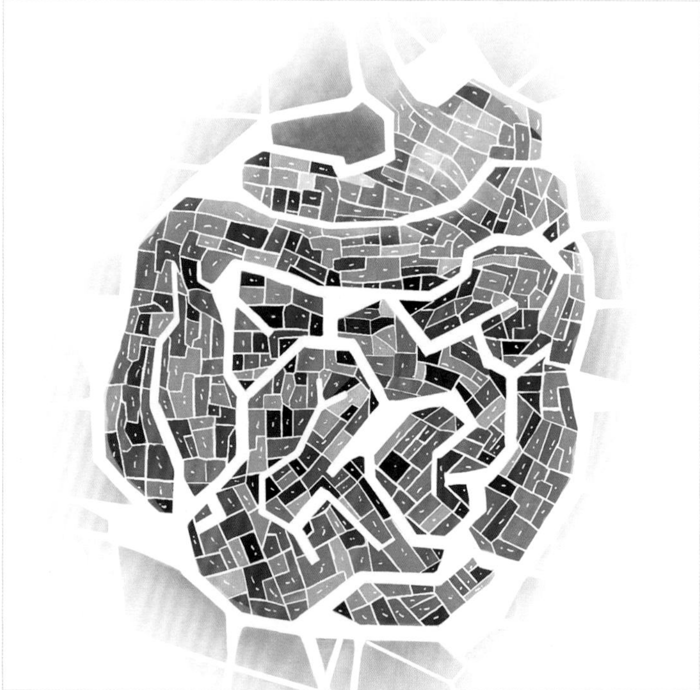

肠道菌群版本 2：块状。用不规则的四边形和多边形进行分割。客户选择此版本。

绘制多种细菌形状，并制作成图案样式。先尝试将其平铺填充于地图上，细菌形状部分会透出地图的颜色，其余地方镂空，效果如右图所示。感觉可能会引起有“密集恐惧症”的读者的不适。于是只将这些细菌形状应用于3个小人儿图形中。在肠道和小人儿之间的地图上，使用“正片叠底”混合模式叠加一些若隐若现的“菌群”，起到局部点缀作用即可。

最后对地图颜色进行调整，小人儿颜色和地图区域色匹配。

细节图如下。

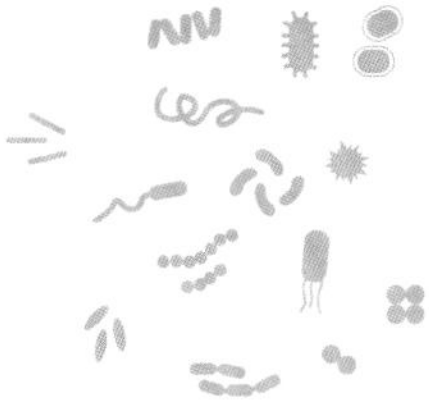

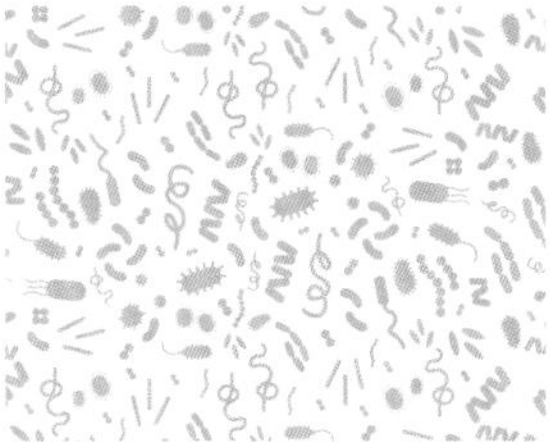

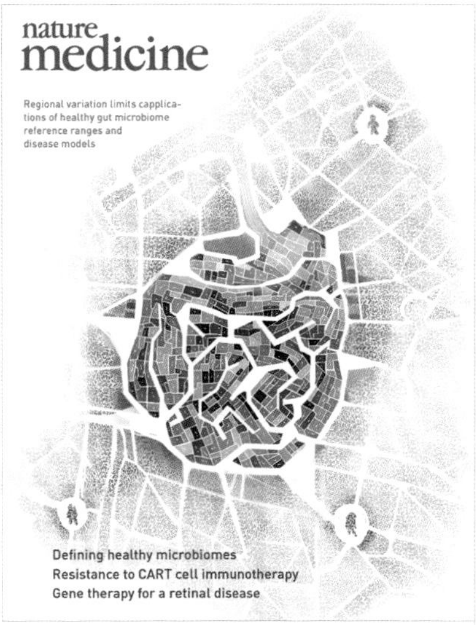

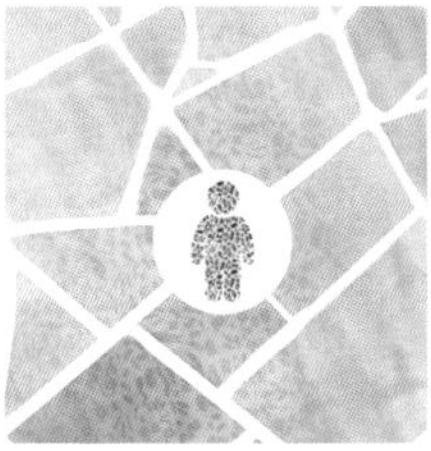

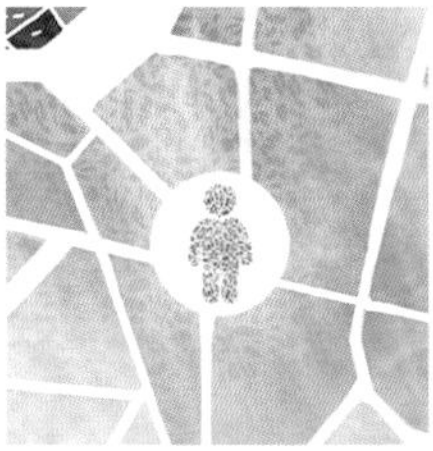

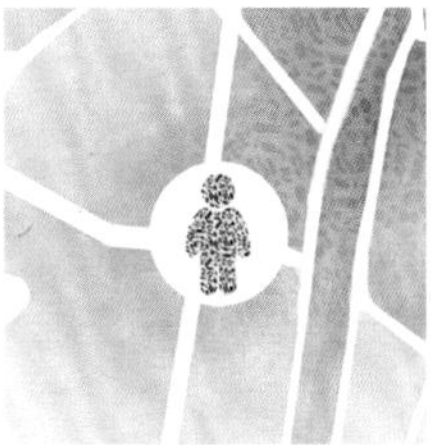

5.3.2 象征主义：生命科学也可以“诗情画意”

需求清单

委托服务 *JBC* 封面设计

创作周期 7 日

内容描述 文章主要讲述绵羊胚胎附植的过程中，在胚胎与子宫的互作图谱中发现，胚胎分泌乳酸增多，作用于子宫，促进子宫接受态转变，有利于胚胎着床。

> 象征主义艺术产生于 19 世纪末，画家和作家不再致力于忠实地表现外部世界，而是要通过象征的、隐喻的和装饰性的画面来表现虚幻的梦想，以启示于人。

> 象征手法常用于生命科学题材的封面设计，为晦涩的微观世界赋予一层或诗意或有趣的韵味。

往期参考 客户希望用宏观世界中大家熟悉的生活场景寓意研究中微观层面的新发现。可以从过往期刊封面中选择两个风格倾向，作为本次创作的参考。

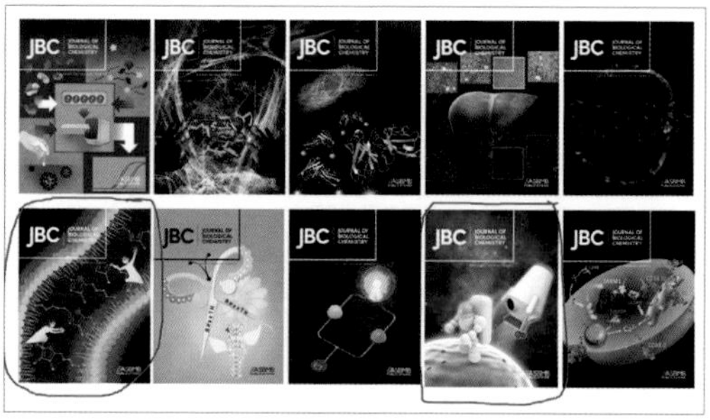

初步设想 使用象征手法。大树（胚胎）扎根大地（子宫），树上的果实等物体（乳酸）落到地上，使地上的花朵（代表染色体）更加灿烂芬芳（乳酸化修饰）。

【梳理文章主旨信息】

> 在梳理信息的过程中，可以标注对应的拟物元素，并在不确定的元素后面打上问号，以便在设计草图时更有针对性地思考和尝试。

- 植入绵羊胚胎，胚胎和子宫内膜交互作用：大树和草地。
- 胚胎糖酵解升高，分泌乳酸增多：树上掉落物体？
- 乳酸诱导子宫内膜组蛋白乳酸化（低浓度范围内）。
- 促使子宫接受态转变（包括以谷胱甘肽为基础的细胞氧化还原稳态，多种基因表达上调）：开花。
- 有利于胚胎着床：花朵开放。

【草图设计】

初步构想颇有种“落红不是无情物，化作春泥更护花”“落英缤纷香犹在，化入泥土亦芬芳”的意境，所以用纷纷飘落的树叶或花瓣代表乳酸应该可行。根据这个思路，我们开始发挥想象力。

构图方面，画面要突出的重点是：大树上掉落的物体引起草地的变化。所以这一部分的呈现应该放在偏视觉中心的位置。

色彩、光影方面，我们查阅到 *JBC* 往期的封面偏向于重色/黑色背景。

因此可以在暗环境中用粉红色树冠表现孕育感，内部发光部分代表树冠中的生命体，飘下的叶子落到地面上，地面呼应地散发光晕。利用光感烘托氛围，吸引读者视线。

加上期刊标志，查看整体效果，并和客户做进一步沟通。

草图反馈：①研究对象是绵羊胚胎，希望能在树冠的图形中映射出“绵羊”这个信息点；②希望地面上的花朵更灿烂和粉嫩。

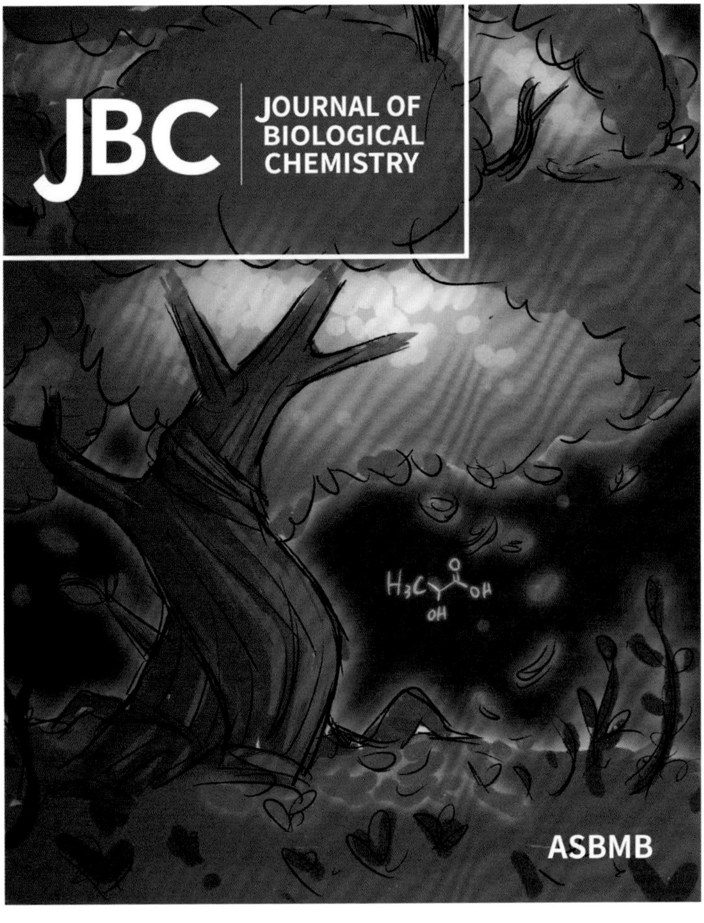

【形态设计及成图绘制】

做了两版尝试。左：羊毛卷树冠 + 小羊头部形状；右：树冠底面呈现发光的绵羊剪影。

为两个版本的绵羊树上色，加上期刊标志，预览画面效果。

暂时选择剪影版本，继续丰富画面。

与客户沟通后，又对绵羊树做了进一步调整。去掉绵羊剪影（可能觉得“硬凹造型”有点不自然），在画面右上角安排了一个含蓄、隐约的小羊头部形状。

成图反馈：①“乳酸”稍微不够明显；②希望有更多花朵；③想体现“树根生长”，以强调子宫环境改善。

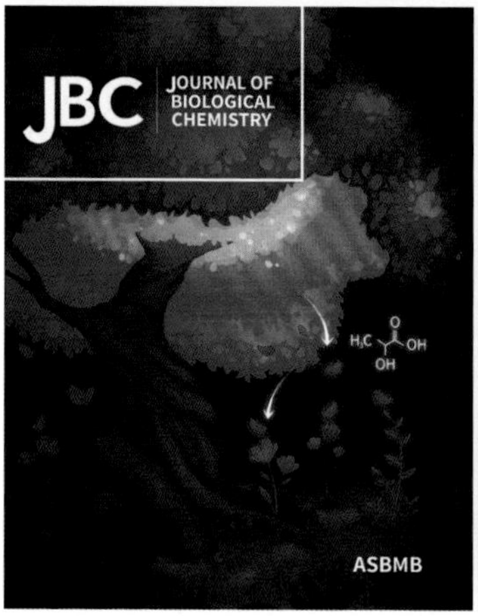

【设计元素调整润色】

①加强“乳酸”的存在感：用高亮的点表现“乳酸”。②在前后增加一些花朵并降低其不透明度，避免杂乱。③体现“树根生长”：在不改变构图的情况下，在树根处加入箭头，并在地下的部分绘制一些隐约可见的树根，以暗示“树根向下延伸生长”。

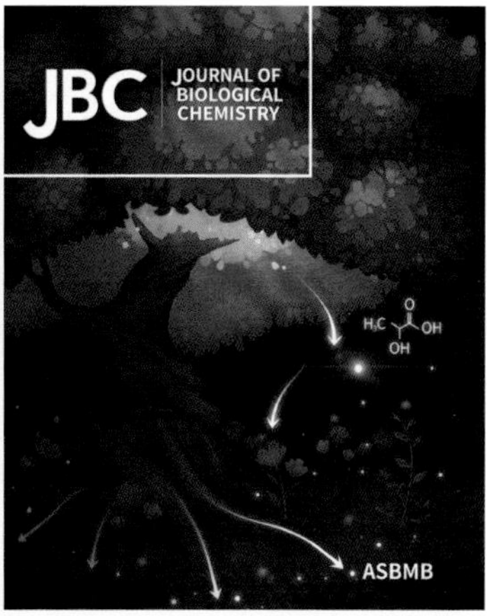

最终调整：将乳酸结构式移至树冠内，更明确地指代树冠内部的光点；复制并放大结构式，降低其不透明度，置于背景中，辅助指代环境中飘落的光点。

大幅放大主箭头，以吸引读者视线，并加入分散的小箭头指向花朵，体现一种大光点分解成无数小光点滋养花朵的“挥洒感”，增强视觉流畅性和画面氛围感。

画面最后的 5% 是细节迭代，烧脑而有趣。

5.3.3 叙事镜头特写下的戏剧张力

需求清单

委托服务	*Cell* 封面设计
创作周期	7 日
内容描述	文章的研究重点是 p53 基因突变如何影响胰腺导管腺癌（PDAC）的转移难易程度。作者发现，在易转移的 PDAC 中，PDGFRB 通路被打开，导致细胞的侵略性变强，更容易转移到体内的其他器官。
期刊风格	*Cell* 的封面风格比较多元化，有比较大的发挥空间，画面能生动地体现课题精髓即可。

【初步构想及文章主旨梳理】

以“开关”比喻 PDGFRB 通路，把 p53 具化成控制开关的手。正常状态下，p53 的职责是关闭开关，而突变 p53 则会点亮“转移”指示灯。

- PDGFRB 通路被打开，激活肿瘤转移性：开关控制指示灯亮。
- 正常 p53 抑制细胞过度增殖：正常的手，关闭开关。
- 突变 p53 促进细胞过度增殖：邪恶的手，打开开关。

【参考图拍摄及草图设计】

整体要素相对直观，我们可以直接检索“电灯开关”照片，获得一些镜头角度和开关样式的参考。在此基础上，再进行摆手势和拍摄，以获得最直接的参考图。

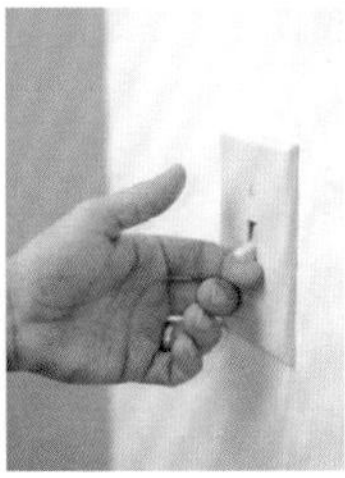
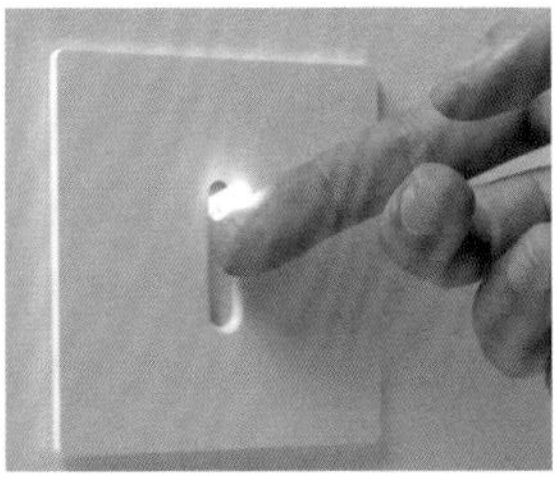

在拍摄参考图的过程中调整光线和构图，也给创作带来了很多乐趣。

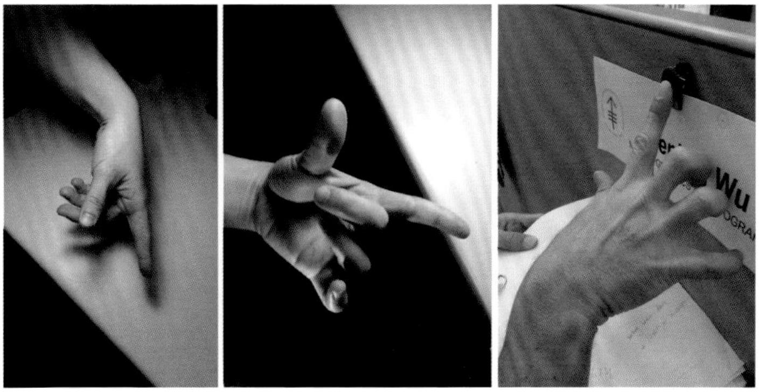

排版构图：两只手上下排布。正常的手从镜头上方进入画面，使用常规主光源，代表正常 p53 通路；邪恶的手从镜头下方进入，使用底光，增加“恐怖”氛围，代表突变 p53 通路。

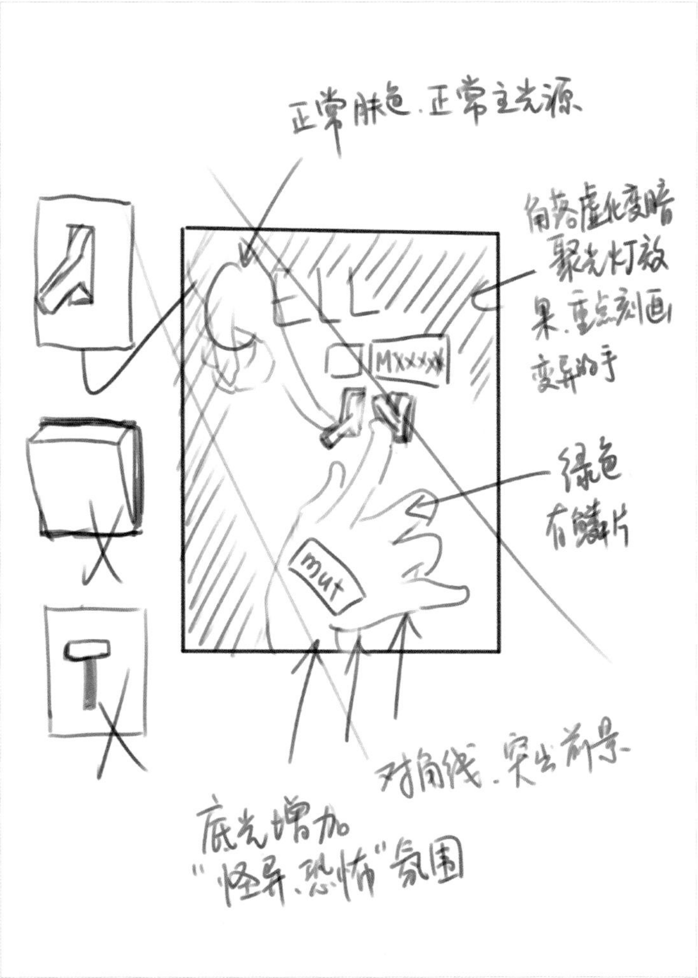

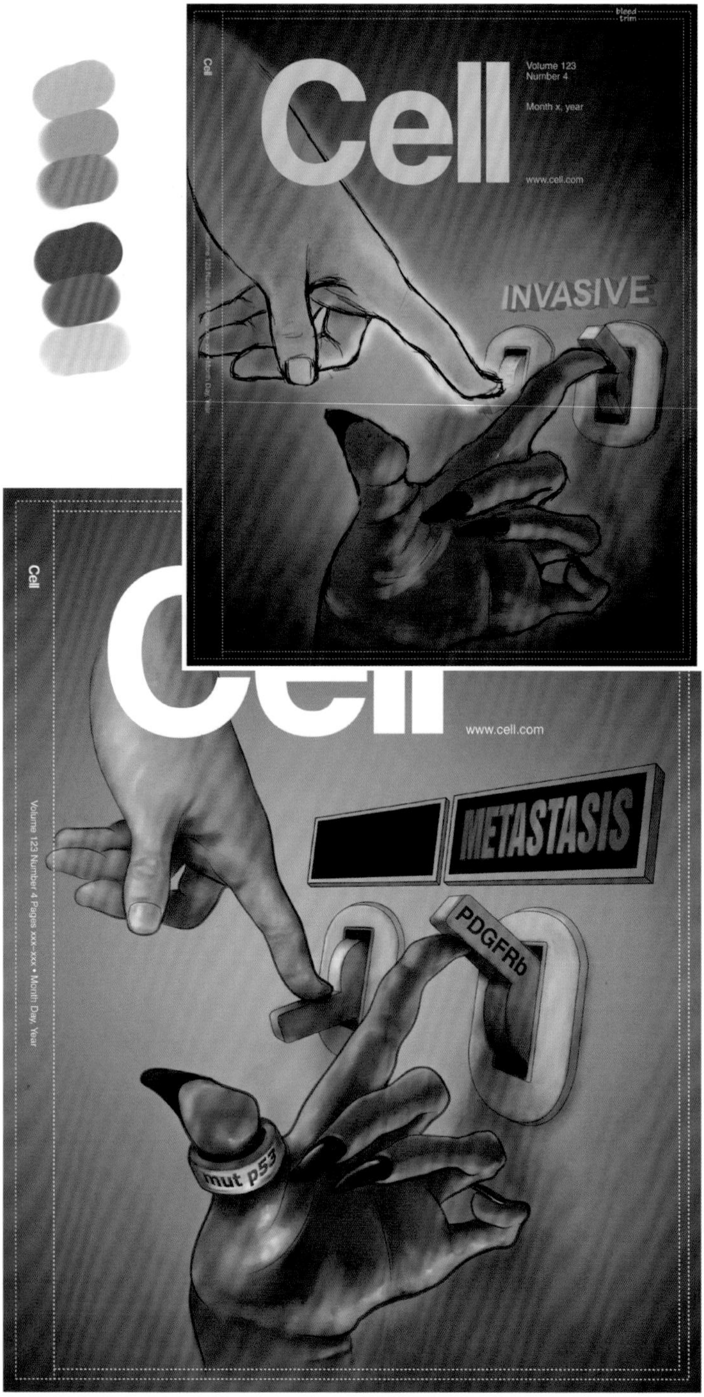

版本 1：红色带长指甲的手，戴着印有“mut p53”的金戒指。容易将其和“恶魔”一类的形象联系起来。暗红色中透出紫光，颇有一种恐怖的氛围。

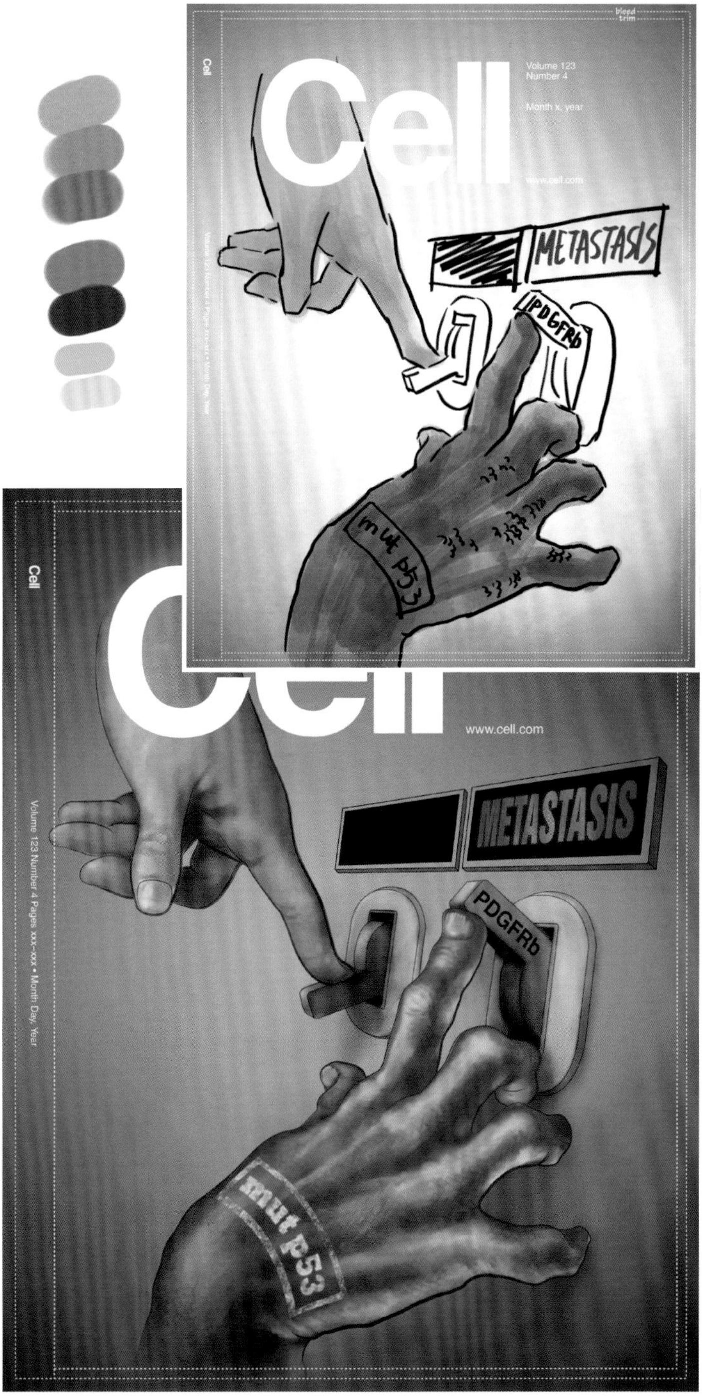

版本 2: 绿色扭曲的手，手背印有“mut p53”字样，手指肌腱线条配合蓝色反光，凸显一种诡异的狰狞感。容易让人将其和“突变”联系起来，也很符合 p53 突变的身份。客户最终选定版本 2。

需求清单

委托服务	*Cell* 封面设计
创作周期	14 日
内容描述	在免疫疗法中，Fli1 基因控制着 T 细胞的激活和扩增。因此，敲除 Fli1 基因后，CD8 T 细胞具有更强的免疫治疗效果。
初步设想	体现敲除 Fli1 基因之后开启“洪荒之力”的感觉。想尽量热血一些，突出戏剧张力。

【梳理故事要素】

- Fli1 基因：以锁链的形式呈现，捆绑束缚 T 细胞，抑制其能力。锁链破裂释放 T 细胞， 破裂处对应基因的敲除。
- CD8 T 细胞：画面主角，执行对抗癌细胞和病菌的任务。它在画面中可以直接以细胞的形态呈现，还可以拟人化表达。如果拟人化表达，可尝试“守护勇士”形象。

【草图设计及参考图拍摄】

尝试两个版本，一个侧重于“锁链崩裂”，一个侧重于“被捆绑的勇士”。为了构造勇士形象，我翻出蝙蝠侠手办，并用温感橡皮泥捏了翅膀和宝剑，自制了一个模特。在铠甲材质的表现方面，我参考了一些 CG 概念设计图。

人物造型的设计是个挑战，需要充分地参考任何手边的物件，它们都可能是不错的参考对象。这也是创作中最有趣的部分，得以“名正言顺地玩彩泥”。

构思 1: T 细胞加上锁链，锁链局部崩裂，表现出细胞“挣脱”的感觉。但客户觉得还不够“热血”，于是我们将 T 细胞完全拟人化，使用“守护勇士”的形象。

构思 2: “守护勇士”身穿铠甲，佩带宝剑，突破 Fli1 基因的捆绑，执行对抗癌细胞或病菌的任务，翅膀也有治疗的能力。

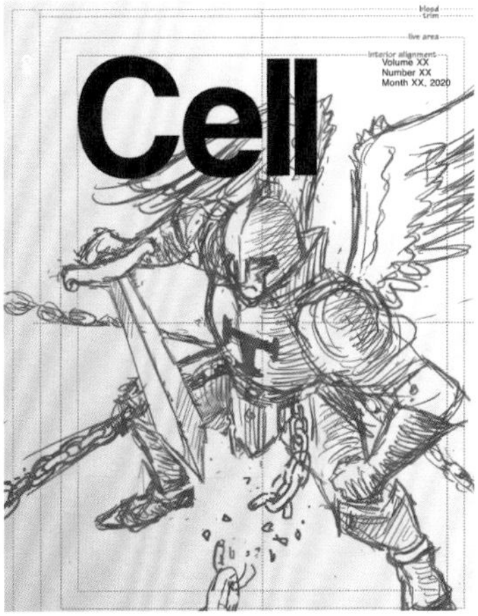

确认版本之后，我把重点信息放在画面中上部，尤其是靠近期刊标题的位置，如锁链牌和锁链断裂处。主体“守护勇士”的胸甲上印有“T”字花纹，铠甲下印有“CD 8”字样，整体采用被压制但蓄势待发的单膝跪地姿势。一个翅膀被捆绑，一个翅膀挣脱锁链，呈现出对比关系。

插画师的家人和朋友时常被当作模特，拿着车载吸尘器管子“摆 pose”，为造型设计提供了很大的帮助。

上色时，增强光影对比，使含有重要信息的部分更加突出。

客户想要在画面下方表现一些死去的癌细胞和病菌，但因为担心元素过多、过乱，最终没有加入。

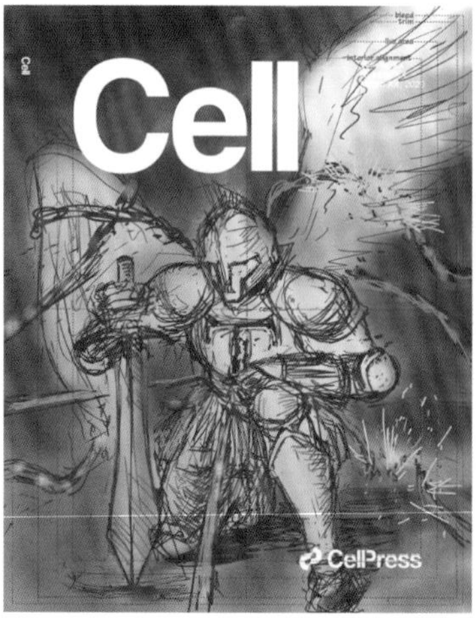

浅蓝色背景版本：透出远方的光，给人以“希望”的感觉。

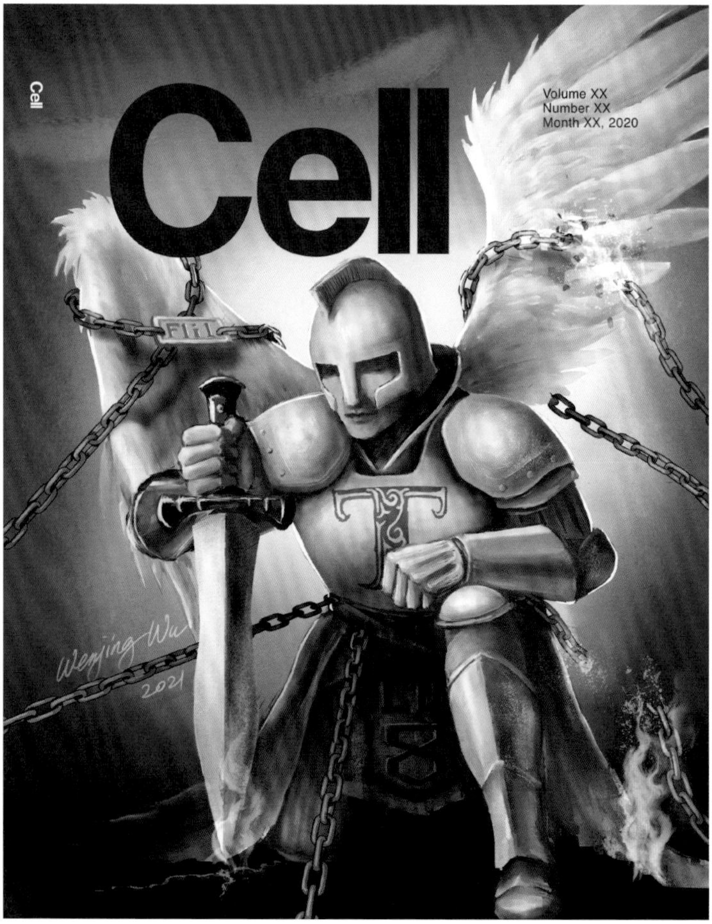

画面局部细节展示。

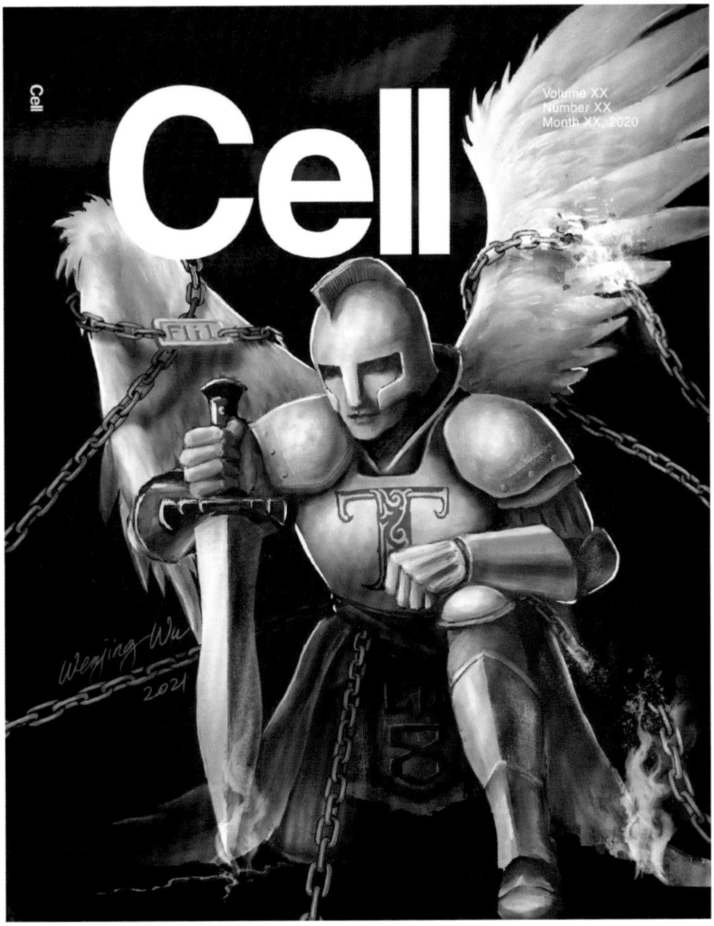

深蓝色背景版本：深蓝色给人以“深邃、沉稳”的感觉，也更能突出火焰的存在感。最终将两个版本一并提交。

5.3.4 未来主义：科幻色彩拥抱现代技术

需求清单

委托服务 *Nature Biomedical Engineering* 封面设计

创作周期 10 日

内容描述 文章标题为 Machine learning-based approach identifies potent mitophagy inducers that ameliorate Alzheimer's disease pathology，封面中需要体现标题中的关键词。

往期参考 杂志内容偏生物工程，往期封面多有“科技感”和“未来感”的体现。所以在设计中希望以人工智能与机器学习为画面主体，由 3D 元素构成，采用蓝紫色调体现这种感觉。

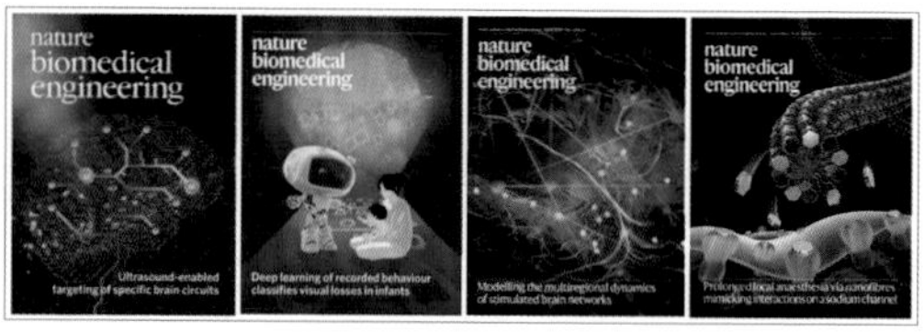

初步设想 Option1: 手指指向 4 个框，4 个框可以分别填入大脑、两个小分子化合物结构，以及线粒体自噬模型。
Option2: 共 3 层，体现机器学习的精髓。第 1 层填入大量小分子化合物结构，第 2 层填入目标分子 Kaem 和 Rhap 的结构，第 3 层空着或者表现大脑海马区或皮层区。总的来说我更倾向于 Option2 的思路，初步草图如下。

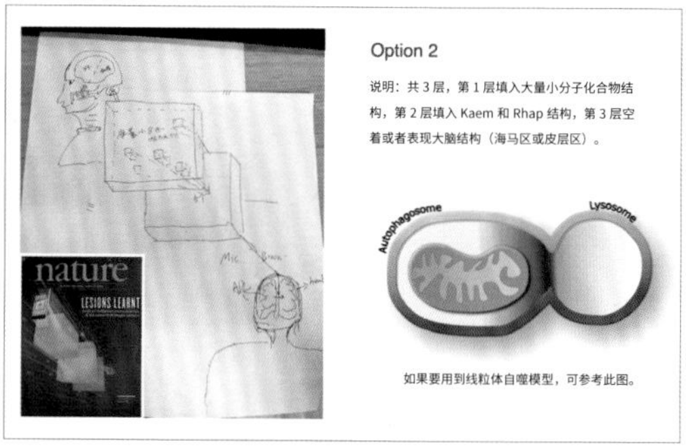

nature
Option 2
说明：共 3 层，第 1 层填入大量小分子化合物结构，第 2 层填入 Kaem 和 Rhap 结构，第 3 层空着或者表现大脑结构（海马区或皮层区）。
Autophagosome
Lysosome
如果要用到线粒体自噬模型，可参考此图。

20 世纪初，未来主义出现在意大利，它是一种艺术运动和社会运动，崇尚和拥抱技术文化的革命性。

未来主义题材离不开“赛博朋克”。赛博朋克原是科幻小说的一个子流派，指以先进技术为主导的未来主义城市社会。赛博朋克在 20 世纪 80 年代预测的许多未来技术已逐一实现：社交媒体、人工智能、虚拟现实……这些技术也成为未来主义设计中浓墨重彩的一笔。

【草图设计】

未来主义设计以强烈的色彩对比和动态线条著称，人和机械为画面核心元素。

结合客户的设想，我们将画面分为两大主体部分：①人工智能元素，比如机器人的头或机械手臂，从画面左上角进入；②3 层切片，分别承载大量小分子化合物结构、选定分子结构和大脑结构。

在画面角落加入点缀元素，将故事补充完整：①阿尔茨海默病老人背朝大脑结构，剪影形逐渐碎片化，象征逐渐消逝的记忆；②添加线粒体自噬模型。

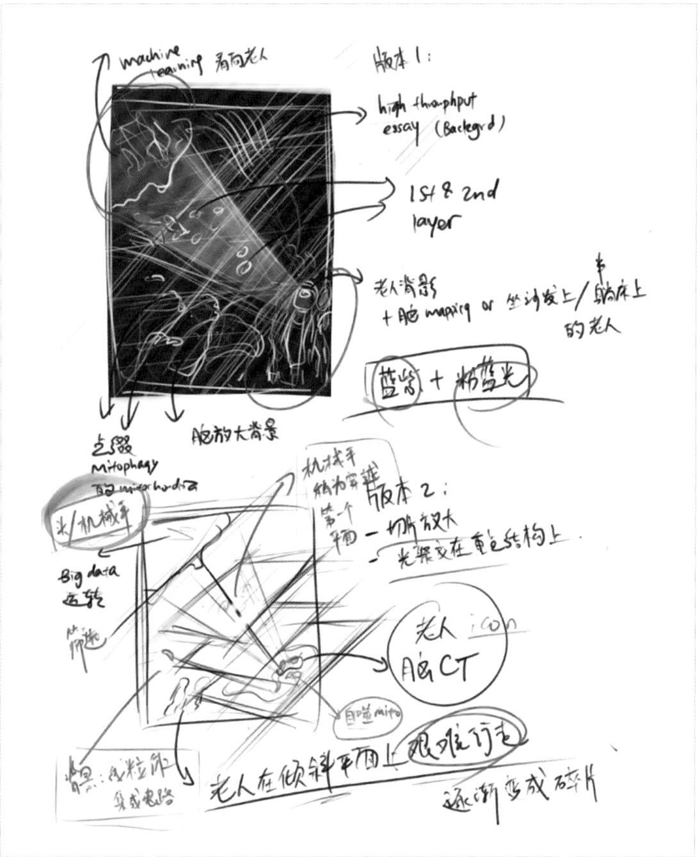

草图版本 1: 机器人目光指引。

草图版本 2: 机械手臂从大量小分子中抓住 Kaem 或 Rhap。该版本动态感更强些，最终选择这个版本继续细化。

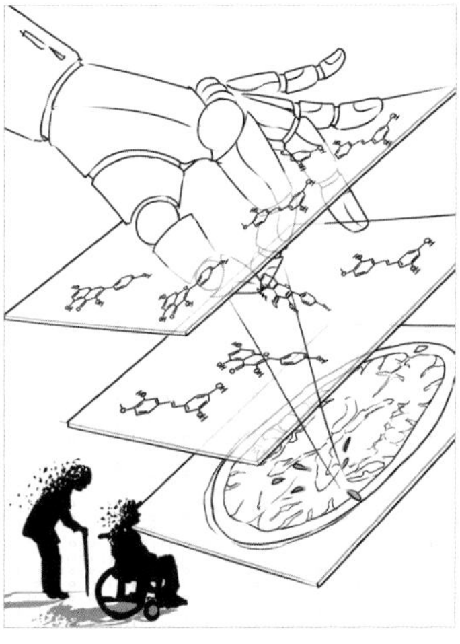

【配色及光效探索】

未来感设计以深色为主，强调神秘感和沉稳感，也可以添加浅色高亮的元素形成强烈的对比。紫色神秘、梦幻，而“科技”又时常和蓝色相关联。所以我们定下深紫色背景和高亮湖蓝色元素的搭配方案。在此基础上，加入白色的机械手臂为画面增加更多亮色，使画面干净、透气并避免暗沉。

在配色的基础上加入强烈的光效，这是“未来科技”风格的常用手法。将整体压暗后，采用点光或线性光照亮视觉中心或想突出的局部，能够最大化地吸引读者视线、烘托氛围，类似于舞台上的追光效果。这里我们依然使用紫色和蓝色的光线，“将蓝紫调贯彻到底”。

在进行 3D 建模时，有色稿作为参考能够大幅提高渲染效率，省去很多调试时间。

我们也可以通过色稿看到一些问题，比如左下角的人物形象偏具象，反而会削弱“记忆消散”的视觉冲击力，而且皮肤和头发引入了不必要的颜色，会分散读者注意力。后续细化时，要对人物“做减法”。

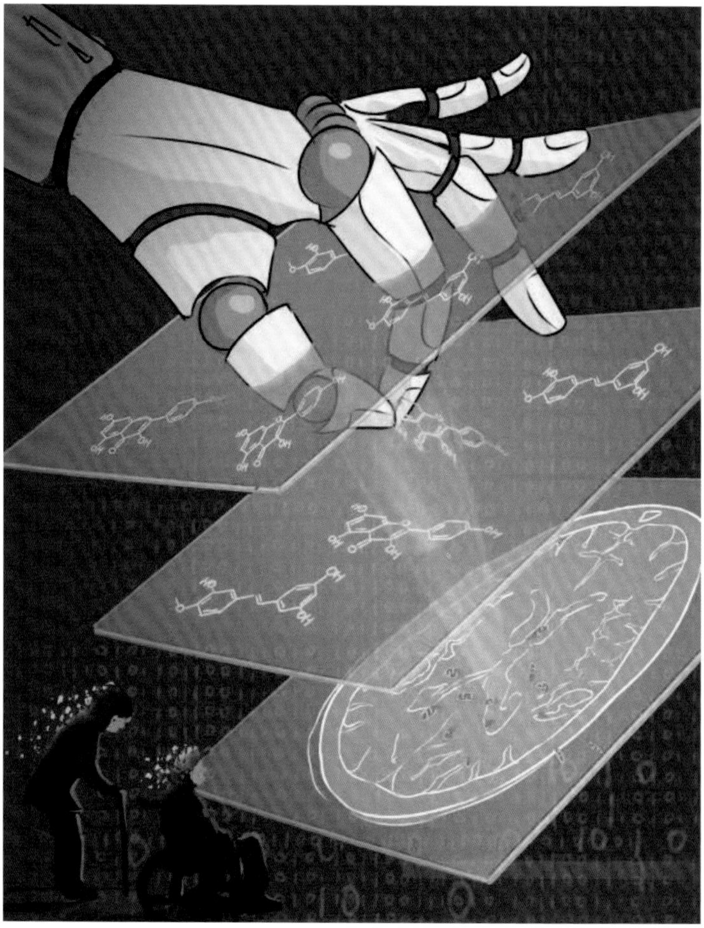

脑切片颜色探索：大脑解剖结构的肉粉色和这个场景的色调有点不搭，改为同色调会更加协调，又因蓝色比紫色在视觉上更明亮，所以选择了蓝色。

3 个分层的光感探索：分层的初始状态为半透明玻璃质感，缺少光感，需要通过叠加亮蓝色线条来增加光感。对比几个版本，最终选择了更精致的细线版。

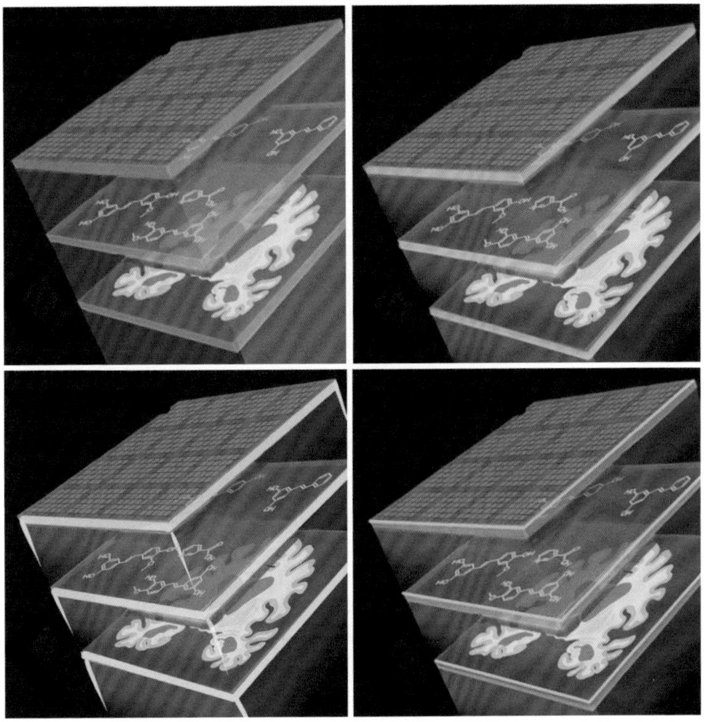

环境光及线性光叠加尝试：将整体压暗后，光感才能更好地凸显出来。这里，可以使用平时不常用的饱和度极高的颜色来表现光束。

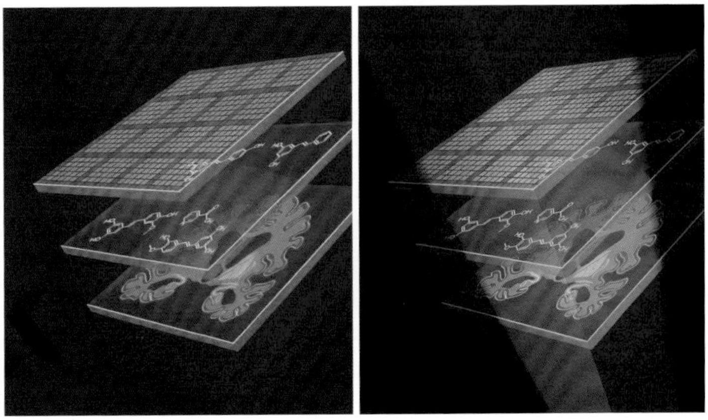

场景整合：将 3D 机械手模型与切片整合在一起，相交处（橘黄色线）加上白色模糊的粗线，能够产生“穿透感”。

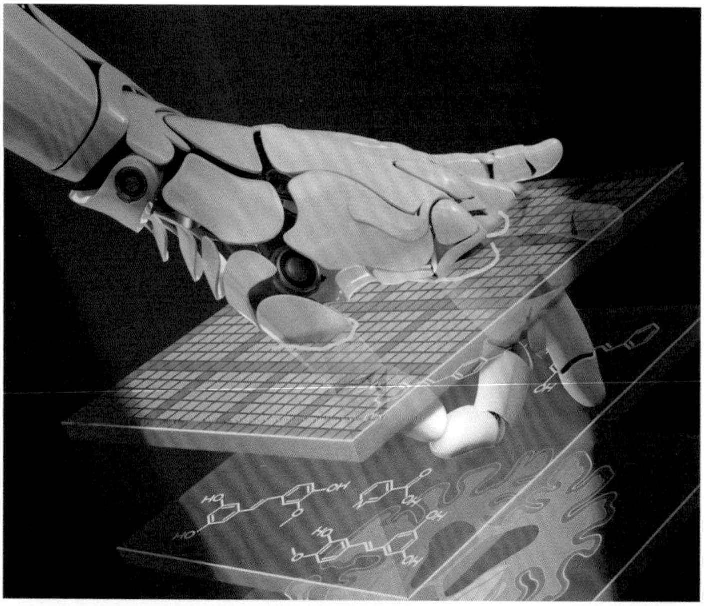

对人物做减法：使用光效表现人物拐杖、轮椅的部分轮廓，模拟逆光状态下的剪影。极简的表达手法更利于表现“碎片消逝”这一效果。

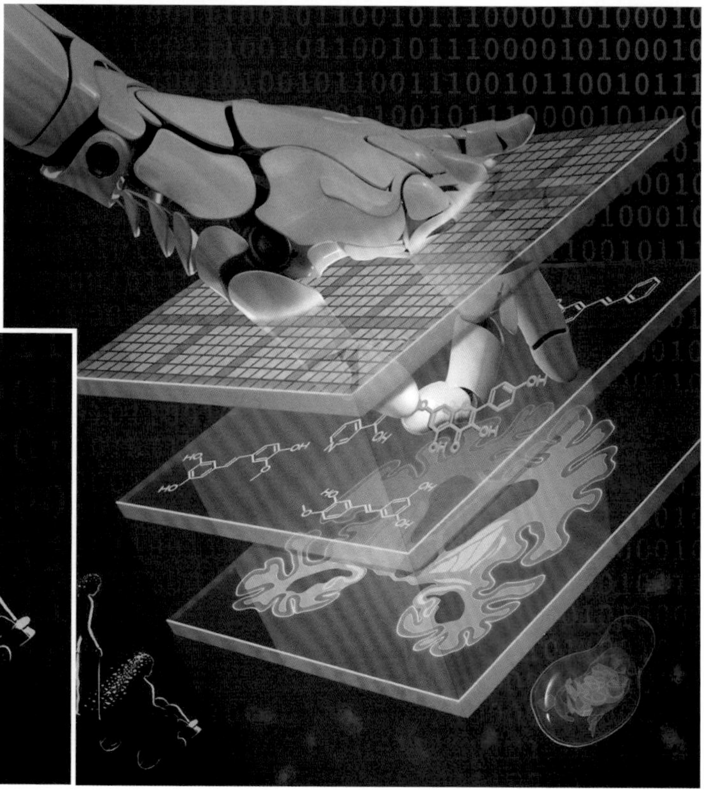

右下角的线粒体自噬模型：尝试了两种不同的表现方式。第一版使用透明质感，在视觉上更轻盈、灵动。第二版则和文章内页插图中的模型更一致。

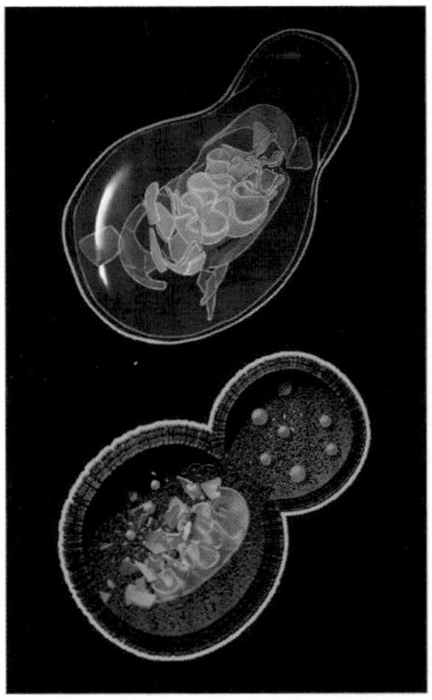

最终提交两个版本。

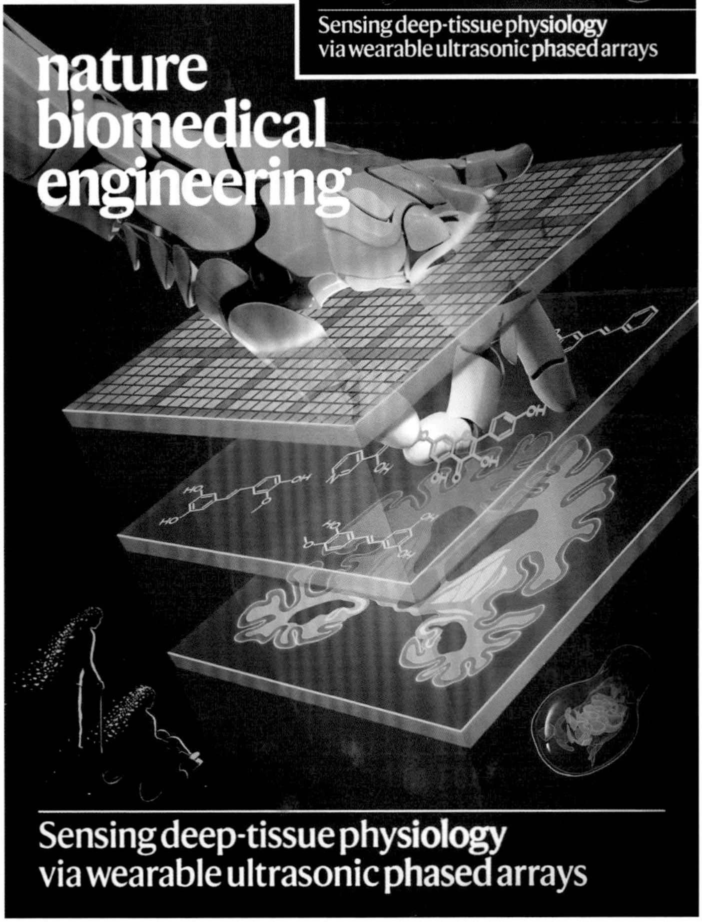

投稿要求（1）

期刊	图片尺寸	颜色模式	分辨率
Cell	不大于 8.5×11 英寸	RGB	彩色：300dpi 黑白：500dpi 线稿：1000dpi
Nature		RGB/CMYK	300dpi
Science	单栏宽度： 5.5cm/2.25 英寸 双栏宽度： 12cm/4.75 英寸	CMYK	初稿提交： 150~300dpi（修改阶段提供高清版本）
Lancet			
NEJM			
ACS	单栏宽度 3.25 英寸 双栏宽度 6.75 英寸		彩色：300dpi 灰度 + 线描：600dpi 线稿：1200dpi
Cancer discovery		RGB	
JCO			

投稿要求（2）

<table>
<tr><th>期刊</th><th>文件格式</th><th>字体</th><th>建议</th></tr>
<tr><td>Cell</td><td rowspan="2">TIFF</td><td>Arial</td><td rowspan="8">• 图中无须加入标题
• 文字标注中，首词首字母大写，其余无须大写
• 印刷过程中会对图表进行缩放，所有文字和符号应清晰可辨
• 有背景颜色的文字应使用粗体
• 避免使用细线或太小的字符，线条应使用深色</td></tr>
<tr><td>Nature</td><td>Sans-serif</td></tr>
<tr><td>Science</td><td>优先使用矢量文件</td><td>Sans-serif
推荐 Helvetica</td></tr>
<tr><td>Lancet</td><td>EPS/PSD/PDF/SVG</td><td></td></tr>
<tr><td>NEJM</td><td>插画使用 BMP/GIF；
图表使用 AI</td><td></td></tr>
<tr><td>ACS</td><td>照片优先使用 TIFF，图表和文字优先使用 EPS</td><td>Arial
或 Helvetica</td></tr>
<tr><td>Cancer discovery</td><td>EPS/AI/TIFF/JPG/PNG</td><td></td></tr>
<tr><td>JCO</td><td>优先使用 EPS</td><td>6~12pt，Helvetica/Universe/Arial</td></tr>
</table>

致谢

本书的编写比预期更具挑战性，也更加一波三折。借此完成之际，谨向对本书内容的编写提供案例以及各种帮助和指导意见的朋友、老师和编辑表示最衷心的感谢。

曹丽娜 | 中南大学湘雅医院博士研究生

柴佩韦 | 上海交通大学医学院附属第九人民医院眼科医师

付　蕾 | 河北省骨科研究所医学插画师

高俊杰 | 上海交通大学附属第六人民医院副研究员

季　彤 | 复旦大学附属中山医院口腔颌面外科主任医师、教授、博士生导师

李自豪 | 西南医科大学临床医学学士、执业医师、CYANTIFICA 医学插画师

马新颖 | 北京大学医学部临床医学学士、执业医师、CYANTIFICA 手术插画师

邵　玥 | 清华大学生物力学与医学工程研究所副教授、副所长、博士生导师

宋亚楠 | 复旦大学附属中山医院心内科副主任医师、副研究员、硕士生导师

谢微嫣 | 北京市神经外科研究所研究员、副教授、博士生导师

许蓓妮 | 上海交通大学医学院附属第九人民医院检验技师

詹鑫婕 | 北京中医药大学微生物与生化药学硕士、执业药师、医学科普漫画师

张　彧 | 哈医大影像医学与核医学硕士、执业医师、CYANTIFICA 3D 插画师

张　誉 | 复旦大学附属中山医院临床博士后、住院医师

LiverArt | CHESS 视觉设计协作组

E. John Wherry, PhD | Cancer Immunologist, Perelman School of Medicine at University of Pennsylvania

Scott W. Lowe, PhD | Cancer biologist, Sloan Kettering Institute